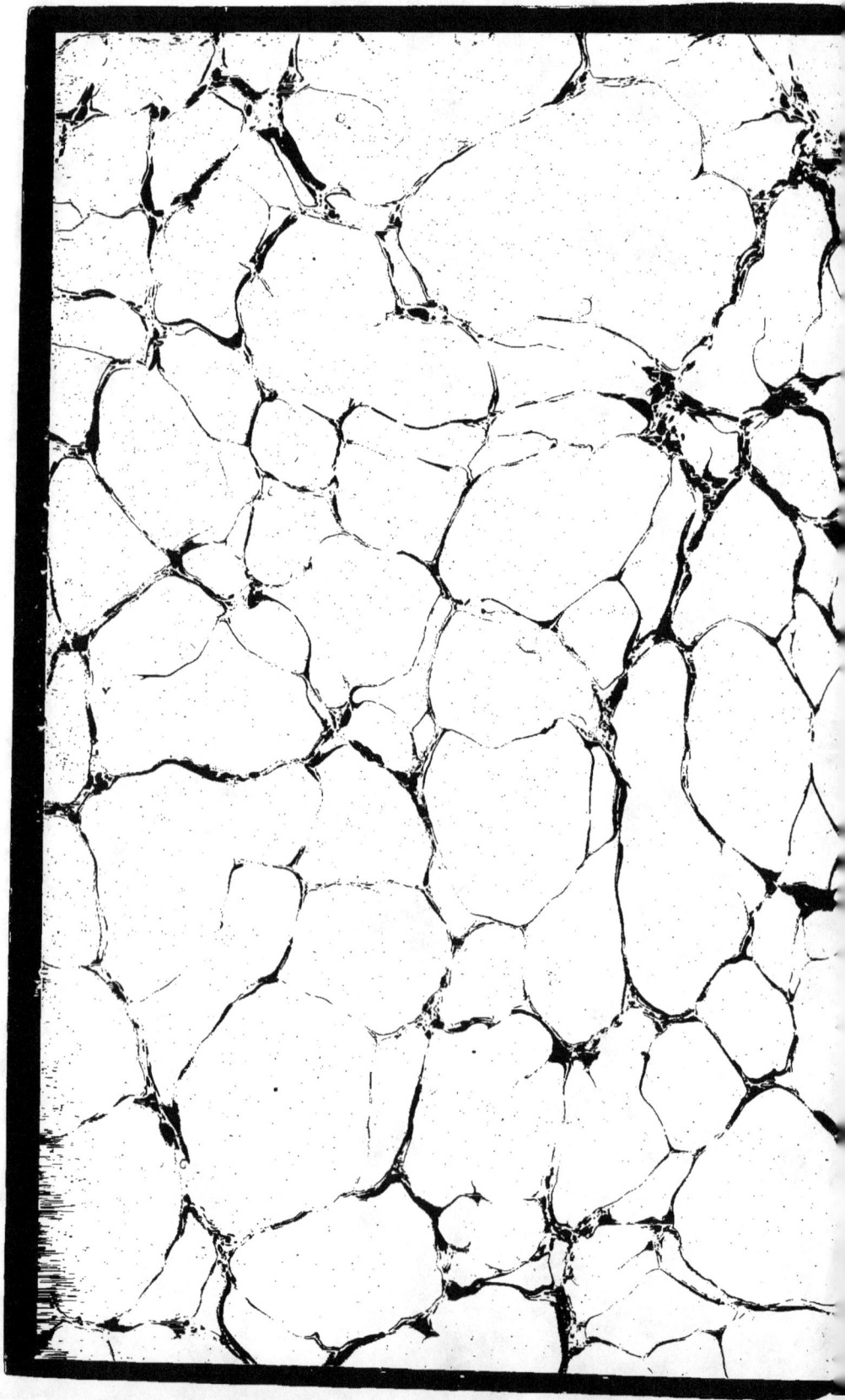

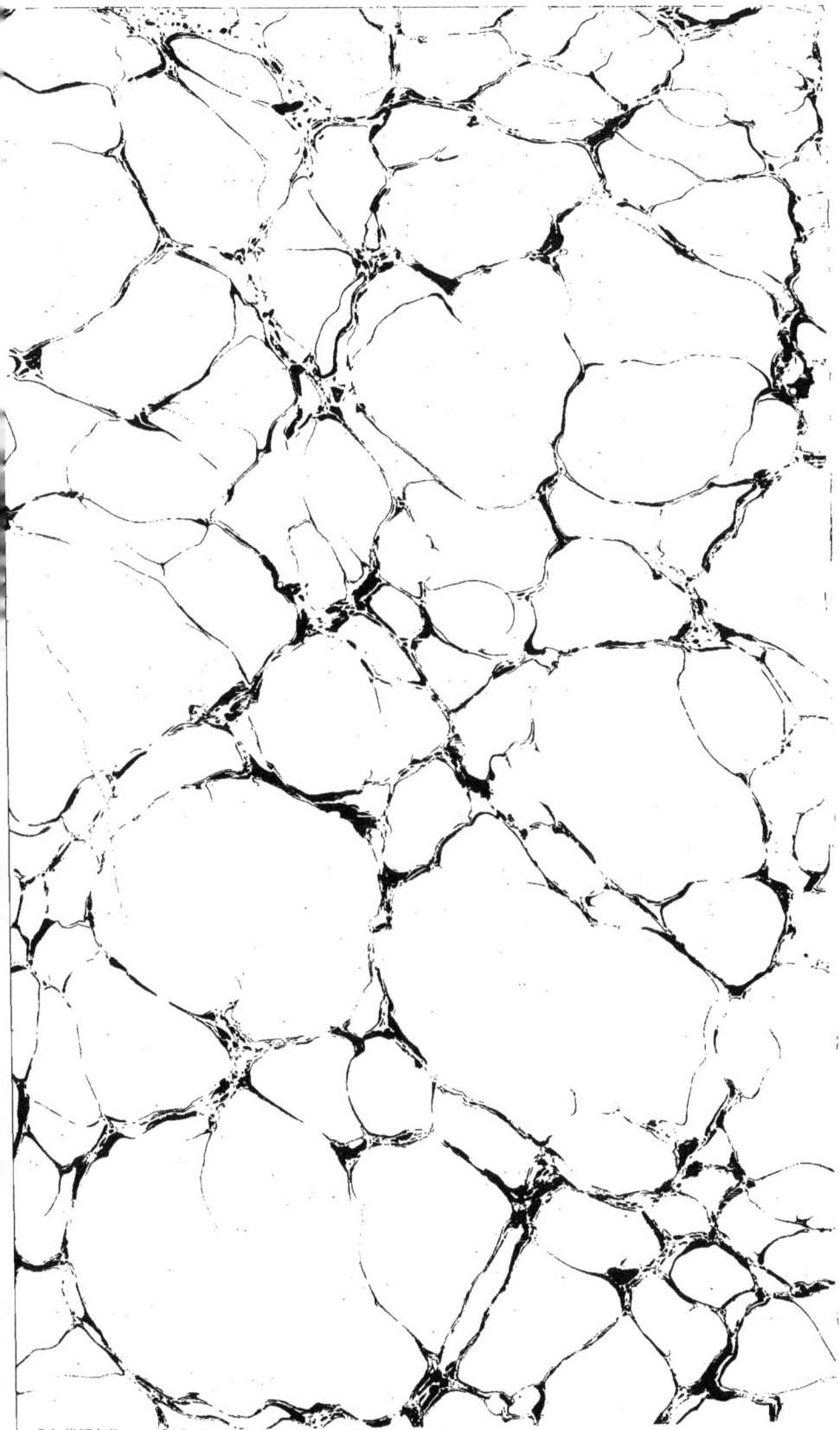

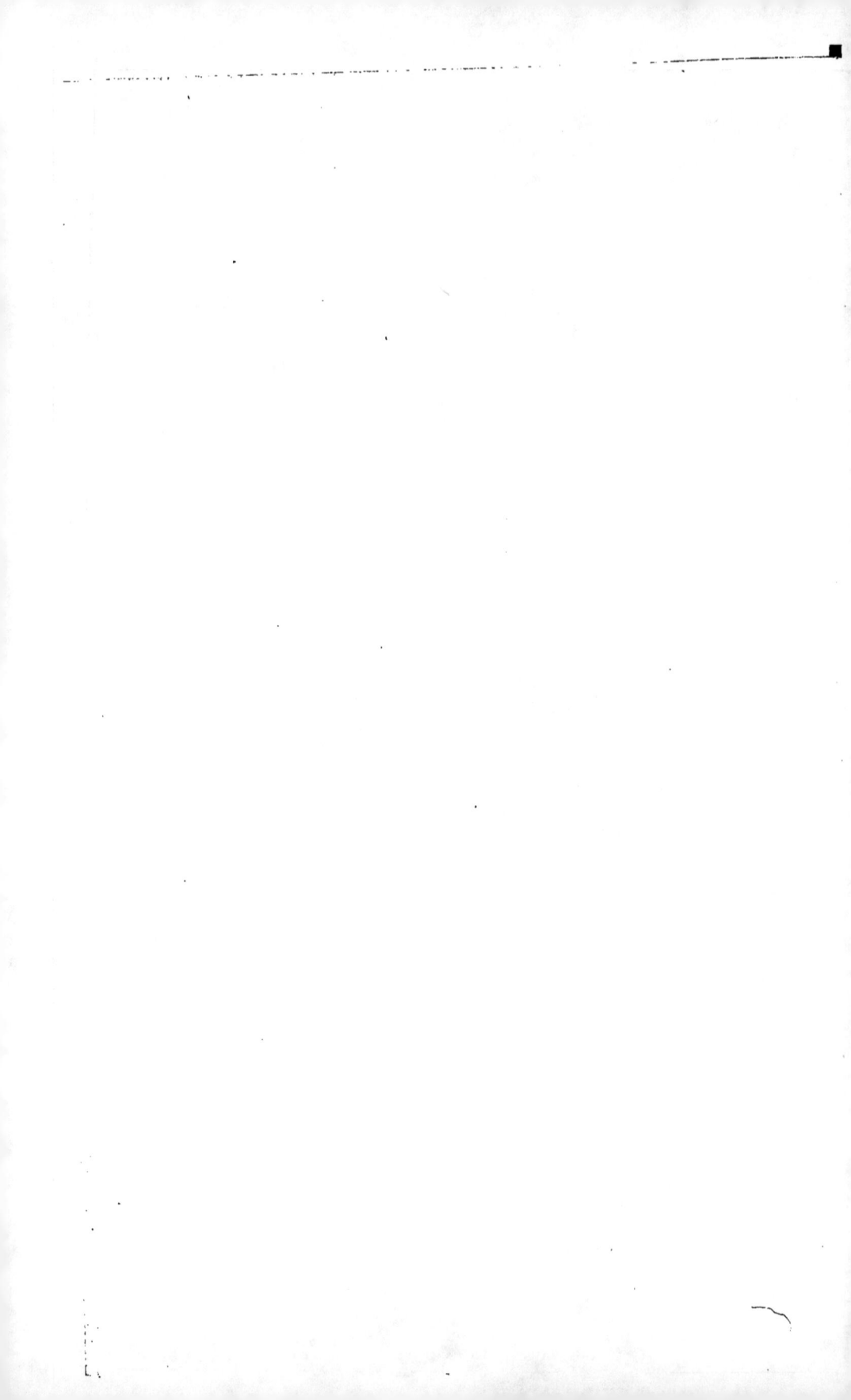

LES

TREMBLEMENTS DE TERRE

ARNOLD BOSCOWITZ

LES

TREMBLEMENTS
DE TERRE

60 DESSINS SUR BOIS

COMPOSITIONS DE MM. A. BRUN, CHOVIN
CLAIR GUYOT, L. MOUCHOT, MÉAULLE

Gravure de F. MÉAULLE

PARIS
PAUL DUCROCQ, LIBRAIRE-ÉDITEUR
55, RUE DE SEINE, 55

Tous droits réservés.

LES

TREMBLEMENTS

DE TERRE

LE FLÉAU

Lorsque les volcans entrent en fureur, ils inspirent l'épouvante, et couvrent de ruines la contrée soumise à leur empire ; mais le naturaliste, habitué à braver la colère de ces monstres, peut souvent les contempler sans péril. Pour les aborder, il peut choisir le moment et l'endroit favorables ; il peut rester calme

1

durant leur longue fureur ; et, s'il a l'esprit fortement trempé, il peut étudier en repos la scène tumultueuse qui s'offre à ses regards. Dans le spectacle qu'il contemple, il n'y a pas seulement de la grandeur, il y a aussi une beauté suprême qui réconforte son âme oppressée.

Il en est autrement de la puissance que l'on se propose d'étudier : elle est sombre, elle est brusque comme la mort ; elle est grande et mystérieuse comme elle.

Le tremblement de terre est le plus terrible, le plus inquiétant de tous les phénomènes de notre planète ; et quand on a assisté à une de ces terribles commotions, on reconnaît volontiers, avec Humboldt, que l'impression profonde et inexprimable que laisse en nous une pareille catastrophe n'est nullement causée par les images de tous ces grands désastres dont l'histoire a conservé le souvenir, et qui s'offrent alors en foule à notre mémoire. Ce qui nous saisit, c'est que nous perdons tout à coup notre confiance innée dans la stabilité du sol. On s'était accoutumé au contraste de la mobilité de l'eau avec l'immobilité de la terre ; et tous les témoignages de nos sens avaient fortifié notre sécurité. Le sol vient-il à trembler, ce moment suffit pour détruire l'expérience de toute notre vie. « C'est, dit Humboldt, une puissance inconnue qui se révèle tout à coup, le repos de la nature n'étant qu'une illusion ; et nous nous sentons rejetés violemment dans un chaos de forces aveugles et destructives. »

Oui, l'impression que laisse dans l'âme humaine le terrible fléau est profonde au delà de toute expression, et l'ébranlement nerveux qui en résulte provoque parfois au sein des populations des faits étranges et prodigieux.

La plupart de ceux qui survécurent à la catastrophe de la ville de Caracas furent pendant longtemps en proie à des troubles nerveux. On les voyait se rouler par terre, puis se redresser et se confesser à haute voix, en s'accusant de crimes imaginaires. Ailleurs, par exemple à Philippeville, lors de la secousse de 1856, des personnes, affolées de terreur, perdirent tout à coup et pour toujours l'usage de la parole ; tandis que d'autres fois, comme en 1855, pendant la violente commotion qui détruisit la ville de Brousse, on a vu des paralytiques recouvrer soudainement l'usage de leurs membres.

On devrait croire que la profonde et terrible émotion causée par le tremblement de terre n'est éprouvée qu'au sein des grandes agglomérations humaines, et que des hommes habitant des régions à peine peuplées, les Indiens de l'Amérique du Sud par exemple, qui, dispersés dans les bois, n'ont d'autre abri que des cabanes construites en roseaux et en feuilles de palmiers, ne devraient pas redouter les tremblements de terre. Cependant, loin du littoral où se pressent les villes et les villages, dans les vastes solitudes de l'Orénoque et de la Magdaléna, les hommes en sont effrayés comme d'un phénomène qui épouvante même les fauves dans les forêts, et les monstrueux amphibies dans les fleuves.

En effet, les animaux éprouvent également une grande anxiété pendant les tremblements de terre. Humboldt raconte que, dans l'Amérique du Sud, les crocodiles de l'Orénoque, d'ordinaire aussi muets que nos petits lézards d'Europe, fuient le lit ébranlé de ce fleuve, et courent en mugissant vers la forêt. En Suisse, lors du soubresaut qui, en 1855, ébranla le Valais, on vit les chouettes

et les huppes, les plus craintifs et méfiants des oiseaux, se rassembler sur les arbres autour des maisons, tandis que d'autres
espèces, notamment les hirondelles, s'envolaient à tire-d'ailes
vers des contrées lointaines. Ailleurs, dans les Antilles, par
exemple, on a observé que, pendant les secousses, les animaux
domestiques, les bœufs et les chevaux surtout, se pressent les
uns contre les autres en donnant des signes d'une extrême terreur.
Pendant les tremblements de terre de la Calabre, en février et
en mars 1783, les hurlements des chiens étaient si forts et si lugubres, qu'on ordonna de les tuer. Le même fait a été observé
en Algérie pendant les tremblements de terre de 1856; à Philippeville surtout, dès les premières secousses, les chiens se
mirent à hurler d'une manière effrayante; et à Bougie, l'on remarqua non seulement l'effroi subit des oiseaux, mais aussi l'impression durable que fit le fléau sur les rossignols et les autres
oiseaux chanteurs dont sont peuplés les ombreux jardins de cette
ville. Pendant plus d'une semaine, en effet, ils restèrent silencieux et comme frappés de stupeur ; le tremblement de terre
avait eu lieu le 21 août, et ce ne fut que dans la soirée du 29
que leurs chants retentirent de nouveau.

Dans le grec moderne, le tremblement de terre est appelé
« Théoménia », c'est-à-dire « la Colère de Dieu ». Les populations grecques n'ont pas d'autre mot pour désigner le fléau; et
comme, dans leur pensée, celui-ci est la manifestation spéciale et
directe de la colère divine, on irriterait ces populations irréflé-
chies, et l'on heurterait leurs croyances en attribuant le tremblement de terre à des causes naturelles, comme on fait pour
les orages, la famine et les épidémies. Au reste, le terme de

théoménia, ou colère de Dieu, exprime fort bien l'impression que fait le fléau sur tous les peuplés. C'est, sous une autre forme, la même pensée que celle du Psalmiste, lorsqu'il s'écrie : « Dieu regarde la terre, et elle tremble; il touche les montagnes, et elles fument [1]. »

Le tremblement de terre a été, partout et toujours, un sujet d'épouvante; et l'on comprend qu'il en soit ainsi. On peut se prémunir contre tous les fléaux, mais non pas contre celui-là. Ainsi que le fait observer Sénèque, le port abrite le marin contre la tempête; on peut s'éloigner du fleuve qui déborde; les toits nous défendent contre les pluies torrentielles; les caves et les cavernes profondes offrent un refuge contre l'orage; on évite la peste et les épidémies en changeant de résidence. Aucun mal n'est sans remède. Mais, contre le tremblement de terre, rien ne protège.

Aucune force destructive ne fait périr autant d'êtres humains à la fois et dans un espace de temps aussi court. En moins d'une minute, la ville de Mendoza, capitale d'un État de la Confédération Argentine, fut réduite en un monceau de ruines, sous lesquelles presque tous les habitants, au nombre de 16,000, trouvèrent la mort. En vingt secondes, 17,000 personnes périrent par suite de la commotion qui démolit l'opulente cité de Caracas. Le tremblement de terre de la Sicile, en 1693, et celui de la Calabre, en 1783, ont causé, dit-on, chacun la mort de 80,000 individus, et ont renversé, l'un 50, l'autre 300 villes et villages. Le 4 février 1797, le tremblement de terre de Riobamba fit périr plus de 120,000 personnes dans les hautes plaines d'Équateur.

---

1. Psaume civ, 32e verset.

La première et terrible secousse qui, en 1755, anéantit la ville de Lisbonne dura cinq secondes seulement ; ce tremblement de terre s'étendit au loin, souleva les flots et fit plus de 60,000 victimes. En 526, une épouvantable secousse fit périr en Italie 120,000 personnes ; et dans cette même année, un tremblement de terre causa, en quelques secondes, la mort de 200,000 habitants d'Antioche et des villes voisines. Au Japon et dans l'archipel de la Sonde, on a vu souvent des secousses bouleverser des territoires et dépeupler en une minute des contrées qui, avant la catastrophe, étaient couvertes de cités opulentes et de riches cultures.

Il n'y a pas de catastrophe comparable au tremblement de terre ; pas de puissance égale à la sienne. Il survient tout à coup : la terre ondule et frémit pendant quelques secondes, et dans l'intervalle de quelques secondes, les montagnes s'écroulent ; les vallées sont bouleversées ; les fleuves changent leur cours ; les villes se couvrent de ruines ; les êtres humains sont écrasés par milliers, et disparaissent avec leurs cités dans le sol qui s'ouvre, ou dans les abîmes de l'Océan, dont le fléau soulève et déchaîne les vagues énormes.

LES PRÉSAGES

LES PRÉSAGES

Dans les régions où les tremblements de terre sont fréquents, on a recherché avec anxiété si le fléau souterrain est précédé de phénomènes avant-coureurs.

Les anciens Grecs croyaient fermement que des présages de toutes sortes annoncent la castatrophe. Un tremblement de terre qui avait englouti au sein des eaux la ville d'Hélice, située près de la mer, frappa la Grèce d'épouvante ; et, depuis cette époque, les Hellènes observaient avec inquiétude les phénomènes qui, selon eux, pouvaient révéler l'approche du fléau. Pausanias, l'historien-géographe, qui florissait vers la fin du deuxième siècle avant l'ère chrétienne, enseignait que les tremblements de terre

sont annoncés par des signes particuliers, comme sont les pluies
continuelles; les longues sécheresses; un dérèglement de la saison; l'obscurcissement du soleil; le dessèchement subit des fontaines; les tourbillons de vents qui déracinent les plus gros
arbres; les feux célestes qui parcourent le vaste espace des airs,
laissant après eux une longue traînée de lumière; de nouveaux
astres qui paraissent tout à coup et nous remplissent d'effroi;
ou des vapeurs pestilentielles qui sortent du sein de la terre.
« Tels sont, conclut Pausanias, les signes dont le ciel se sert pour
avertir les hommes. »

La plupart des phénomènes que signale Pausanias sont encore
de nos jours ceux que la croyance populaire des pays sujets aux
commotions souterraines tient pour des pronostics certains de
la catastrophe; et parfois les faits viennent justifier la croyance
populaire.

On a constaté, par exemple, que les mois d'été qui précédèrent le tremblement de terre de Lisbonne, en 1755, furent
extraordinairement pluvieux; et, quoique les pluies eussent été
fréquentes dans toutes les parties de l'Europe, on observa que
les ravages occasionnés par le fléau furent plus étendus dans
les contrées où elles avaient été le plus abondantes. Pour citer
un autre exemple, nous rappellerons qu'en 1855 eut lieu dans
la vallée de la Viège, en Suisse, une terrible secousse, dont
les vibrations s'étendirent jusqu'en France, en Allemagne et en
Italie. Or, l'année 1855 fut très pluvieuse, et en Suisse surtout,
la pluie avait tombé sans discontinuer pendant plusieurs semaines avant la catastrophe. Toutefois, il arrive aussi que, dans
ces mêmes régions de l'ancien et du nouveau monde, il n'y a

point de secousses pendant les époques pluvieuses; et que pendant les sécheresses, au contraire, le sol tremble fréquemment. Dans ces contrées, la pluie et la sécheresse ne sont donc point des pronostics certains d'une prochaine catastrophe.

Les secousses de tremblements de terre sont précédées de coups de vents et d'orages assez fréquemment pour que dans bien des contrées, dans l'Amérique centrale et les vallées du Mississipi, par exemple, on considère ces troubles atmosphériques comme les pronostics de commotions souterraines.

Le 4 novembre 1799, une rafale et un violent orage précédèrent le tremblement de terre de Cumana, dans le Vénézuéla; la commotion qui détruisit la ville de Brousse, en 1855, fut précédée d'une tempête accompagnée d'éclairs et de grêle; celle qui agita si violemment la vallée de Viège, en 1855, se produisit au moment même où un épouvantable orage éclatait; et les secousses de 1835 dans l'île de Saint-Thomas, située dans la mer des Antilles, eurent lieu pendant un effroyable ouragan. On pourrait citer un grand nombre de faits semblables; mais le tremblement de terre survient non moins fréquemment par le soleil le plus radieux, par le calme le plus profond, par un vent doux et léger.

Les feux célestes que Pausanias rangeait parmi les phénomènes avant-coureurs de la catastrophe sont considérés comme tels également de nos jours dans l'Amérique du Sud, au Pérou, dans l'Équateur et au Chili. La veille de l'épouvantable secousse qui, en une minute, détruisit la ville de Mendoza, un énorme météore bleu-rouge traversa le ciel, éclairant de vastes espaces et se dirigeant d'orient en occident. Toute la population en fut effrayée, et regarda le phénomène comme le présage d'un grand tremblement de terre. En 1797, lors du tremblement de terre de Riobamba, un des plus terribles que l'on connaisse, un phénomène semblable se produisit : on vit à Quito un prodigieux passage d'étoiles filantes peu avant la première secousse ; et trente ans auparavant, en 1766, une vraie pluie de météores lumineux avait précédé le tremblement de terre de Cumana. Une autre fois, dans la ville de Quito, l'on vit s'élever dans une seule partie du ciel au-dessus du volcan de Cayambé un si grand nombre d'étoiles filantes, que l'on crut toute la montagne embrasée. Ce spectacle si extraordinaire dura plus d'une heure. Le peuple s'attroupa dans la plaine de l'Ejido, où l'on jouit d'une vue magnifique sur les plus hautes cimes des Crodillères [1]. Déjà une procession était sur le point de sortir du couvent de Saint-François, lorsqu'on s'aperçut que l'embrasement de l'horizon était dû à des météores ignés qui parcouraient le ciel dans toutes les directions. Cette fois, il n'y eut pas de secousse souterraine.

Les sources coulent plus faiblement, dit-on, ou se tarissent peu de temps avant les grandes secousses. Ainsi, à l'époque de la catastrophe de Lisbonne, les sources tarirent avant, et reparurent après la catastrophe; ce phénomène eut lieu non seulement dans la région où ce fléau se manifesta dans toute sa force, mais aussi dans une grande partie de l'Allemagne. De même, en 1818, des secousses agitèrent violemment l'Europe centrale; or, malgré des pluies abondantes, on vit, plusieurs jours avant les premières secousses, le niveau des lacs baisser sensiblement. On a remar-

1. Alexandre de Humboldt, *Voyage aux régions équinoxiales du nouveau monde.*

qué aussi que les eaux des sources et des puits se troublent quelquefois avant les tremblements de terre. C'est ainsi qu'en 1883,
lors de la catastrophe d'Ischia, les eaux d'une source de Casamicciola se troublèrent, pour, ensuite, après la commotion,
reprendre leur limpidité habituelle. Cette même source étant
redevenue trouble quelques semaines plus tard, il y eut une
grande inquiétude dans l'île ; car on voyait dans ce fait l'indice
d'une nouvelle catastrophe. Mais, cette fois. il n'y eut pas de
secousse.

On croit avoir constaté chez la plupart des animaux des signes
d'inquiétude quelque temps avant les fortes secousses, comme si
leurs sens, plus éveillés, plus délicats sous bien des rapports que
les nôtres, le seraient également en cette circonstance, et leur
permettraient de ressentir les vibrations du sol, ou d'entendre les
bruits souterrains avant nous. Il est certain, ainsi qu'on l'a déjà
dit, que la plupart des animaux sont en proie à une extrême
anxiété pendant la catastrophe ; mais il n'est pas bien établi qu'ils
le soient également avant la commotion, c'est-à-dire avant que
l'homme ait, lui aussi, ressenti les premières secousses, ou du
moins entendu les premiers bruits souterrains.

Quoi qu'il en soit, on dit qu'avant la catastrophe, les lézards,
les serpents, les rats, les souris, les taupes, sortent de leurs
trous et courent çà et là, comme frappés de terreur. A Naples.
quelques heures avant les secousses du 26 juillet 1805, les saute-
relles auraient traversé la ville pour gagner les bords de la mer,
et les poissons se seraient rapprochés du rivage en multitudes.
Le 12 octobre 1855, de grand matin, un quart d'heure avant la
violente commotion qui agita la Basse-Égypte, les chiens se mirent

à hurler et les ânes à braire d'une façon si lugubre, que dans la
ville d'Alexandrie tout le monde se réveilla en sursaut; il en fut,
ce jour-là, de même au Caire, où les chiens et les ânes commencèrent leur effroyable vacarme deux heures avant la catastrophe.

Le plus souvent un grand bruit souterrain éclate avant la catastrophe; mais la secousse suit le bruit de si près, que les populations
n'ont guère le temps de fuir. Ce n'est point pendant l'espace de
temps qui sépare un premier bruit d'une première secousse, que
les habitants d'un endroit visité par le fléau se précipitent hors
des maisons; c'est presque toujours pendant ou après la première secousse. Et, en effet, l'intervalle entre le bruit avant-
coureur et la première secousse est tellement court, qu'il serait
plus exact de dire qu'on entend le bruit souterrain au moment
même où l'on ressent la secousse. Au reste, le tremblement de
terre survient quelquefois sans être annoncé par aucun bruit;
tandis que, d'autres fois, des bruits souterrains effroyables éclatent tout à coup et se prolongent pendant des mois, sans qu'à
leur suite survienne la moindre secousse. Bien qu'ils ne soient
pas accompagnés de secousses, ces bruits souterrains produisent
toujours une impression profonde, même sur ceux qui ont longtemps habité un sol sujet à de fréquents ébranlements; on attend
avec anxiété ce qui doit suivre ces grondements intérieurs. Tels
furent les mugissements et tonnerres souterrains (*bramidos y
truenos subterráneos*) de Guanajato, ville mexicaine située dans un
district minier, loin de tous les volcans actifs. Ces bruits, raconte
Alexandre de Humboldt, commencèrent le 9 janvier 1784 à
minuit, et durèrent plus d'un mois. Après avoir grondé sourde-
ment pendant une quinzaine de jours, l'orage souterrain se ma-

nifesta avec une effroyable énergie ; on entendait les éclats secs et brefs de la foudre, alternés avec les longs roulements d'un tonnerre éloigné. Le bruit cessa comme il avait commencé, c'est-à-dire graduellement. Il était limité dans un faible espace : à quelques myriamètres de là, on ne l'entendait plus. Les habitants furent frappés d'épouvante ; ils quittèrent la ville où de grandes quantités d'argent en barres se trouvaient amassées, et il fallut ensuite que les plus audacieux vinssent disputer ces trésors aux brigands qui s'en étaient emparés. Pendant toute la durée de ce phénomène, il n'y eut aucune secousse, ni à la surface ni même dans les mines voisines, à 500 mètres de profondeur.

On imaginera difficilement à quels excès d'autorité les magistrats de ce centre d'industrie métallurgique crurent devoir recourir, lorsque la terreur causée par le tonnerre souterrain était à son comble. « Toute famille qui prendra la fuite sera punie d'une amende de mille piastres si elle est riche, et de deux mois de prison si elle est pauvre. La milice a ordre de poursuivre les fuyards. » Ce qu'il y a de plus curieux dans cette histoire singulière, c'est la confiance affectée par le *calbildo* ou municipalité. Dans un de ses arrêtés on lit : « La municipalité saura bien reconnaître dans sa sagesse (*in su sabiduria*) le moment où le danger sera imminent ; alors elle pourra songer à la fuite ; pour le moment, il suffit que les processions soient continuées. » L'autorité, dans sa haute sagesse, avait songé à toute chose, même à la fuite ; elle avait seulement oublié de pourvoir à la subsistance de cette population qu'elle voulait retenir dans la ville menacée. La famine survint, car la peur des *bramidos* empêcha les habi-

tants des hautes terres d'apporter leurs grains au marché.
Jamais avant cette époque on n'avait entendu pareil bruit au
Mexique, jamais il ne s'y est répété depuis [1].

Des bruits semblables ont été observés ailleurs plus souvent
qu'on ne pense. En 1822, par exemple, les habitants de l'île de
Méléda, située sur les côtes de la Dalmatie, furent mis en émoi
par des bruits formidables qui éclatèrent tout à coup sous leur
île, et qui se prolongèrent pendant deux années avec une telle violence que dans une seule nuit, celle du 22 au 23 septembre 1823,
on compta plus de cent explosions souterraines. Les habitants,
qui s'attendaient à un terrible tremblement de terre, avaient
demandé au gouvernement autrichien de leur fournir les moyens
d'émigrer en masse, et de s'établir sur un autre point du territoire impérial. Mais il n'y eut rien, ou à peu près rien; une seule
fois, pendant ces deux années, le sol vibra légèrement.

On voit que, même loin des volcans, des bruits souterrains peuvent éclater, et que ces bruits peuvent se produire et se prolonger
sans être accompagnés de tremblements de terre.

Toutefois, dans les contrées où le fléau se rattache aux phénomènes volcaniques comme l'effet se rattache à sa cause, on
peut quelquefois signaler l'imminence d'un tremblement de terre,
grâce à un appareil ingénieux, le sismographe ou sismomètre,
lequel permet d'observer des vibrations qu'il eût été impossible
de discerner autrement. Un des plus précieux appareils de ce
genre est celui qu'a imaginé M. Palmieri, professeur de physique
à l'université de Naples. Par le dérangement d'une aiguille, cet

1. Alexandre de Humboldt, *Voyage aux régions équinoxiales.* — *Essai politique
sur la Nouvelle-Espagne.* — *Cosmos.*

instrument indique sur un cadran les plus légères vibrations du sol au-dessus duquel l'aiguille est suspendue, en même temps qu'il précise la direction des ondes souterraines. D'ordinaire, on place ces appareils à proximité d'un volcan. Il y en a de fort ingénieux à l'université de Naples; à l'Observatoire du Vésuve, situé à 2,000 mètres à peine du cratère; et à Catane, au pied de l'Etna, les sismographes épient et trahissent également les moindres mouvements du géant. Or, comme autour de ces montagnes le sol tremble d'autant plus fortement que le feu souterrain est plus actif, et que, d'autre part, les sismographes indiquent fidèlement l'énergie et le sens des vibrations, ces instruments ont permis plus d'une fois de prévoir et de prédire non seulement l'éruption volcanique, mais aussi le tremblement de terre qui devait accompagner la crise du volcan.

Mais si quelquefois les sismomètres ont signalé en temps utile l'énergie croissante du feu volcanique et par cela même l'imminence d'un tremblement de terre, bien plus souvent, la secousse s'est produite subitement, sans que ces appareils l'eussent signalée aux populations qui vivent au pied du Vésuve ou de l'Etna.

Il n'y a donc rien, que nous sachions, qui soit un présage certain du tremblement de terre. Tout autre fléau s'annonce par quelque phénomène précurseur, et l'homme peut se soustraire au danger : le volcan mugit avant de couvrir la contrée de ses feux, les eaux des fleuves s'amoncellent et minent les digues longtemps avant d'inonder la campagne, le terrible ouragan rassemble et chasse devant lui les sombres nuages avant d'éclater ; mais le tremblement de terre, rien ne l'annonce ; rien, ni dans le ciel, ni dans les airs, ni sur la terre, ni dans les abîmes.

LA CATASTROPHE

LA CATASTROPHE

I

Les tremblements de terre les moins dangereux sont ceux que les habitants de l'Amérique du Sud appellent des *temblores*, et qui ont une certaine analogie avec les frissonnements du corps humain. Très fréquents dans les contrées sujettes à de plus violents ébranlements, ils produisent, tantôt une espèce de

2

bourdonnement, tantôt un bruit comparable à une explosion lointaine. Ces frémissements du sol ressemblent à ceux qui se manifestent autour des cratères pleins d'une lave en ébullition. Souvent, ils viennent à la suite de grands tremblements de terre, et persistent longtemps après la catastrophe dont ils sont les échos affaiblis. On ne connaît guère que des frémissements de ce genre dans les contrées éloignées des centres d'ébranlement, et où viennent expirer les dernières ondes souterraines. Bien souvent, ils ont été ressentis en France, en Allemagne et en Lombardie, à la suite de violentes secousses dont le centre d'action était en Suisse.

Les effets que produisent ces tressaillements offrent rarement du danger. C'est à peine si des objets mobiles sont renversés, si quelques tuiles tombent des toits, si des murs se crevassent. Aussi, dans l'Amérique du Sud, distingue-t-on ces *temblores* des violentes secousses que l'on nomme *terremotos*, et qui sont les vrais tremblements de terre, ceux dont chaque secousse est une catastrophe.

Il n'est pas facile de bien préciser de quelle manière le sol tremble pendant ces terribles convulsions, alors que l'homme le plus ferme est en proie à une vive émotion. Comment, en effet, pourriez-vous observer avec calme les mouvements d'un sol qui s'entr'ouvre et menace d'engloutir tout un peuple, dont les cris déchirants se mêlent à l'horrible clameur souterraine? J'ai assisté plusieurs fois, hélas! à ces catastrophes; mais, surpris chaque fois par la brusquerie du fléau, je n'ai jamais pu, au milieu de l'épouvante générale, me rendre compte exactement de la direction des premières secousses. Après les premiers chocs, après la première et inévitable émotion et le tremblement de terre continuant, j'ai réussi quelquefois à m'orienter et à bien observer le terrible phénomène.

Qu'on le remarque bien : ce qui, au moment où se produit le fléau souterrain, émeut ainsi l'homme habitué à étudier la nature, ce n'est point la crainte du danger, c'est l'étrangeté, c'est la sinistre grandeur du phénomène.

Lorsque, pour nous servir d'une expression d'Alexandre de Humboldt, la Terre est ébranlée dans ses vieux fondements, on a comme un réveil, et un réveil pénible. On sent qu'on a été trompé par le calme apparent de la nature. Telle est l'impression produite par la première secousse; mais si les secousses se répètent, si elles deviennent fréquentes pendant plusieurs jours, l'émotion disparaît. On peut alors, pendant que le tonnerre souterrain gronde et que le sol tremble, observer sans trouble les phases du phénomène.

On distingue trois différents mouvements du sol : des secousses verticales, c'est-à-dire une succession rapide de secousses de bas en haut; ensuite une oscillation horizontale ou latérale ; et enfin des secousses tournoyantes ou giratoires.

C'est au centre de l'ébranlement, à l'endroit où les chocs souterrains se produisent dans toute leur violence, qu'on éprouve surtout des secousses verticales de haut en bas. En s'éloignant de ce point central, les mouvements du sol deviennent de plus en plus obliques, et finissent par prendre une direction horizontale.

L'action verticale de bas en haut produit le plus souvent des effets comparables à ceux d'une mine qui éclate. Une secousse de ce genre se fit sentir en Espagne, le 21 mars 1829 ; elle renversa, ou plutôt, elle fit sauter plus de 3500 maisons dans la seule province de Murcie. La première secousse du tremblement de terre de Riobamba, en 1797, lança sur une colline, haute de plus de 100 mètres, tous les cadavres ensevelis dans un cimetière situé loin de cette colline, au delà du ruisseau de Lincan. Ensuite, la surface du sol fut successivement soulevée et abaissée par des oscillations irrégulières qui déposèrent, sans secousse, sur le pavé de la rue, des personnes placées plus de 4 mètres plus haut dans le chœur de l'église.

Hamilton, qui était ambassadeur d'Angleterre à Naples lors du grand ébranlement qui ravagea les Calabres en février 1783, raconte que, pendant les premières secousses, des maisons furent violemment arrachées de leurs fondements, et que les montagnes s'élevèrent et s'abaissèrent tour à tour. Pendant cette catastrophe, il y eut aussi, dans quelques localités, des maisons qui furent portées, sans dommages, en des endroits situés plus bas ; d'autres en des endroits plus élevés. De même, un grand nombre d'habitants furent déposés sur des hauteurs voisines, alors qu'ils avaient cru, au contraire, que le sol tombait avec eux dans les abîmes ; par contre, des habitants qui, dans leur frayeur, étaient montés sur des arbres, se retrouvèrent, à leur grand étonnement, couchés doucement sur le sol, tandis qu'ils avaient cru voir la campagne se soulever. Ces faits sont étranges et fort curieux. On ne saurait guère les expliquer autrement que par une illusion d'optique. Il est probable, en effet, que ceux qui croyaient voir la campagne monter vers eux, tombaient avec le sol qui les portait ; et que ceux qui la voyaient s'engouffrer,

étaient soulevés au-dessus du sol qui restait un instant immobile
autour d'eux; à peu près comme nous croyons voir la cage d'un
ascenseur et tous les objets environnants s'abaisser, tandis que
c'est nous qui montons; et que, d'autre part, nous croyons voir
s'élever les murs autour de nous, alors que c'est nous qui tom-
bons avec l'appareil.

Les longues ondulations souterraines qui, du centre de la
secousse, se propagent horizontalement, à la façon des ondes marines, s'affaiblissent à mesure qu'elles s'éloignent du centre d'action ; mais près de celui-ci, elles ne le cèdent guère en violence
aux secousses saccadées et verticales, avec lesquelles, du reste,
elles se confondent fréquemment.

Lors du tremblement de terre des Calabres, on vit les arbres
se pencher et se redresser; leurs branches frappaient la terre et
leurs couronnes se heurtaient contre le sol si violemment qu'elles
volaient en éclats; dans les longues avenues, on voyait onduler
d'abord une série d'arbres, puis une autre, puis enfin toute
l'allée. On pouvait suivre ainsi du regard la propagation de l'onde
souterraine, comme on suit le mouvement d'une grande vague
qui pénètre dans une rade : on voit alors se soulever et s'abaisser violemment, d'abord les navires qui se trouvent à l'entrée de
la rade, puis, de proche en proche, tous les navires. A Messine,
pendant cette même commotion du 5 février 1783, on vit tomber d'abord les maisons de campagne situées sur les bords de
la mer, en face de la côte calabraise, d'où venait l'onde souterraine, et ensuite les maisons dans la ville, à mesure que l'ondulation se propageait. En 1811, pendant les nombreuses et
violentes secousses de la vallée du Mississipi, l'on a vu les

grandes forêts, avec leurs arbres séculaires, s'agiter et onduler comme si un ouragan soufflait impétueusement.

Le mouvement rotatoire ou tournoyant est le plus rare; à vrai dire, on n'a jamais observé d'une manière directe ce mouvement du sol; on le conjecture d'après les effets de certains tremblements de terre. Lors du tremblement de terre de Riobamba, en 1797, des murs ont été retournés sans être renversés, des allées d'abord rectilignes ont été courbées, des champs couverts de cultures ont glissé les uns sur les autres. A Quintero, dans le Chili, on a vu, pendant une secousse, trois gros palmiers s'enrouler les uns autour des autres comme des baguettes de saule, après avoir balayé chacun un petit espace autour de leurs tiges. Pendant le tremblement de terre de la Calabre, en février 1783, les piédestaux de deux obélisques, placés devant un monastère de la ville de Saint-Étienne del Bosco, restèrent dans leur position première, tandis que les pierres qui les surmontaient furent entraînées autour de leur axe par le mouvement de rotation du sol, et dévièrent de plusieurs centimètres. On prétend également que, pendant la secousse qui bouleversa l'île de Majorque, en 1851, la base d'une tour fut entraînée dans un mouvement rotatoire horizontal, et qu'elle tourna autour de son axe de 60 degrés environ, tandis que la partie supérieure conserva sa position primitive. En 1855, pendant le tremblement de terre de la vallée de Viège, dans le Valais, le clocher de Græchen se tordit complètement.

Il arrive parfois aussi que la terre tremble dans plusieurs directions opposées; la surface tournoie en même temps qu'elle s'agite de haut en bas et horizontalement.

Le tremblement de terre de la Jamaïque, en 1692, en offre un exemple bien remarquable : à Port-Royal, les oscillations du sol étaient si rapides, que toute la surface de la terre paraissait être à l'état liquide ; les objets furent renversés pêle-mêle avec les habitants, qui, roulés dans tous les sens, furent horriblement meurtris. Quelques-uns d'entre eux furent lancés, dit-on, du centre de la ville jusque dans le port, où ils purent se sauver à la nage.

Lorsque, trois ans après la catastrophe, Humboldt levait le plan des ruines de la ville de Riobamba, anéantie par le tremblement de terre du 4 février 1797, il ne trouva dans ces ruines qu'un amas de pierres, qu'une couche de 2 ou 3 mètres de décombres triturés ; et pourtant, Riobamba avait des églises et des cloîtres entourés de vastes maisons à plusieurs étages. On montra au voyageur la place où, au milieu des décombres d'une maison, avaient été retrouvés tous les meubles d'une autre demeure. Après la catastrophe, il fallut que le tribunal prononçât sur les contestations qui s'élevèrent au sujet de la propriété de meubles transportés à une grande distance par le mouvement du sol.

Il est évident, comme le fait remarquer Humboldt, que lorsque des terrains glissent ainsi les uns sur les autres, il y a une sorte de pénétration des couches superficielles ; ces champs cultivés qui se superposent, ces allées qui se courbent, ces maisons qui changent de place, prouvent un mouvement général de translation. Sous l'influence des ondes souterraines qui se sont dirigées tour à tour de bas en haut, puis horizontalement, puis circulairement, le sol meuble s'est mis en mouvement, comme un liquide tumultueusement agité par des chocs opposés.

Rien ne peut résister à de pareilles secousses; tout ce qui est édifié à la surface est renversé, broyé, trituré.

Il est difficile de préciser la durée des commotions qui amènent de si grands désastres. Toutefois, on peut être assuré que d'ordinaire les secousses durent quelques secondes seulement, et qu'il est fort rare qu'une oscillation se prolonge au delà d'une minute.

Le 18 août 1853, un tremblement de terre détruisit complètement la ville de Thèbes en dix secondes; et celui qui, en 1812, anéantit la ville de Caracas, la capitale du Vénézuéla, dura trois secondes, à peine. Une première secousse mit en branle les cloches des églises; elle dura cinq secondes; aussitôt après une autre secousse, qui ne dura guère plus longtemps, fit tomber les toits des maisons; puis, en un clin d'œil, et avant qu'on pût même tenter de fuir, une dernière secousse, rapide comme l'éclair, transforma l'opulente cité en un amas de décombres. Par contre, la première et décisive secousse du tremblement de terre des Calabres en février 1783 dura près d'une minute, dit-on; et il est certain qu'une des secousses du tremblement de terre qui, en 1843, désola l'île de la Guadeloupe, dura plus d'une minute.

On ne connaît pas de secousses plus prolongées que celles du tremblement de terre de 1867 dans l'île de Saint-Thomas des Antilles. Au début de la catastrophe, les oscillations furent nombreuses et tellement précipitées, que pendant dix minutes on pouvait à peine apprécier l'espace de temps qui les séparait; il

est hors de doute cependant, que plusieurs de ces violentes et terribles secousses durèrent quatre-vingts secondes.

Les plus violentes secousses ne sont pas toujours les plus longues ; on pourrait même admettre, qu'en général leur durée est en raison inverse de leur impétuosité. En un instant, elles changent de fond en comble l'aspect d'une contrée et achèvent leur œuvre sinistre.

Il est rare qu'un tremblement de terre se compose d'une secousse unique ; le plus souvent, une série d'oscillations agitent le sol, et parmi ces secousses il y en a toujours une qui, plus forte que les autres, est celle qui produit le désastre. On comprend dès lors qu'un tremblement de terre puisse durer des heures, des semaines, des mois, pendant lesquels on comptera des centaines de pulsations. Pendant le tremblement de terre de San Salvador, en 1856, il y eut, dit-on, 118 secousses ; et pendant les deux premières semaines qui suivirent la catastrophe du 18 novembre 1867 dans l'île de Saint-Thomas, il y eut, chaque jour, une vingtaine de légères secousses. Ensuite, des secousses de moins en moins fréquentes continuèrent pendant deux mois d'inquiéter les habitants de cette île. Après la courte mais terrible commotion qui détruisit Lisbonne, la terre trembla encore pendant deux mois dans les environs de cette malheureuse cité. Une forte secousse de tremblement de terre fut ressentie dans l'île d'Havaï, au commencement du mois de mars 1868, peu de temps avant l'éruption du cratère suprême du volcan de Maunaloa ; après cette première secousse, la terre continua d'osciller pendant tout le reste de l'année, et les trépidations furent si nombreuses qu'on dut renoncer à les compter ; dès le premier mois, c'est-à-dire pendant le mois de mars, on avait déjà compté 2000 secousses. Après le violent soubresaut du 25 juillet 1885 dans le Valais, en Suisse, le sol fut constamment agité dans ce canton pendant plus de six mois ; et après la grande secousse qui réduisit en poussire la ville de Bâle, en 1356, la terre ne cessa de trembler durant une année.

II

Ces terribles secousses, nous l'avons déjà dit, sont accompagnées d'un grand fracas souterrain, qui, le plus souvent, éclate
quelques secondes avant la catastrophe, et continue, sans interruption, pendant toute la durée de la crise.

C'est une opinion généralement reçue à Cumana, ville du
littoral de Vénézuéla, que les tremblements de terre les plus
destructeurs s'annoncent par des oscillations très faibles, et
aussi par un bourdonnement qui n'échappe pas à la sagacité
des personnes habituées à ce genre de phénomènes. Dans ce

moment fatal, les cris de « Misericordia ! tembla ; tembla [1] »,
retentissent partout; et il est rare que de fausses alarmes soient
données par les indigènes. Parfois aussi, mais rarement, le
bruit souterrain éclate, bref et terrible, après la catastrophe.
Les secousses, par exemple, qui en 1861 anéantirent la ville de
Mendoza, une des plus florissantes de l'Amérique du Sud, ne
furent précédées d'aucun fracas ; mais, après la catastrophe, le
bruit souterrain éclata avec une inconcevable violence. Plus
rarement encore, le fléau survient, bouleverse la contrée, ex-
termine la population, sans être ni précédé, ni accompagné, ni
suivi du moindre bruit : tout s'achève dans le mystère et dans
le silence de la mort. Le tremblement de terre de Riobamba de
1797, qui, en deux minutes, fit plus de cent mille victimes sur les
hauts plateaux d'Équateur, a été un de ces mornes et sinistres
phénomènes. Il ne fut accompagné ni annoncé par aucun bruit
souterrain ; une immense détonation, désignée depuis ce jour
par ces seuls mots : *el gran ruido*, le grand bruit, se produisit
seulement 18 ou 20 minutes après la catastrophe dans les deux
villes de Quito et d'Ibarra ; mais il ne fut pas entendu sur le
théâtre même du désastre.

Le fracas souterrain qui accompagne les grandes secousses
est toujours épouvantable ; mais ce n'est qu'après la catastrophe
qu'on peut se rendre compte de l'intensité et du caractère de ce
bruit, qui est très varié. Pendant les grands cataclysmes, il est,
en effet, malaisé de suivre attentivement les gradations du bruit
souterrain, à cause des scènes navrantes qui vous entourent, et

---

1. Miséricorde ! elle (la terre) tremble ; elle tremble !

de l'émotion instinctive qu'on éprouve en entendant ces mugissements, dont l'intensité dépasse celle de tous les bruits que l'on
connaissait jusque-là. Aussi quand, après le désastre, on tâche
de comparer ces grandes clameurs souterraines à d'autres
grands bruits mieux connus, on trouve que les vrais termes de
comparaison manquent, et que ceux que l'on emploie forcément
sont insuffisants pour exprimer ce que l'on a entendu.

Ainsi, rappelant mes propres souvenirs, je dirais volontiers
que, bien souvent, le bruit souterrain est comme le roulement du
tonnerre lorsque, après son premier éclat, il continue de gronder avec violence. Cela exprimerait aussi fidèlement que possible
ce que j'ai entendu, et cependant ne ferait pas saisir combien est
épouvantable la voix souterraine. Il y a en elle quelque chose de
moins et quelque chose de plus : elle est moins sonore, moins
saccadée, moins tumultueuse que le fracas aérien ; mais elle est
plus violente, plus étendue, plus pénétrante, plus lugubre. D'autres fois, surtout avant la première secousse, un long gémissement sort du sein de la terre ; quelquefois on entend un bruissement semblable au battement d'ailes de grands oiseaux ; ou
bien un bourdonnement comme celui d'un essaim d'abeilles ;
parfois le fracas ressemble à une décharge d'artillerie ; souvent
il retentit comme si des masses de roches vitrifiées se brisaient
dans les cavernes souterraines ; d'autres fois encore, le bruit est
heurté et sourd comme celui d'un lourd chariot ; enfin, souvent
aussi la voix souterraine éclate comme le sifflement aigu et le
terrible hurlement de l'ouragan.

Comment expliquer ces bruits si variés, si lugubres, si terribles ?
Il est évident que ces voix sifflantes, ces grondements, ces fracas,

ces hurlements, sont dus à des phénomènes tout aussi variés qui s'accomplissent dans l'intérieur de la terre : à la lave des abîmes qui s'agite et frappe contre les couches supérieures ; à des écroulements souterrains et au contre-coup qu'ils produisent ; aux eaux des lacs et des rivières qui, sous l'action de la secousse, débordent au sein de la terre ; à d'immenses courants de gaz ou d'air qui s'engouffrent dans les cavernes et les crevasses, donnant naissance à des ouragans souterrains. Tous ces bruits se croisent, se répercutent dans les abîmes, se propagent d'écho en écho à travers les assises rocheuses, et viennent épouvanter les êtres qui vivent à la surface du sol.

III

GOUFFRES ET CREVASSES.

Pendant les commotions la terre s'ouvre, le sol se déchire, et l'on voit se produire de grandes crevasses. Tantôt elles se présentent comme des fissures longues, mais étroites ; tantôt elles forment des gouffres béants.

On les rencontre, souvent en grand nombre, dans la direction des secousses qui leur ont donné naissance ; parfois, cependant, elles s'entre-croisent et se divisent en branches latérales.

Le tremblement de terre de la Calabre est surtout remarquable sous ce rapport : une crevasse, large de plusieurs mètres,

3

se forma à la base de la montagne de granit de Polistena, sur un parcours de 9 à 10 lieues.

Ces crevasses sont très dangereuses et causent les plus grands malheurs ; elles engloutissent hommes, maisons, forêts, et les broient en se refermant. Dès la première secousse du tremblement de terre de Lisbonne, une foule énorme se réfugia sur le grand quai de marbre qui bordait le rivage, afin de ne pas être ensevelie sous les ruines des édifices ; mais une énorme crevasse se produisit à la suite de secousses violentes, et le quai fut englouti.

Pendant le tremblement de terre qui désola la Calabre en 1783, la plus grande partie des maisons de Terranova et d'Oppido disparurent sans laisser le moindre vestige ; les parois des crevasses, en se refermant sur les habitations englouties, s'étaient rejointes si hermétiquement, qu'en déblayant le sol on ne retrouva plus qu'une masse informe.

Pendant les violentes secousses qui ébranlèrent l'Espagne méridionale en décembre 1884, il s'est formé des crevasses énormes ; dans celle qui traverse le village de Guevéjar, des maisons ont été englouties, et plus loin une église a disparu jusqu'au sommet du clocher dans ce gouffre, dont la longueur n'est pas moindre de 3 kilomètres.

Des fissures immenses apparurent pendant l'épouvantable commotion de 1692 à la Jamaïque ; en s'ouvrant elles engloutirent beaucoup de personnes, et se refermèrent aussitôt ; mais les cadavres, horriblement mutilés, furent rejetés à la surface du sol lorsque les crevasses, s'ouvrant de nouveau, livrèrent passage à l'eau souterraine. Louis Gelday, qui demeurait à la campagne, près

de la ville de Port-Royal, fut englouti dans une de ces crevasses dès
la première secousse ; une autre secousse le ramena vivant hors
de l'abîme et le lança au loin dans la mer. Il put nager vers une
embarcation qui le recueillit ; et il vécut encore pendant quarante
années après sa merveilleuse aventure, ainsi que l'atteste l'inscrip-
tion gravée sur sa tombe, à Port-Royal.

Lors du tremblement de terre de Lisbonne, dont le retentissement fut si terrible sur le littoral africain, des crevasses profondes se formèrent dans les environs de la capitale du Maroc, et
une oasis, située à quelques lieues de cet endroit, s'abîma tout
entière avec ses cultures, ses villages et ses habitants, dans un
gouffre énorme qui s'ouvrit tout à coup et se referma aussitôt.

Plus de 10,000 Arabes furent ainsi engloutis dans l'abîme.

Pendant le tremblement de terre qui ravagea la haute plaine de Quito, en 1797, des fentes s'ouvrirent et se refermèrent de telle façon que des hommes purent se sauver en étendant les deux bras. Des troupes de cavaliers, et des mulets chargés disparurent dans des crevasses qui s'ouvrirent en travers sous leurs pas ; tandis que d'autres échappaient au danger en se rejetant en arrière. Ce jour-là, raconte Alexandre de Humboldt, de grandes maisons s'enfoncèrent dans la terre avec si peu de dégâts, que les habitants, sains et saufs, purent ouvrir les portes à l'intérieur, et attendirent deux jours qu'on les dégageât ; ils allèrent d'une chambre dans l'autre, allumèrent des flambeaux, se nourrirent de provisions qu'ils avaient par hasard, et s'entretinrent des chances de salut qui leur restaient.

Parmi les plus curieux effets des tremblements de terre, il faut ranger les puits profonds qui s'ouvrent instantanément, et qu'après la catastrophe on trouve remplis d'eau ou de sable jusqu'à leur bouche, laquelle est ronde, convexe et presque toujours entourée d'une couche de limon. Les plus célèbres parmi ces bassins, au point de vue du nombre, des dimensions et de la symétrie, sont ceux de la Calabre, particulièrement ceux de Rosarno, qui doivent tous leur origine aux deux tremblements de terre de 1783. Immédiatement après la commotion, la plupart de ces puits présentaient, intérieurement, la forme d'un entonnoir, et ressemblaient à de petits étangs remplis d'eau ; quelques-uns étaient comblés de sable qui, dépassant l'orifice, formait de petits monticules. On pourrait, peut-être, expliquer ce fait par la quantité de substances terreuses amenées à la surface, et dont l'accumulation produisit un obstacle que ne put vaincre la force ascensionnelle de l'eau qui s'était élevée des profondeurs du globe.

Le tremblement de terre de la Valachie, en 1838, dura du 11 au 23 janvier, et donna naissance à de nombreuses et larges crevasses ; l'une d'elles, près de Beltschuk, communiquait avec un grand nombre d'ouvertures, d'où s'échappaient du sable et de l'eau. Lors du tremblement de terre de Brousse, en 1855, une ferme, située à l'entrée du village Ayas-Kroy et d'environ quatre hectares, disparut dans une crevasse. Le propriétaire, qui se trouvait à quelque distance, vit toute la ferme, maisons et terre, onduler lentement et s'engouffrer peu à peu dans l'abîme, en même temps que du sein de la terre, à l'endroit où était la maison, jaillissait une puissante colonne d'eau.

IV

SOURCES, LACS ET RIVIÈRES.

Les tremblements de terre produisent parfois une perturbation profonde dans le régime des eaux. On voit, pendant les grandes secousses, des fleuves et des lacs s'agiter violemment, abaisser ou élever soudainement le niveau de leurs eaux.

Parfois, les rivières ont tout à coup précipité leurs eaux dans une direction nouvelle, obéissant à l'impulsion que leur imprimait la secousse souterraine qui, après avoir détruit leur ancien lit, leur en préparait un nouveau, en soulevant, abaissant ou creusant le sol autour d'elles.

En 1546, à la suite d'une violente secousse de tremblement de terre qui détruisit les villes de Sichem et Rama, les eaux du Jourdain baissèrent d'abord, puis disparurent soudainement, et le lit du fleuve resta vide pendant deux jours et deux nuits; mais le troisième jour, elles revinrent occuper leur lit.

Lors du tremblement de terre d'Andalousie, en décembre 1884, la rivière de Cogollos modifia subitement son cours, et tous les ruisseaux et rivelets autour du village de Guevéjar disparurent; tandis que plus loin le lit de la rivière d'Almachar s'étant crevassé, toute la contrée fut inondée. Il n'est plus possible, aujourd'hui, d'irriguer cette belle campagne.

On a vu quelquefois l'eau des rivières et des grands lacs s'élever comme une montagne à une grande hauteur et, en retombant, submerger la contrée environnante. Un bruit terrible accompagne la chute de cette masse d'eau, et en un clin d'œil tout disparaît dans la soudaine inondation, dont les horreurs viennent s'ajouter à celles du tremblement de terre. C'est ainsi que le 26 août 1856, pendant une violente commotion souterraine dans le Honduras, un lac de plusieurs lieues d'étendue déborda subitement, et causa dans la campagne des désastres plus grands que les secousses mêmes du tremblement de terre.

Le fléau souterrain exerce une influence prépondérante également sur le vaste et paisible système des sources, dont l'action bienfaisante anime et entretient la vie organique à la surface de la planète.

A la suite des secousses souterraines, on voit des sources augmenter de volume, d'autres tarir soudainement, d'autres enfin jaillir non moins soudainement des profondeurs de la terre. Ainsi, dans la Grèce, qui paraît avoir plus souffert des tremblements de terre qu'aucune autre contrée de l'Europe, un nombre infini de sources froides et thermales, taries ou coulant encore, sont nées au milieu des ébranlements terrestres.

Le plus souvent les commotions souterraines troublent l'eau des sources et des puits, surtout celle des puits artésiens. M. Hervé-Mangon a constaté, par une série d'observations faites avec beaucoup de soin, que les eaux du puits artésien de Passy se chargèrent de sédiments lors de chacune des nombreuses secousses qui, pendant les années 1861 et 1862, agitèrent l'Europe occidentale.

On cite aussi une multitude d'exemples de fontaines thermales dont la température s'est abaissée, ou augmentée pendant les secousses. En août 1854, lors d'un tremblement de terre dans les Pyrénées, la chaleur d'une des sources de Barèges s'éleva de 18 à 28 degrés, et son volume, qui était de 12,400 litres par jour, augmenta jusqu'à 28,000 litres dans le même espace de temps. En 1856, lors du tremblement de terre dans le canton de Valais, en Suisse, la température des sources thermales de Louèche augmenta subitement.

Pendant le tremblement de terre d'Andalousie en 1884, le régime des eaux minérales de la région entière a été modifié : des sources ont disparu, d'autres au contraire ont jailli. Près de Santa-Cruz une source thermale abondante a fait éruption brusquement. Les eaux minérales d'Alhama jaillissent maintenant en plus grande abondance qu'avant la destruction de cette ville; la composition chimique et la température de ces eaux ont changé. Avant la catastrophe, elles avaient une température de 47 degrés centigrades, et étaient salines; depuis lors, elles sont devenues très sulfureuses et ont acquis une température de 50 degrés [1].

Des faits de ce genre ont été observés dans toutes les régions sujettes aux tremblements de terre. C'est ainsi que maintes fois on a pu remarquer le lien qui existe entre les sources thermales de Sarcon, en Perse, situées à une hauteur de 1,700 mètres environ, sur le chemin d'Ardebil à Tabriz, et les soubresauts qui souvent ébranlent ce plateau, de deux en deux années. Au mois d'octobre 1848, des secousses ondulatoires qui durèrent une heure entière forcèrent les habitants d'Ardebil de déserter la ville ; les sources, dont la température varie ordinairement de 44 à 46 degrés, devinrent extrêmement brûlantes, et elles restèrent dans cet état tout un mois.

1. Note de M. Nogués, présentée à l'Académie des sciences.

V

ÉRUPTIONS VASEUSES, FLAMMES ET EFFLUVES.

Ce ne sont pas seulement des jets d'eau et de sable qui sortent des entrailles de la terre pendant les violentes commotions ; il en sort aussi de la boue, des vapeurs, des gaz, des fumées noires et même des flammes.

Lorsque, le 20 juin 1698, une secousse furieuse ébranla les hauts plateaux d'Équateur et renversa la petite ville de Lata-cunga ainsi que plusieurs autres localités jusqu'à la ville d'Am-bato, le volcan de Carihuairazo, montagne haute de 5,106 mètres, s'écroula en partie, de même que d'autres montagnes moins

élevées. Il en sortit une si grande quantité d'eau, qu'il y eut une
forte inondation dans les environs, si l'on peut nommer inondation les terres éboulées qui se délayèrent et qui se conver-
tirent en boue; mais en boue assez liquide pour couler sous
la forme de ruisseaux et de rivières, dont on voyait encore
les vestiges un demi-siècle plus tard, quand La Condamine,
Bouguer et Godin explorèrent ces contrées. On vit des champs
entiers et plantés d'arbres se détacher et passer à plusieurs
lieues de distance. Le malheur de Latacunga principalement fut
extrême; des familles entières furent ensevelies sous le même
toit, et il n'y eut absolument aucune maison d'épargnée. Et
presque tout le mal fut causé par la première secousse [1].

Pendant la catastrophe de Riobamba, en 1797, les volcans voisins de la malheureuse cité, le Cotopaxi, le terrible Sangay et
tant d'autres, n'eurent point de crises violentes; de leurs bouches
enflammées, de leurs flancs redoutables ne sortirent ni cendres,
ni laves embrasées. Mais l'un d'eux, le Toungouragua, s'entr'ouvrit; tout un pan de cette montagne superbe, qui se dresse à
5 087 mètres d'altitude entre Riobamba et Quito, s'affaissa brusquement avec les forêts qu'il portait; et en même temps, des
flots d'une boue visqueuse sortirent de l'immense crevasse. Ils se
précipitèrent dans la vallée avec une violence tellement prodigieuse et en quantité tellement énorme, qu'ils causèrent la mort
de toute la population, c'est-à-dire de 40,000 Indiens, et qu'un
seul de ces torrents fangeux remplit, jusqu'à 200 mètres de hauteur et sur une largeur de 300 mètres environ, un défilé sinueux

1. Bouguer, *Figure de la Terre.*

qui séparait le Toungouragua d'une autre montagne. Ce ne fut pas, du reste, seulement de cette crevasse énorme que sortirent des courants de boue. Dans toute la région ébranlée, on vit, ce jour-là, cette fange noirâtre jaillir d'une multitude de crevasses soudainement ouvertes et dont la profondeur était insondable. Les indigènes nomment moya cette matière vaseuse qui est un singulier mélange d'eau, de charbon et de carapaces siliceuses d'infusoires. Après s'être épanchée violemment de toutes ces fissures, et avoir recouvert d'une couche épaisse toute la contrée qu'elle dévasta, la fange se solidifia en d'innombrables monticules ayant la forme de cônes réguliers.

Bien souvent, ainsi que nous venons de le dire, des vapeurs et des gaz toxiques se dégagent du sein de la terre pendant les violentes commotions. Lors du tremblement de terre d'Algérie en 1856, lequel dura plusieurs semaines, l'atmosphère fut imprégnée de vapeurs sulfureuses, et des effluves phosphorescents s'épanchèrent sur le sol. Invisibles pendant le jour, ils apparaissaient dès le coucher du soleil, et pendant plusieurs nuits on vit des feux follets s'agiter partout dans les vallées et sur les hauteurs ébranlées, notamment sur les montagnes d'Oued-Missia.

Parfois aussi, ces gaz jaillissent tout incandescents du sol, au moment où la convulsion souterraine éclate. On voit alors de grandes flammes sortir des entrailles de la terre, briller un instant, et passer rapides comme des éclairs. Pendant le tremblement de terre dont on vient de parler, un officier français qui se trouvait avec son détachement sur la pente d'une colline, dans les environs de Djidjelli, vit tout à coup des flammes bleues s'élancer du sein de la terre jusqu'à une hauteur de 5 mètres;

elles se succédaient par jets rapides, jaillissaient et disparaissaient aussitôt. Ce curieux phénomène dura près d'une heure. A Cumana, une demi-heure avant la catastrophe du 14 décembre 1797, on sentit une forte odeur de soufre, et au moment de la commotion on vit paraître des flammes sur les bords de la rivière Manzanarès, où est située la ville, et aussi dans le golfe de Cariaco. De même, en Équateur, lors du terrible tremblement de terre de 1736, une immense flamme bleue sortit du fond d'un lac, en traversant l'eau. Pendant le tremblement de terre de Lisbonne, en 1755, des flammes et des colonnes de fumée s'élancèrent d'une crevasse qui s'était ouverte dans le roc, et l'on observa que les flammes jaillissaient avec d'autant plus de force et d'éclat que le bruit souterrain était plus intense.

Une énorme quantité d'acide carbonique sortit des entrailles de la terre lors des violentes secousses dans la Nouvelle-Grenade en 1827, et ce gaz asphyxia une multitude d'animaux qui vivaient dans les cavernes.

L'anxiété que manifestent, avant et pendant la commotion, les animaux qui habitent dans des trous ou dans les fissures des rochers, tels que les lézards, les serpents, les rats et tant d'autres, est due probablement à l'action de ces effluves souterrains. On comprend, en effet, que ces animaux qui rampent, vivent et respirent à la surface même du sol, soient les premiers à subir l'influence de cette soudaine éruption de gaz délétères, lesquels, trop lourds pour monter et s'épancher dans l'air, emplissent les cavernes, ou se traînent à la surface de la terre.

Toutefois, nous ne déciderons pas si, placés plus près de la surface du sol, ces animaux entendent les premiers le bruit souterrain, ou si l'inquiétude qu'ils manifestent provient de ce que leurs organes reçoivent l'impression d'émanations gazeuses qui sortent de la terre. Pendant son séjour en Équateur, Humboldt observa dans l'intérieur des terres un fait qui a rapport à ce genre de phénomènes, et qui s'était déjà présenté plusieurs fois : à la suite de violents tremblements de terre, les herbes qui couvrent les savanes du Tucuman acquirent des propriétés nuisibles ; il y eut épizootie parmi les bestiaux, et ils paraissaient étourdis ou asphyxiés par les gaz qui sortirent du sol.

ÉTENDUE DE LA ZONE ÉBRANLÉE.

L'espace ébranlé par les grandes secousses est parfois limité à quelques lieues ; mais le plus souvent, la surface agitée embrasse plusieurs centaines de kilomètres ; parfois même, la vibration souterraine se continue et s'étend, de proche en proche, jusqu'à plusieurs milliers de kilomètres du point où se produisit la première et la plus violente secousse. Rien n'arrête le fléau qui, se propageant à travers les montagnes, les fleuves et les abîmes de l'Océan, finit par ébranler une zone immense.

Du centre de l'ébranlement, c'est-à-dire, de l'endroit où le

4

phénomène prend naissance, les secousses, d'abord verticales, tumultueuses et violentes, se transforment en mouvements de plus en plus obliques, en ondes souterraines de plus en plus étendues, qui se propagent dans l'intérieur de la terre et vont expirer loin du centre de la catastrophe. Le phénomène d'ondulation qui se produit ainsi dans les roches souterraines est analogue à celui que l'on observe lorsqu'une pierre vient à frapper la surface des eaux : à l'endroit du choc, les vagues s'élèvent et s'abaissent tumultueusement; plus loin elles s'inclinent, elles s'étendent, elles se croisent et s'éloignent peu à peu du centre de la secousse.

En novembre 1827, une secousse agita le sol de la Nouvelle-Grenade sur une étendue presque deux fois aussi grande que celle de la France; elle détruisit la ville de Popayan et la plupart des localités situées entre cette ville et Bogota, la capitale grenadine.

En 1856, des ondulations souterraines parties de l'Asie Mineure, se propagèrent sur toute la région méditerranéenne, et les secousses de ce grand tremblement de terre, dont les dernières ondes allèrent expirer jusqu'en Saxe, furent ressenties non seulement dans toutes les îles de la Méditerranée, entre l'île de Chypre et la Sicile, mais encore sur le littoral dalmate, dans toute la Turquie d'Europe et même en Égypte.

Le tremblement de terre du Chili, en juillet 1794, ébranla une superficie de cinquante mille lieues carrées; et la secousse de l'île de Saint-Thomas, en novembre 1867, se propagea dans la mer des Antilles, depuis le golfe du Mexique et les côtes de la Floride jusqu'au littoral de l'Amérique du Sud; de sorte que

l'on peut évaluer le champ d'action du fléau à deux cent cinquante mille lieues carrées.

Le tremblement de terre de Lisbonne, en 1755, agita une surface du globe quatre fois plus grande que l'Europe ; il ébranla
non seulement le Portugal, mais presque toute l'Europe ; il
atteignit le nord de l'Afrique ; il y détruisit les villes de Fez et
de Mesquinez, au Maroc, où il fit périr quinze mille personnes ;
on en ressentit les effets aussi dans l'île de Madère, sur les côtes
du Groënland, et jusque dans la mer des Antilles, à mille six cents
lieues du littoral portugais, centre de l'épouvantable catastrophe.

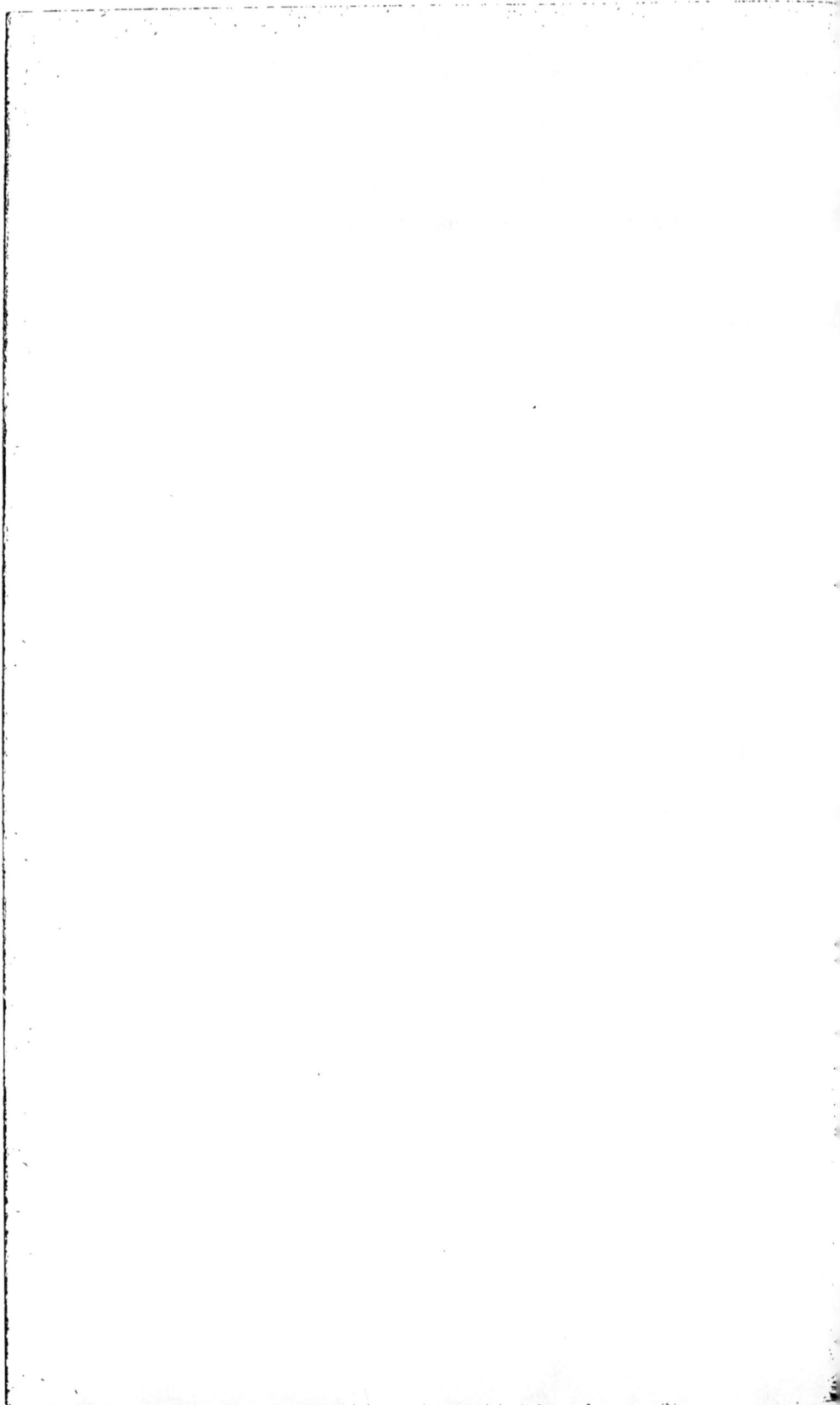

SOULÈVEMENT, AFFAISSEMENT

ET

LENTE ONDULATION DU SOL

SOULÈVEMENT, AFFAISSEMENT ET LENTE ONDULATION DU SOL

I

Les tremblements de terre donnent naissance à des élévations parfois considérables de points isolés, ou même de vastes territoires. Le fait est certain, bien qu'on puisse faire erreur sur les différences de niveau, surtout lorsqu'il s'agit de l'exhaussement d'un littoral. Souvent même l'examen a prouvé que des terrains qu'on avait longtemps considérés comme ayant été soulevés par la force souterraine, n'avaient en réalité nullement changé leur niveau.

Des soulèvements notables du sol ont été observés lors de la ruine totale de Cumana, en 1766. Selon Humboldt, à cette époque, sur les côtes méridionales du golfe de Cariaco, la pointe Dalgade s'est agrandie sensiblement, et près du village de Maturin il s'est formé un écueil, sans doute par l'action des forces souterraines qui ont déplacé et soulevé le fond de la rivière de Manzanarès.

On ne saurait douter que le sol du Chili fut exhaussé dans les environs de la ville de la Concepcion, à la suite du tremblement de terre de 1750. La ville fut détruite le 24 mai, et la mer, après avoir envahi la cité, entraîna les ruines qu'elle avait submergées. L'ancien port devint impraticable, et ceux des habitants qui avaient échappé à la catastrophe rebâtirent une autre ville à vingt lieues de la première. Une certaine étendue de terrain, aujourd'hui entièrement au-dessus du niveau de la mer, était recouverte, avant la commotion, par une nappe d'eau d'une profondeur de 5 à 6 mètres. Il y eut donc là évidemment un subit exhaussement du sol; il est certain d'ailleurs que, depuis cette époque, les navires ne peuvent aborder qu'à trois lieues de l'ancien port, et l'on peut affirmer qu'en cet endroit la côte s'est élevée de 24 pieds environ.

Des faits analogues ont été observés sur ce même littoral lors du tremblement de terre de 1822. Les secousses durèrent du 19 novembre jusqu'à la fin du mois de septembre de l'année sui-

vante, et à certains jours elles se répétaient de cinq en cinq minutes. Leur action s'étendit à tout le littoral, depuis Lima jusqu'à
la Concepcion, sur une longueur de plus de six cents lieues, et
à l'est jusqu'à la chaîne principale des Cordillères. Près de Valparaïso et de Quintero, l'eau mêlée de sable et de boue s'échappait des crevasses du sol ; la vallée Vinna à la Mar était entièrement couverte de petits cônes de sable boueux [1]. De nombreuses
fissures, mesurant deux lieues, sillonnèrent les roches granitiques
qui bordaient le lac de Quintero, et les monts de granit qui
s'étendent le long des côtes, sur une distance de plus de quarante
lieues, s'élevèrent de 3 à 4 pieds ; enfin, des bancs d'huîtres se
trouvèrent, dit-on, bien avant dans l'intérieur des terres [2]. On
prétend que la côte de Valparaïso fut exhaussée de 3 pieds, et
Meyen, qui visita la ville de Valparaïso en 1831, croit avoir retrouvé des restes d'animaux marins sur les rochers qui avaient
surgi du sein des eaux.

Les mêmes phénomènes d'exhaussement du sol se renouvelèrent le 21 février 1835, peu de temps après l'éruption du
volcan de Coseguina. Un mouvement ondulatoire agita le continent, de Copiapo à Chiloé, et de Mendoza jusqu'à Juan Fer-
nandez, à 300 milles de la côte. Cette fois encore, le sol s'éleva,
dit-on, de 4 à 5 pieds, pour s'affaisser aussitôt de 3 pieds environ [3].

Lorsque mistress Graham émit l'opinion que toute la côte du
Chili avait été soulevée à la suite du tremblement de terre du
19 novembre 1822, dont les effets se firent sentir sur une si vaste

---

1. Fuchs, *Die vulkanischen Erscheinungen der Erde.*
2. Lyell, *Principles of geology.*
3. Fuchs, *Die vulkanischen Erscheinungen der Erde.*

étendue, cette opinion fut accueillie avec faveur par la plupart
des géologues ; toutefois, elle eut aussi bon nombre de contra-
dicteurs. Cuning, le célèbre conchyliologue, se trouvait justement à la même époque sur le théâtre de l'événement, et il
affirme n'avoir rien remarqué de semblable. Les flots, selon lui,
viennent, comme d'ordinaire pendant les hautes marées, baigner
les endroits de la côte que l'on désigne sous le nom d'ancien
littoral ; et Cuning ajoute que les gisements de coquillages s'ex-
pliquent par les mouvements irréguliers de la mer, causés par
les fréquents tremblements de terre de ces contrées.

Peu de temps après les fortes secousses de 1835, une expédition
américaine, sous les ordres de Charles Wilkes, le célèbre marin
qui plus tard commanda l'expédition scientifique américaine dans
les mers australes, et étudia si bien le volcan de Maunaloa [1],
se livra à des recherches très minutieuses. « Les récits des habitants du Chili sont tellement contradictoires, dit Charles Wilkes,
que l'on ne peut en tirer aucune conclusion satisfaisante. La
retraite des eaux dans le golfe, si toutefois elle existe, ne peut
provenir que des atterrissements. Les naturalistes de notre expédition ont sondé attentivement les côtes dans le voisinage, et
n'ont recueilli aucun indice qui pût établir un soulèvement, si
faible qu'il fût. »

S'il y a quelque incertitude au sujet de l'exhaussement des
côtes du Chili en 1835, on ne saurait mettre en doute le fait
suivant :

Le 23 janvier 1855, un tremblement de terre très violent bou-

---

1. *Les Volcans*, par Arnold Boscowitz, p. 170.

leversa la Nouvelle-Zélande ; on estime à 300 milles carrés
l'étendue de terre et d'eau sur laquelle il exerça son action.
Or, dans le voisinage de Wellington, une superficie mesurant
4,600 milles anglais fut exhaussée de 1 à 9 pieds.

II

Il ne faut pas confondre les crevasses et les déchirures du
sol, qui se produisent très souvent à la suite des tremblements de
terre, avec les subites dépressions de la surface terrestre qui ont
eu lieu çà et là pendant de grandes secousses. Dans les hautes
vallées, dans les régions montagneuses, cet affaissement du sol
a été quelquefois accompagné de l'éboulement des rochers, de
la chute des collines, ou même de l'effondrement de toute une
haute montagne. Et presque toujours une nappe d'eau s'est
étendue sur le terrain affaissé, et a transformé en un étang, en
un lac et même en une mer, la dépression produite par le choc
souterrain.

Lors du tremblement de terre du 27 mars 1638, qui détruisit
deux cents villes et villages dans la Calabre, la vallée où était
située la ville de Sainte-Euphémie s'affaissa ; la ville s'abîma
dans le gouffre béant ; les hautes collines qui entouraient la
vallée s'écroulèrent, et une nappe d'eau recouvrit l'emplacement
qu'avaient occupé la vallée, les collines et la ville.

Pendant le terrible tremblement de terre qui ravagea l'île de
la Jamaïque en 1692, un domaine de 1,000 hectares environ,
situé à l'entrée de la ville de Port-Royal et tout couvert de

cultures, s'abîma dans la mer en moins de trente secondes. Dans la ville même, tout un quartier s'engouffra subitement ; et le sol s'étant engouffré sans que les grands édifices qu'il portait fussent renversés, on vit, pendant plusieurs semaines, les cheminées de ces maisons apparaître à fleur d'eau, avec les mâts des navires qui avaient sombré pendant la catastrophe.

Plus d'une fois, pendant les tremblements de terre qui ont ébranlé l'Amérique du Sud, on a vu se produire de subites et grandes dépressions du sol.

Le 20 janvier 1834, par exemple, au moment où des secousses terribles détruisaient une partie de la ville de Santiago, capitale du Chili, l'on vit, sur le littoral, une langue de terre de trois lieues de long sur deux de large s'enfoncer et disparaître avec l'épaisse forêt qui la recouvrait. Les environs de Bondionella offrirent ce jour-là un spectacle curieux : une grande partie du territoire s'affaissa ; le reste fut élevé, et des étangs se formèrent sur différents points du terrain effondré [1].

Vers la fin du siècle dernier, pendant la grande commotion de 1786 qui ravagea le Pérou et détruisit la ville de Lima, une partie de la côte s'abîma près du Callao et forma un nouveau golfe.

Je signalerai aussi la grande convulsion souterraine qui, en 1819, changea complètement la physionomie de la vaste contrée de Coutch, laquelle encadre le golfe du même nom, près de l'embouchure de l'Indus. Tandis que la partie de ce territoire appelée le grand Runn s'effondrait sur un espace de plusieurs

1. Fuchs, *Die vulkanischen Erscheinungen der Erde.*

lieues carrées, un immense soulèvement avait lieu au travers d'une ancienne embouchure de l'Indus. Ce soulèvement forma un rempart de plusieurs kilomètres de long et de 50 mètres de large, rempart qui protège aujourd'hui toute la contrée de l'envahissement des eaux marines, et que les habitants appellent la « muraille de Dieu, Ullah Bund ».

Suivant une antique tradition japonaise, en l'an 286 avant Jésus-Christ, le sol trembla dans l'île de Nipon; des flammes jaillirent du sein de la terre, et un territoire de cent kilomètres de pourtour se souleva tout à coup à une hauteur prodigieuse : c'était le volcan de Fousi-Yama, la montagne sainte, le dieu tutélaire du Japon, qui redressait son corps énorme, et, dans l'espace d'une nuit, élevait son front jusqu'à 3,745 mètres d'altitude. Au même instant et à une grande distance de la région soulevée, une vaste plaine, bordée de hautes montagnes, était violemment secouée, et s'affaissait subitement avec tout ce qui était à sa surface : forêts, villes et villages. A peine la vallée s'était-elle effondrée, que déjà l'immense et profonde cavité s'emplissait d'une eau limpide, et se transformait en un lac de 55 kilomètres de longueur sur 16 de largeur : c'est ainsi que les auteurs japonais racontent la naissance du grand et beau lac de Biva, dont les eaux bleues et les rives délicieuses rappellent le lac Léman.

III

Le tremblement de terre qui anéantit les villes de Sodome et de Gomorrhe n'est pas seulement un des plus anciens dont on ait gardé la mémoire, il est aussi un des plus étonnants. Il a été accompagné d'une éruption volcanique ; il a soulevé une région d'une superficie de plusieurs centaines de lieues carrées, abaissé un territoire non moins grand, bouleversé le régime des eaux et changé complètement le relief d'une vaste contrée.

Il y avait dans le midi de la Palestine une magnifique vallée, semée de massifs d'arbres et de villes florissantes : c'était la vallée de Siddim, où régnaient les rois confédérés de Sodome, de Gomorrhe, d'Adama, de Séboïm et de Ségor. Ils y avaient réuni toutes leurs forces, afin de résister à l'attaque du roi des Élamites ; et ils venaient de perdre la bataille décisive, lorsque survint la catastrophe qui détruisit les cinq villes, et bouleversa la splendide vallée.

Le soleil se levait sur la terre, lorsque, tout à coup, le sol trembla et s'ouvrit. Du sein de l'abîme sortirent des pierres enflammées et des cendres brûlantes qui retombèrent comme une pluie de feu sur toute la contrée.

En peu de mots la tradition biblique relate le terrible événement : « Le Seigneur fit descendre sur Sodome et Gomorrhe une pluie de soufre et de feu, et il perdit ces villes avec tous leurs habitants ; tout le pays d'alentour avec ceux qui l'habitaient ; tout ce qui avait quelque verdeur sur la terre. » Et la tradition ajoute qu'Abraham s'étant levé le matin, « et regardant Sodome et Gomorrhe et tout le pays d'alentour, il vit des cendres enflammées qui s'élevaient de terre comme la fumée d'une fournaise ».

Tout cela est précis et rapide ; il n'est guère possible de peindre à plus grands traits.

L'épisode de la femme de Loth, changée en statue de sel,

entre bien dans le cadre d'un semblable événement. En effet, parmi les substances qui s'élaborent dans les fournaises volcaniques, aucune ne s'y trouve en plus grande quantité que le sel. Les cendres humides et brûlantes qui jaillissent comme une pluie de feu des cratères enflammés sont imprégnées de cette substance, qui, après l'évaporation de l'eau contenue dans les cendres, se dépose en abondance autour des volcans. On ne saurait douter que les cendres sorties des entrailles de la terre, lors de la catastrophe en Palestine, ne fussent saturées de sel ; car la contrée éprouvée en est recouverte, et l'on marche partout sur d'épaisses couches de sel friable qui craque sous les pieds et s'étend à perte de vue, comme le sable dans le désert. Si, le jour de la catastrophe, une femme, surprise dans sa fuite, est morte étroitement enveloppée dans un nuage de cendre brûlante, humide et saline, son corps a pu présenter l'aspect d'une colonne de sel, lorsque, après l'éruption, la matière saline cristallisa.

Il y eut là une subite éruption volcanique, comparable à celle de l'an 79, quand, en une nuit, le Vésuve ensevelit sous une couche de cendres les villes de Pompéi et d'Herculanum.

Lors de la convulsion en Palestine, en même temps que des nuages de cendres sortaient des abîmes pour retomber en pluie de feu sur la terre, une vaste région comprenant les cinq villes et une zone au sud de leur territoire, était secouée violemment et bouleversée de fond en comble.

Parmi les vallées qu'arrosait le Jourdain, celle de Siddim était la plus grande et la plus peuplée ; or toute la partie méridionale de cette vallée était soulevée avec ses bois, ses cultures et son grand fleuve ; tandis que, du côté opposé, la plaine s'affaissait et se transformait en une immense dépression, en une bouche colossale, d'une profondeur inconnue et d'un pourtour de cent lieues. Ce jour-là, les eaux du Jourdain, soudainement arrêtées par l'exhaussement du sol en aval, ont dû refluer tumultueusement vers leurs sources, pour, ensuite, redescendre non moins impétueusement la pente accoutumée, et aller se jeter dans l'abîme que venaient de produire l'effondrement de la vallée et la rupture du lit fluvial.

Lorsque, après le désastre, les habitants des régions voisines vinrent contempler le théâtre de la catastrophe, ils virent que tout était changé. La vallée de Siddim n'existait plus : une immense nappe d'eau remplissait l'espace qu'elle avait occupé : au delà de ce vaste réservoir, vers le sud, le Jourdain avait disparu, lui qui, la veille encore, animait la contrée, jusqu'aux abords de la mer Rouge ; tout le pays était couvert de laves, de cendres et de sel ; toutes les cultures, tous les hameaux, toutes les villes avaient sombré dans le cataclysme.

Aux yeux d'un peuple religieux, un pareil événement ne pouvait manquer de se présenter comme un fléau envoyé par Dieu ; aussi les annales d'Israël traduisent-elles fidèlement la pensée intime de ce peuple, en signalant l'épouvantable catastrophe comme un châtiment infligé par Dieu à des populations adonnées à des crimes monstrueux, et ne comptant pas dix justes dans leur sein [1].

Ces annales ne sont pas seules à retracer le souvenir de la grande catastrophe ; la tradition parlée et vivante des peuples de l'Orient,

---

1. Genèse, chap. xviii, v. 23 à 32.

les légendes répandues dans toute la Syrie perpétuent, encore
de nos jours, la mémoire de ce cataclysme ; et bien des historiens anciens, parmi lesquels figurent et Tacite et Strabon,
racontent, eux aussi, comment pendant la terrible commotion
s'est formé le lac Asphaltite, et comment des villes opulentes ont
été englouties dans l'abîme, ou détruites par le feu souterrain.

Mais alors même que les traditions populaires eussent été ou-
bliées et que les livres anciens eussent été perdus, rien qu'à voir
de près cette contrée, on aurait pu affirmer qu'une épouvantable
convulsion souterraine l'avait bouleversée autrefois. Tel qu'au
lendemain de la catastrophe le territoire ébranlé apparut aux
hommes de cette époque lointaine, tel il est resté, avec ses roches
calcinées, ses blocs de sel gemme, ses coulées de lave noire, ses
ravins tourmentés, ses sources sulfureuses, ses eaux brûlantes,
ses mares de bitume, ses montagnes crevassées et son grand lac
Asphaltite, qui est la mer Morte.

Par son origine, par son aspect mystérieux, cette mer, dont on
n'a pu sonder les obscures profondeurs, évoque toutes les tristesses de la mort. Située à 300 mètres au-dessous du niveau de
l'Océan, dans la dépression du sol survenue lors du grand tremblement de terre, elle étend sa nappe d'eau, d'une superficie de
100 lieues carrées, au pied des montagnes de sel et des rochers
de basalte qui l'encerclent. On n'aperçoit aucune trace de végétation ; on ne voit aucun être vivant ; on n'entend aucun bruit sur
ses rivages imprégnés de sel et de bitume ; les oiseaux évitent de
voler au-dessus de sa morne surface, d'où se dégagent des effluves
empoisonnés ; et dans ses eaux amères, salées, huileuses et
lourdes, rien ne peut subsister. Dans cette mer éternellement

5

silencieuse que jamais n'effleure le souffle de la brise, rien ne se meut, si ce n'est l'épaisse traînée d'asphalte qui surgit de temps en temps du fond de l'abîme, monte à la surface, et va paresseusement échouer sur la rive désolée.

Le Jourdain est resté ce qu'il était dans les temps anciens : le fleuve béni, l'artère vivifiante, la veine nourricière de la Palestine. Issues des neiges immaculées et des purs ruisseaux du mont Hermon, ses ondes sont restées bleues comme le ciel et claires comme le cristal. Autrefois, avant la catastrophe, le fleuve, après s'être élancé des hautes cimes qui abritent son berceau, après avoir traversé et fécondé la Palestine, allait au loin porter ses flots dans le golfe Arabique; mais aujourd'hui, comme au lendemain de la grande secousse qui brisa son lit, il vient engouffrer ses ondes sacrées dans le sombre abîme de la mer Morte.

IV

On cite volontiers les restes d'un ancien temple de Jupiter-Sérapis comme une preuve irrécusable que le littoral où se trouve cette belle ruine a été tour à tour exhaussé et abaissé. Il s'agit du littoral de Pouzzoles, dans les environs de Naples, littoral composé de couches régulières de sable et de pierres volcaniques contenant des débris de coquillages marins.

En 1749, on y découvrit les restes d'un temple de Jupiter, édifice imposant, dont le plan était parfaitement reconnaissable. C'était un monument de 117 pieds de longueur; la grande cour intérieure était environnée de petites cellules qui servaient probablement à l'usage des baigneurs ; peut-être l'édifice entier était-il, non un temple, mais des thermes romains. Trois colonnes de marbre paraissaient encore debout, mais elles étaient à moitié enfoncées sous la couche de tuf du sol. Lorsqu'on les eut dégagées, on leur trouva une hauteur d'environ 42 pieds. Elles sont taillées d'un seul bloc et ont conservé leur poli primitif jusqu'à une hauteur de 12 pieds environ, où commence une zone de 9 pieds, offrant de nombreuses petites cavités très profondes et absolument semblables à celles que se creusent, dans les rochers voisins, des coquillages appelés des pholades.

Les trois colonnes sont légèrement inclinées vers la mer, et le pavé du temple est ordinairement recouvert par les eaux. On a conclu de tous ces faits que le temple, construit jadis sur la terre ferme, a suivi l'affaissement de la côte, survenu en 1198, lors de la dernière grande éruption de la solfatare de Pouzzoles, de même que l'on attribue l'exhaussement actuel à la subite formation du volcan de Monte-Nuovo, en 1538.

Toutefois, le fait de l'exhaussement et de l'abaissement du temple a été révoqué en doute. Il se pourrait, après tout, que ces pholades aient habité les blocs de marbre avant qu'on eût transformé ceux-ci en colonnes ; les anciens auront passé hardiment sur ce petit inconvénient, sans se douter des difficultés qu'ils préparaient aux savants des générations futures. Du reste, il est fort surprenant que ni le pavé du temple ni les trois monolithes restés debout n'aient aucunement souffert de tous ces bouleversements et de toutes ces secousses, si faibles qu'on les suppose.

V

On vient de voir que les traces de certains coquillages, décou-
vertes sur les colonnes d'un ancien temple, ont permis de con-
jecturer que le rivage, autour de ce temple, s'est abaissé et
ensuite relevé. On peut, de même, suivre l'élévation des côtes à
l'aide des produits sous-marins que l'on retrouve déposés sur les
versants, et, d'autre part, se rendre compte de l'abaissement
successif du littoral par les débris de végétation terrestre, ou
même d'édifices que l'on aperçoit au-dessous du niveau de la
mer. Un témoignage de cet affaissement réside aussi dans la
présence, à une grande profondeur, de vestiges de certains animaux qui ne peuvent vivre qu'en des eaux marines peu profondes.
Lorsqu'on voit, par exemple, des arbres de corail et des forêts
de polypiers sur les flancs d'îles et d'îlots à une grande profondeur
dans l'océan Pacifique, on peut affirmer qu'autrefois ces polypiers se trouvaient à la surface de l'eau, et qu'en cet endroit le
fond de la mer s'est abaissé ; on peut l'affirmer, parce que les
polypes qui ont construit ces arbres de corail et produit ces forêts
siliceuses, aujourd'hui dépeuplées, ne peuvent vivre que près de
la surface. Charles Darwin, qui a étudié avec un soin infini les
archipels et les récifs de corail des mers du Sud, a déduit de ce
fait qu'en bien des régions le lit du Grand-Océan s'abaisse graduellement.

Ce ne sont pas, en effet, seulement les tremblements de terre
qui abaissent et soulèvent le sol; la surface terrestre est animée

aussi de mouvements continus, d'une extrême lenteur et d'une grande puissance, bien qu'ils impressionnent l'âme humaine moins fortement que les violentes et subites secousses.

Les flots de l'Océan exercent sur le sol qu'ils recouvrent une énorme pression qui varie non seulement selon la profondeur des eaux, mais aussi selon le mouvement des vagues et des marées, mouvement qui déplace à chaque instant la masse des ondes et, par cela même, modifie sans cesse et sur tous les points de la mer, la pression, c'est-à-dire le poids de la colonne d'eau ; de sorte que, par l'effet de cette pression perpétuellement changeante, le lit immense de l'Océan vibre toujours et sur toute son étendue, comme si un colossal bélier le frappait de coups incessants. Plus mobile peut-être et plus variable encore est l'action de l'océan aérien ; les orages subits, les ondulations périodiques, les tourbillons capricieux de cet océan, au fond duquel l'homme s'agite et passe, impriment au sol que nous foulons des secousses imperceptibles et continuelles. Et tandis que la surface extérieure de la terre vibre ainsi partout sous les chocs que lui impriment l'atmosphère et les flots de la mer, toute la planète est travaillée intérieurement par des effluves de chaleur, par des flots de feu, par des courants d'électricité et de magnétisme qui la font frissonner.

De ces chocs imperceptibles, de ces légères vibrations, de ces lentes ondulations, résulte à la longue un mouvement général, une oscillation périodique de toute la surface terrestre. Ici un continent se soulève graduellement pendant une série de siècles, pour ensuite s'abaisser ; ailleurs, la surface continentale s'abîme peu à peu sous les eaux, pour se relever plus tard avec la même lenteur.

En ce moment, une vaste région s'étendant du nord de l'Asie, à travers l'Asie centrale, l'Europe et le bassin de la Méditerranée jusqu'au littoral africain, est, dans son ensemble, animée d'un mouvement d'ascension. L'Italie, la France et la péninsule ibérique, agitées par un long et insaisissable frémissement, se soulèvent lentement du côté du sud, tandis qu'au nord de cette zone, le sol paraît s'affaisser d'année en année. Dans les Flandres, par exemple, des régions, autrefois couvertes de grands bois, sont devenues des bas-fonds pleins de joncs ; et, plus loin au nord, un grand territoire, jadis plein de cultures, peuplé et florissant, est aujourd'hui recouvert par les eaux du golfe de Zuiderzée, dont le fond continue de s'affaiser lentement.

Les falaises de la Grande-Bretagne portent sur leurs hauts escarpements des rainures tracées par les coquillages, les galets et les sables : ce sont des indices certains qu'autrefois le front de ces hautes falaises touchait à peine au niveau de la mer.

En Suède et en Norvège, le littoral s'étage graduellement en amphithéâtre au pied des montagnes ; bien qu'il ait atteint déjà une hauteur de 200 mètres au-dessus du niveau de la mer, il se rapproche lentement des hauts sommets. La surface de cette terre exhaussée est toute couverte de coquillages et d'arbustes de corail qui sont les débris d'animalcules vivant aujourd'hui dans la mer voisine à une profondeur de 600 mètres, de sorte que le littoral s'est lentement élevé de 800 mètres pendant une période de plusieurs siècles.

Dans le nord de la Russie, en Europe et en Asie, les terres intérieures sont toutes semées de coquillages absolument semblables à ceux de la mer Glaciale ; et dans les plaines de la Sibérie, on retrouve en abondance les bois de dérive rejetés par les courants marins sur ces terres, lorsqu'elles étaient encore à fleur d'eau. Les habitants du pays appellent « bois de Noé » ces débris, s'imaginant qu'ils proviennent de l'arche du déluge.

Grâce aux patientes recherches de Darwin et aux investigations non moins remarquables de beaucoup d'autres naturalistes, on peut affirmer que les îles isolées et les groupes d'îles qui s'étendent de l'archipel d'Havaï à travers le Pacifique, sur une longueur de 14 000 et une largeur de 2 000 kilomètres, sont les restes d'un ancien continent disparu sous les flots. Ce continent forme aujourd'hui le lit même de l'Océan, et ce lit continue de s'abaisser graduellement. On peut suivre le lent affaissement des îles qui reposent sur ce fond mouvant ; et l'on a vu plus d'un archipel, naguère encore verdoyant et peuplé, s'affaisser insensiblement, d'année en année, et enfin disparaître dans les eaux de l'Océan.

La côte occidentale de l'Amérique du Sud, depuis le Vénézuéla jusqu'au détroit de Magellan, décèle un mouvement d'ascension, et même les cimes neigeuses des Andes semblent monter lentement plus haut dans le ciel. Par contre, tout le littoral opposé, ainsi que les vastes plaines de la Confédération argentine qui autrefois s'étaient exhaussées graduellement, paraissent redescendre peu à peu vers le niveau de l'Atlantique. Au reste, depuis une série de siècles, le lit même de cet océan paraît s'affaisser lentement, à partir des côtes du nouveau monde jusqu'au delà de Madère et des îles Canaries, qui sont peut-être les derniers vestiges de la fameuse Atlantide, île immense, disparue dans les flots.

Le sol n'est donc pas inerte et rigide ; il est au contraire animé

d'un lent et perpétuel mouvement d'ondulation. A voir ainsi la
terre ferme osciller et onduler autour des océans, on est tenté
de dire avec Antonio Moro, le naturaliste italien, que c'est elle,
et non point la mer, qui est l'élément mobile et changeant. Les
choses se passent à la surface comme si des fleuves ou des mers
de feu promenaient lentement au dedans de la planète leurs
vagues de roches liquéfiées, et comme si les assises des continents et le lit de l'Océan se soulevaient et s'abaissaient suivant
l'ondulation de ces vagues mystérieuses.

Mais, est-ce bien une pareille ondulation souterraine qui fait
ainsi balancer en cadence le lit de la mer et toute la terre ferme?
Nul ne le sait. Aussi, me bornerai-je à faire observer que la surface terrestre ondule puissamment, régulièrement et sans bruit,
comme la surface d'une mer houleuse, mais non battue par la
tempête. Toutefois, la vague marine achève son mouvement de
va-et-vient en quelques instants; tandis que pour accomplir le
sien, il faut des siècles à la vague terrestre. Elle ondule avec une
telle lenteur, son mouvement est tellement régulier, uniforme et
mesuré, que le sol se déplace sous les pas des générations suc-
cessives, sans qu'elles s'en aperçoivent. La puissante ondulation
abaisse les montagnes, exhausse le fond de la mer, altère le
relief des continents, change la physionomie de la Terre, et se
perpétue de siècle en siècle, sans déranger le travail de l'araignée qui tend sa toile légère, ni celui de l'homme qui dresse sa
tente non moins fragile.

La surface de la Terre s'abaisse et se soulève comme une immense poitrine qu'animerait le souffle d'une puissante et régulière respiration. Il se peut, après tout, qu'il y ait là réellement

un souffle de vie ; il se peut que cette éternelle pulsation, dont la cadence rappelle le rythme des artères et les battements du cœur, soit la pulsation normale de la vie planétaire, et que les tremblements de terre, avec leurs frissonnements, leurs soubresauts et leurs violentes secousses, en soient les crises et les fièvres.

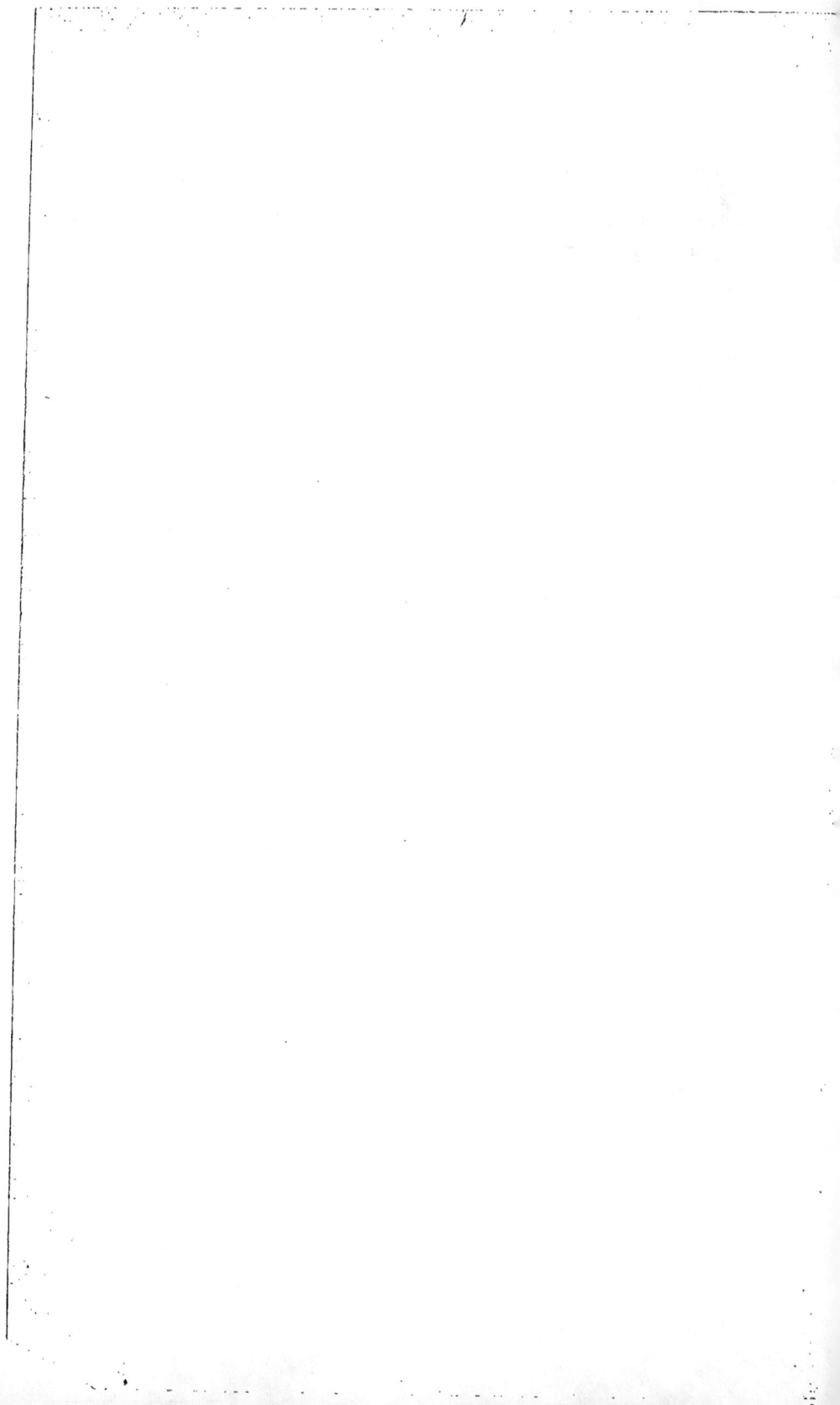

TREMBLEMENTS DE MER

ET

DÉLUGES

TREMBLEMENTS DE MER ET DÉLUGES

I

Les secousses épouvantables qui ébranlent les continents et renversent tout ce qui est édifié à la surface peuvent, on le comprend sans peine, ébranler non moins violemment le fond de l'Océan. Par suite, elles agitent les flots et produisent le tremblement de mer.

Des navires passant dans le voisinage des terres agitées ont souvent éprouvé de fortes commotions. C'est ainsi que le 21 août 1856, alors qu'il se trouvait dans les eaux algériennes, au large de Storia et de Djidjelli, le navire français le *Tartare* reçut à l'improviste deux chocs tellement violents, que tout le monde se précipita sur le pont, dans la pensée que le navire avait touché le fond, ou s'était heurté contre un récif. La mer était tranquille, les eaux profondes, et en cet endroit il n'y avait ni récifs ni bancs de sable; mais à ce moment des secousses terribles agitaient le sol algérien, surtout dans les environs de Philippeville, et le centre de la commotion, ainsi qu'on a pu l'établir plus tard, était au fond de la mer, au large de Djidjelli, à proximité de l'endroit où se trouvait le *Tartare*.

Lors du tremblement de terre dans l'île japonaise de Nipon, en décembre 1854, les eaux, dans la baie de Simoda, furent agitées violemment; elles tourbillonnèrent avec une telle impétuosité que la frégate russe *Diana*, mouillée dans le port de Simoda, tourna quarante-deux fois sur elle-même, comme une toupie, et que les câbles et les chaînes de ses ancres se rompirent au premier choc, comme les fils d'une toile d'araignée.

On pourrait citer un grand nombre d'exemples de ces commotions en pleine mer, lesquelles ont été quelquefois brusques et fortes, au point de briser les mâts et de produire des voies d'eau.

Souvent aussi les secousses ont soulevé la masse énorme des flots et l'ont précipitée sur des rivages qu'agitait déjà la commotion souterraine. Le tremblement de mer s'est alors toujours présenté comme un phénomène d'une sinistre grandeur, plus effrayant peut-être, et non moins désastreux que le tremblement de la terre ferme. Soit que les flots reçoivent le choc des côtes voisines, ou que la secousse ait lieu au fond même de la mer, les vagues, soudainement agitées, se soulèvent et se redressent;

hautes comme des montagnes, elles se ruent sur le rivage et, en
se retirant, elles emportent tout dans l'abîme, les navires avec
les marins, les villes avec les habitants.

Le 18 novembre 1867, dès les premières secousses du tremblement de terre de Saint-Thomas des Antilles, les navires qui
étaient dans le port subirent de violents soubresauts : les chaînes
des ancres se rompirent ; les mâts se brisèrent ; puis tout à coup,
et alors que les secousses continuaient, survint une vague énorme,
la plus grande peut-être qui se soit jamais offerte au regard de
l'homme.

Cette épouvantable montagne d'eau avait pris naissance à 2
ou 3 lieues au large, et au sud de l'île de Saint-Thomas, entre
celle-ci et l'île de Sainte-Croix. Une grande et première vague,
lancée vers le nord, atteignit aussitôt les roches et les îlots semés
aux abords de l'île de Saint-Thomas. En cet endroit, la vague
oscilla violemment par l'action simultanée de nouveaux chocs qui
ébranlaient le lit de l'Océan et soulevaient des flots énormes. Ces
flots se mêlèrent tumultueusement à ceux de l'onde venant du
large. Il n'y eut dès lors qu'une seule et monstrueuse vague qui
présentait un front de 3 lieues et se précipitait, mugissante et
terrible, sur l'île de Saint-Thomas. Elle se heurta, elle se brisa
contre la montagne qui entoure le port, et ce choc l'affaiblit.
Les eaux s'engouffrèrent néanmoins dans la brèche qui forme
l'entrée du port, et allèrent s'étendre sur les décombres de la
ville que venaient de détruire les secousses souterraines.

Au moment précis où la vague atteignait le rivage, une nouvelle
et terrible trépidation du sol la fit rebondir. Elle se redressa
furieuse ; et comme si une main invisible l'eût violemment re-

poussée, elle s'élança, rapide comme l'éclair, hors du port qu'elle venait d'envahir ; entraînant avec elle dans l'abîme des bâtiments de guerre et toute une flotte marchande. Tout cela s'accomplit en l'espace de quelques minutes. La grande onde rebroussa chemin, et, se dirigeant vers le sud, elle inonda l'île de Sainte-Croix avec une foule d'autres grandes îles et d'îlots, notamment l'île de Saba, qui disparut entièrement sous les flots, malgré ses côtes escarpées. Quoique l'onde eût déjà parcouru plus de 50 lieues, elle avait encore une hauteur de 30 mètres, dit-on, lorsqu'elle passa sur cette île. L'ondulation marine s'étendit au delà de l'île de Saint-Vincent, dont le terrible volcan venait de se réveiller, après un sommeil d'un demi-siècle. Enfin, après avoir parcouru un espace de 200 lieues, la vague atteignit l'île de la Grenade, deux heures après la catastrophe de Saint-Thomas. A l'instant où elle touchait la rive grenadine, une forte secousse ébranla le sol, et un volcan éclata au fond de la mer, tout près de la côte, à l'endroit occupé jadis par un grand village qui avait disparu dans l'abîme, à la suite d'un tremblement de terre, survenu au commencement du dix-huitième siècle. Après avoir inondé une partie de l'île de la Grenade, où elle causa de grands désastres, la vague se retira paisiblement et vint expirer sur le rivage. Pendant quelques instants la mer bouillonna autour de l'île, au-dessus du volcan sous-marin; pendant quelques instants aussi, des bouffées de vapeurs sulfureuses sortirent de l'abîme et se répandirent dans l'air; puis tout fut calme et tranquille comme de coutume.

Le 23 décembre 1854, lors du tremblement de terre dans la baie de Simoda au Japon, les marins à bord de la frégate russe

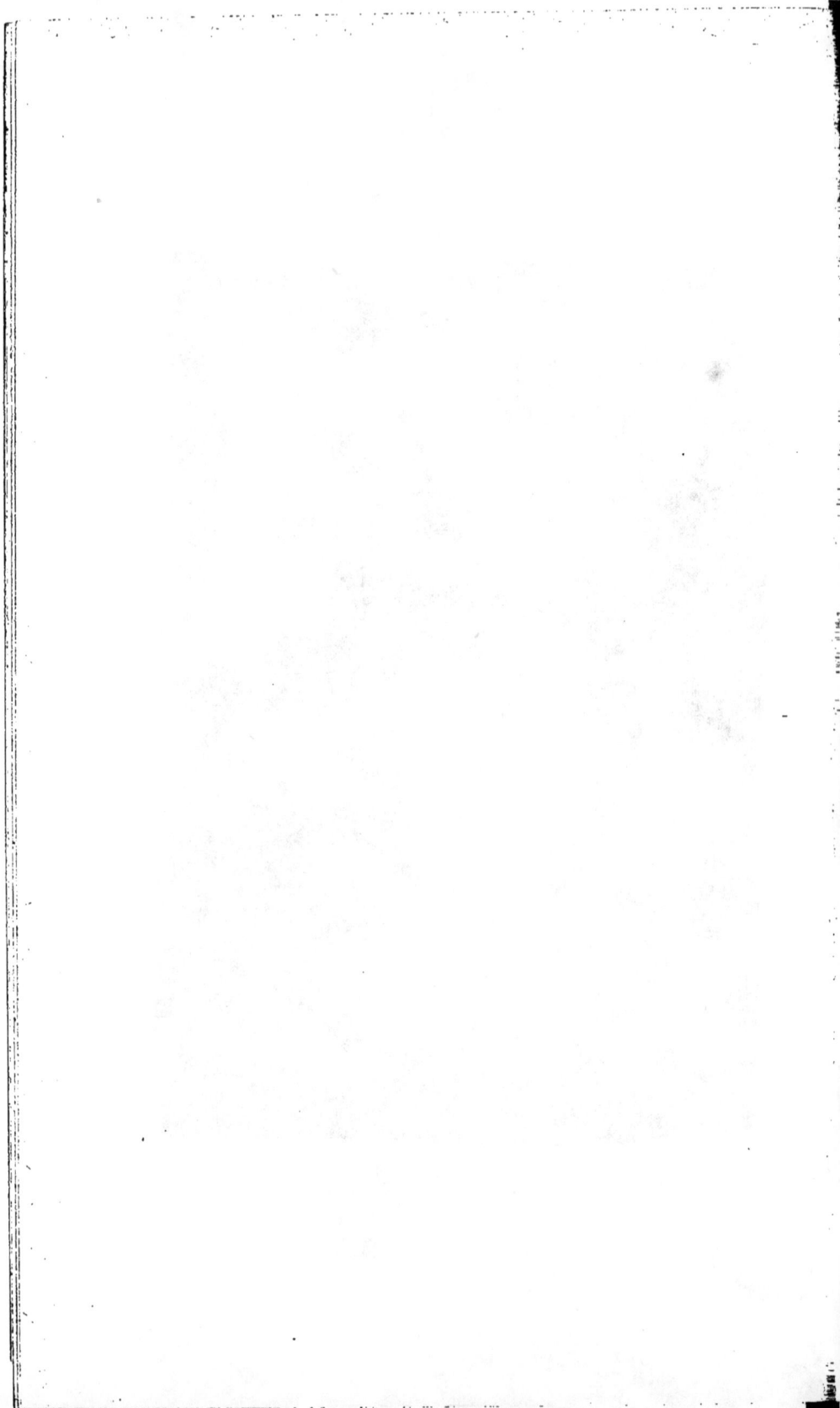

Diana aperçurent à dix heures du matin, c'est-à-dire un quart d'heure après le premier choc, au large, une grande vague qui pénétra dans le port. La mer s'élevant rapidement sur la plage, la ville parut aux marins du bord entièrement submergée. Cette première vague fut suivie aussitôt par une autre ; après le retrait de ces deux vagues, à dix heures et quart, il ne restait plus debout, dans la ville de Simoda, entièrement détruite, que les murailles d'un temple inachevé. Des vagues énormes continuèrent à se succéder de dix minutes en dix minutes, jusqu'à deux heures et demie de l'après-midi. La frégate, après avoir tournoyé comme une toupie et avoir touché cinq fois le fond, finit par sombrer. Une partie de la population fut engloutie par la mer ; toutes les embarcations mouillées dans la rade furent détruites, et l'on en retrouva les débris jusqu'à 3 kilomètres dans l'intérieur des terres.

L'épouvantable tremblement de terre qui ravagea l'île de la Jamaïque, le 7 juin 1692, agita une grande partie de la mer des Antilles. Des vagues immenses se précipitèrent soudainement sur la ville de Port-Royal, et en moins de trois minutes, elles recouvrirent plus de 2 500 maisons, même les plus élevées, d'une couche de 10 mètres d'eau. Les navires furent emportés ; et une grande frégate anglaise, *le Cygne*, lancée par les flots au-dessus des clochers de la ville, alla s'échouer loin du rivage sur un édifice dont elle enfonça le toit.

En février 1783, au moment où les formidables secousses de la Calabre renversaient les villes et les villages sur le continent, la mer se rua sur le fameux rocher de Scylla, et après avoir d'un coup balayé 2 000 personnes réunies sur le rivage, elle pénétra,

6

furieuse, dans le port de Messine, y coula tous les navires, renversa la rangée de palais de marbre qui bordait le rivage et causa la mort de 12 000 personnes.

Toute la côte péruvienne fut ébranlée en 1746 par d'épouvantables secousses souterraines, qui détruisirent Lima et une foule d'autres localités. En même temps, la mer se souleva, et une vague formidable, haute de plus de 20 mètres, se rua sur la ville de Callao, la plus importante ville maritime du pays, et aussi le port de Lima, la capitale, située plus avant dans l'intérieur. Les flots engloutirent la ville de Callao tout entière, et emportèrent jusqu'au terrain sur lequel elle était bâtie ; de sorte que la ville actuelle a été reconstruite non pas sur le même emplacement, comme on le croit généralement, mais à une grande distance de celui occupé par la ville disparue. Les navires furent jetés à la côte, lancés à plus d'une lieue, broyés, écrasés, avec les équipages. On dit que de toute la population de la ville, quinze personnes seulement, parvinrent à se réfugier à Lima.

Ces formidables ondulations marines se propagent avec rapidité à des distances parfois prodigieuses. Voici, par exemple, les flots énormes que souleva le tremblement de terre de Lisbonne en 1755 : A la première secousse, la mer s'était retirée brusquement du rivage ; mais, à la seconde secousse, après avoir formé à l'entrée du Tage une vague de 17 mètres de hauteur, elle revint et se rua furieusement sur la ville renversée. Cette vague se retira immédiatement, et se propagea à travers l'océan Atlantique dont le fond était aussi agité que le sol du continent. Elle sauta par-dessus les remparts de Cadix, où elle causa plus de dégâts que les secousses qu'on y ressentit au même instant ; et après avoir déferlé violemment sur les côtes de la Grande-Bretagne et sur celles de l'île de Madère, elle alla se précipiter sur les rivages du nouveau monde, jusque sur l'île de la Martinique. Ainsi, l'onde marine, soulevée à l'embouchure du Tage par la secousse souterraine, s'était propagée à une distance de 1 600 lieues.

La grande vague produite par le tremblement de terre du 23 décembre 1854, au Japon, s'élança de la baie de Simoda à travers l'Océan Pacifique, et animée d'une vitesse de 12 kilomètres à la minute, alla se briser sur les côtes de la Californie, après avoir parcouru un espace de 2 000 lieues en douze heures.

En 1868 et en 1877, de fortes secousses ébranlèrent le littoral péruvien, et elles furent accompagnées de violents tremblements de mer. La secousse du 9 mai 1877 ruina la ville d'Iquique, au Pérou ; des vagues de 20 mètres de hauteur s'étant ruées ce soir-là sur la côte, l'ondulation se propagea rapidement à travers le Grand Océan. Elle s'étendit jusqu'au delà du Japon, qu'elle atteignit le lendemain ; et sur toute la côte, depuis Hakodaté jusqu'à Sagami, elle produisit de violentes fluctuations qui durèrent plus de huit heures. La vague marine avait franchi en vingt-trois heures l'énorme distance de 8 760 milles ou 2 870 lieues qui sépare le littoral péruvien de la dernière île japonaise. Elle était, par conséquent, animée d'une vitesse de 200 mètres environ à la seconde.

L'onde épouvantable produite par la commotion souterraine qui bouleversa le détroit de la Sonde du 26 au 28 août 1883, après avoir inondé les côtes de Java et de Sumatra, après avoir submergé des îles entières, et fait des milliers de victimes, se propagea impétueusement à travers l'Océan Indien, sous forme

d'un gigantesque raz de marée ; les flots se présentèrent sur les
côtes des îles Maurice et de la Réunion, à 1 400 lieues de distance
du détroit de la Sonde ; puis ils contournèrent le continent africain ; et dans la soirée du 28 août, on relevait sur le marégraphe
de Rochefort l'existence d'une onde énorme [1]. C'était, à n'en pas
douter, l'onde partie de l'Océan Indien qui venait expirer sur les
rivages de la France comme un écho de la catastrophe de Java.

II

Des ondulations marines plus grandes que celles-là ont autrefois produit des cataclysmes épouvantables, dont le souvenir s'est
perpétué à travers les siècles, de génération en génération.

Dans une nuit de l'an 373 avant Jésus-Christ, toute la Grèce
trembla violemment ; et lorsque le soleil se leva sur le Pélopon-
nèse, on n'y vit plus les deux célèbres villes de Bura et d'Hélice ;
elles avaient disparu de la surface de la terre. Bien que plusieurs
kilomètres la séparassent du golfe de Corinthe, la ville d'Hélice
fut entièrement recouverte par les flots, et elle s'engouffra dans
l'abîme. Longtemps après la catastrophe, lorsque les eaux du
golfe étaient tranquilles, on apercevait au fond de la mer une
cité mystérieuse, une grande ville désolée et silencieuse : c'était
la superbe Hélice, avec ses maisons crevassées, ses temples de
marbre et ses colonnes brisées.

Au reste, le souvenir d'anciens et grands déluges survenus en

1. Séance du 28 novembre 1882 de l'Académie des sciences de Paris.

Grèce, à la suite de tremblements de terre, était conservé dans les traditions des Hellènes.

Au dix-neuvième siècle avant Jésus-Christ, eut lieu un tremblement de terre pendant lequel les flots de la mer couvrirent l'Attique. Toute la population périt dans ce cataclysme, que les Grecs appelaient le déluge d'Ogygès, du nom d'un roi qui, à en croire la tradition, régnait alors sur l'Attique.

A la même époque, selon quelques auteurs, ou trois siècles plus tard, selon d'autres, des tremblements de terre ayant ébranlé la Thessalie, les rivières débordèrent et les flots de la mer couvrirent le pays. Ce déluge, qui porte le nom du roi Deucalion, dépeupla la Thessalie. Seuls, Deucalion et sa femme Pyrrha, rapporte la légende, échappèrent au déluge, en se renfermant dans un vaisseau qui, après avoir flotté huit jours, s'arrêta sur le mont Parnasse.

Aux traditions relatant ces deux grands désastres, se mêlait, comme un écho lointain et affaibli, le vague souvenir d'une catastrophe plus ancienne. Les tremblements de terre qui ont causé les désastres dont parlent la tradition athénienne et la légende thessalienne n'ont été, en quelque sorte, que les vibrations ultimes d'une secousse infiniment plus étendue. En effet, à une époque qu'on peut placer à seize siècles avant les Olympiades, ou vers l'an 2400 avant Jésus-Christ, une épouvantable commotion souterraine ébranla une vaste région, comprenant la Chersonèse avec la Tauride, tout le lit du Pont-Euxin, la Thrace, l'Asie Mineure, la Grèce, la Méditerranée, et peut-être aussi le fond de l'Océan Atlantique. A cette époque, un isthme séparait la mer Noire et la mer de Marmara. La secousse rompit le sol, détruisit

l'isthme, et forma le détroit des Cyanées, appelé aujourd'hui le
Bosphore, ou détroit de Constantinople. Les deux mers s'unirent
tumultueusement, et lancèrent sur la Grèce la masse de leurs
eaux. Il y eut, dans toute la région, un déluge dans lequel périrent
les populations de la Grèce et de l'Asie Mineure, à l'exception,
peut-être, de quelques pâtres, habitants des plus hautes montagnes. Le souvenir de cette catastrophe se conserva principalement dans les îles de Samothrace et de Rhodes, en Phrygie et
chez les Égyptiens, quoique ceux-ci paraissent en avoir peu
souffert.

Il est probable que la même secousse ébranla aussi les hauts
plateaux de l'Asie centrale ; car, à la même époque, on pourrait
dire au même instant, eut lieu le déluge de Yao dont parlent les
traditions chinoises et dont le souvenir a été conservé par des
monuments. De violentes secousses souterraines rompirent la
rive orientale de la mer qui occupait le vaste territoire appelé
aujourd'hui le désert de Mongolie ; et les eaux de cet immense
réservoir, en s'écoulant sur le nord de la Chine, engloutirent
toute la population.

Est-ce à la même époque et à la suite de ces mêmes tremblements de terre qu'a disparu dans les abîmes de l'Océan la fameuse
Atlantide, la grande et florissante île dont Platon nous a transmis
la tragique histoire? On ne le sait ; mais les événements que
signale le récit du grand philosophe permettent de le supposer.

D'après une antique tradition, transmise par des prêtres égyptiens à Solon, et recueillie par Platon, il y avait autrefois dans
l'Océan Atlantique, au delà des colonnes d'Hercule, une île plus
grande que l'Afrique ou l'Asie. C'était l'Atlantide. Cette terre

qui, par sa grandeur, était plutôt un continent qu'une île, donna son nom à l'océan au sein duquel elle se trouvait placée, entre l'Europe et un autre continent inconnu, l'Amérique, peut-être. Dans cette Atlantide, s'était formée une grande et puissante nation, dont la civilisation n'était pas inférieure à celle des Grecs ou des Égyptiens. Les rois des Atlantes dominaient, à l'ouest, sur toutes les îles voisines et sur le littoral du grand continent mystérieux ; à l'est, leur domination s'étendait, d'île en île, jusque sur le littoral africain, franchissait le détroit de Gibraltar, se propageait en Europe et menaçait les îles et les rives de la Méditerranée. Réunissant toutes leurs forces, les Atlantes se portèrent contre l'Égypte, la Grèce et les autres pays en deçà du détroit. Alors les Athéniens s'illustrèrent entre tous les peuples. Surpassant les autres nations par son courage et son habileté, d'abord à la tête de tous les Grecs, ensuite réduite à ses propres forces, par la défection de ses alliés, et exposée aux plus grands dangers, Athènes triompha et préserva du joug les peuples menacés. Mais, plus tard, alors que la lutte allait recommencer, des tremblements de terre extraordinaires et des déluges étant survenus, la terre, en un seul jour et une seule nuit de désastres, en Grèce, engloutit tous les hommes en état de porter les armes ; et l'île d'Atlantide s'abîma dans les profondeurs de l'Océan.

Ces déluges en Asie et en Europe, ainsi que le subit effondrement de l'Atlantide, ont-ils été les péripéties d'un drame unique, du drame dont le récit biblique du déluge trace les immenses contours ? Selon quelques historiens, ce déluge aurait eu lieu vers l'an 3500 avant Jésus-Christ ; toutefois, on s'accorde plus volontiers à le placer au vingt-cinquième siècle avant l'ère chrétienne. Or, cette date est à peu près celle des grandes catastrophes en Chine, en Europe et dans l'Océan Atlantique. Il est donc probable que le récit de la Bible et les antiques traditions qu'on vient de rappeler perpétuent le souvenir d'un seul et même cataclysme. Ce fut là non seulement le plus ancien, mais aussi le plus grand tremblement de terre dont les hommes aient gardé le souvenir; car il s'est étendu, tout au moins, depuis les régions occidentales de l'Océan Atlantique, à travers l'Europe, l'Afrique et l'Asie, jusqu'aux plages du Grand Océan qui, selon une tradition indienne, aurait, à cette époque, couvert les terres de ses flots énormes.

Depuis lors, il n'y a pas eu de catastrophe égale à celle-là; mais les phénomènes qui de nos jours accompagnent les tremblements de terre permettent de comprendre comment cette immense catastrophe a pu se produire. A la suite de violentes secousses, les hautes plaines de l'Asie, avec leurs chaînes de montagnes, leurs fleuves, leurs grands lacs et leurs mers intérieures, auront été soulevées brusquement; de même que, récemment, en Amérique et dans l'Inde, de vastes territoires ont été exhaussés soudainement par les secousses souterraines. Le soulèvement de cette haute région de l'Asie bouleversa le régime des eaux; les fleuves débordèrent, et les mers et les lacs lancèrent leurs eaux sur les plaines. Ailleurs, vers le littoral, les isthmes violemment ébranlés s'abîmaient; et tandis que leur rupture permettait à des mers, jusque-là séparées, de mélanger impétueusement leurs flots déchaînés, les grands océans, dont le lit vibrait et tremblait, précipitaient leurs vagues monstrueuses sur les continents qu'ils recouvraient, et sur les îles qui s'engouffraient à jamais dans les abîmes. Ce fut une épouvantable catastrophe, un déluge universel. L'évaporation de l'incommensurable nappe d'eau saturait l'atmosphère et formait d'épais nuages dans le ciel, d'où les eaux retombaient par torrents sur la terre inondée et frémissante. « Toutes les sources des grands abîmes furent rompues, et les cataractes du ciel furent ouvertes, et la pluie tomba sur la terre pendant quarante jours et quarante nuits [1]. » Dans cet immense cataclysme, les flots des rivières, les vagues de la mer et les eaux du ciel se confondaient, couvraient les plaines, emplissaient les vallées, grondaient autour des montagnes, creusaient les flancs des hauts volcans de l'Asie, baignaient tumultueusement le front brûlant de ces monts énormes, et engloutissaient les pâturages avec leurs troupeaux, les forêts avec leurs fauves, les campagnes avec leurs moissons, les hameaux et les villes avec leurs myriades d'êtres humains.

Depuis ces jours anciens, depuis ces temps pleins de catastrophes prodigieuses et de mythes étonnants, les forces souterraines n'ont point cessé d'ébranler les terres et d'agiter les océans. Bien que les grands tremblements de terre et de mer survenus depuis lors n'aient pas eu toute l'immense portée et toute la tragique grandeur de ces antiques cataclysmes, ils n'ont pas moins été ce que furent ceux-ci : des phénomènes étranges et mystérieux, des fléaux d'une irrésistible puissance.

1. Genèse, chap. VII, v. 11 et 12.

TREMBLEMENTS DE TERRE

DANS

L'ILE DE SAINT-THOMAS

TREMBLEMENTS DE TERRE DANS L'ILE
DE SAINT-THOMAS

I

Lorsque, de l'île de Saint-Martin, dans la mer des Antilles, on se dirige vers l'ouest, on ne tarde pas à pénétrer dans un labyrinthe d'îles et d'îlots entre lesquels la mer serpente à longs replis, et forme un canal sinueux où l'on navigue délicieusement, comme sur la rivière tortueuse d'un parc immense. Christophe Colomb a nommé « les Vierges de Sainte-Ursule » tout cet essaim de petites îles dont la vue le charmait et qui sont les bijoux de la mer des Antilles. Elles ont, entre elles, un air de famille : toutes couvertes de fleurs odorantes, toutes couronnées de bouquets de verdure, elles sortent des flots comme un groupe de sœurs, et embaument l'atmosphère de leur doux parfum.

La plus jolie des îles Vierges est l'île de Saint-Thomas, dont on voit de loin les fins contours se dessiner à l'horizon. Le coup d'œil qu'elle offre est charmant, surtout lorsque, le matin, au lever du soleil, on entre dans le port, au fond duquel est la ville qui, du rivage, s'élève en amphithéâtre sur la pente des collines, et pénètre entre celles-ci jusque dans les vallons étroits, d'où s'élancent le frais tamarinier et le svelte cocotier. La montagne qui enveloppe toute l'île, haute au nord, s'abaisse doucement vers le centre, et, ondulant, forme des gorges pleines de fleurs et de colibris, des ravins où bondissent des ruisselets sulfureux, des collines qu'ombragent les plus beaux arbres du monde ; à l'ouest et à l'est, la verte montagne s'incline plus rapidement ; au sud, elle se creuse, elle s'ouvre et laisse entrer les flots de l'Océan. Ils pénètrent entre deux mamelons, s'étendent jusqu'au pied des collines qui portent la ville, et donnent ainsi naissance à une baie d'une extrême beauté ; baie ovale, spacieuse et entourée de hauts sommets.

Grâce à ce port naturel où les plus grands navires sont en sûreté autant qu'on le peut souhaiter, la ville de Saint-Thomas est devenue un important foyer d'activité commerciale.

Comme tout ce qui brille et fleurit en ce monde, cette petite île si richement dotée par la nature semble assujettie à de perpétuelles vicissitudes. Elle a eu de brusques revers, d'étonnants retours. Corsaires et flibustiers l'ont autrefois occupée en maîtres ;

et sur le sommet d'une haute colline se dresse encore une tour
crénelée que recouvrent aujourd'hui des lianes et des fleurs, et
qui jadis servait d'observatoire aux forbans. Elle s'élève, si je ne
me trompe, tout proche de la maison hospitalière où naquirent
mes regrettés amis, Charles et Henri Sainte-Claire Deville, les
célèbres naturalistes qui ont si bien étudié les tremblements de
terre, et qui, après avoir travaillé toujours près l'un de l'autre
dans la vie, se sont suivis de si près dans la mort. Lorsque les forbans furent chassés de l'île, et que le port fut devenu le refuge
préféré des escadres de guerre et des flottes marchandes de
l'Europe, les puissances maritimes se disputèrent cette petite île,
qui finit par rester au Danemark. La ville a été plus d'une fois
bombardée, incendiée, saccagée; l'île entière a été souvent ravagée, bouleversée de fond en comble par les ouragans et les
tremblements de terre. Mais, grâce au charme qu'elle exerce
et à l'énergie de ses habitants, elle a pu, chaque fois, refleurir
et de nouveau prospérer.

En 1837, elle a été visitée, le même jour, par les deux fléaux
réunis, l'ouragan et le tremblement de terre. C'était le 2 août.
Bien que près d'un demi-siècle, hélas! me sépare de cette époque,
les péripéties du drame auquel j'assistai se déroulent devant mes
yeux nettement, comme si c'était d'hier.

Le vent, qui soufflait impétueusement depuis midi, s'apaisa vers
trois heures; et soudainement, il se fit un calme absolu partout :
sur l'eau, dans l'air et sur la terre. Pendant ce calme menaçant,
effrayant, mon père et mon frère aîné accoururent au grand galop
de leurs chevaux, et aussitôt, ils firent étayer les portes et les
fenêtres de la maison, au moyen de poutres, de planches et de

cordages. La maison était grande ; elle était construite en bois sur une terrasse en maçonnerie, et cette terrasse reposait sur le roc. Il serait difficile de concevoir quelque chose tout ensemble de plus souple et de plus solide. Située à 120 mètres de hauteur sur la pente d'une colline, la maison dominait un vaste espace. A nos pieds, nous avions la ville ; plus loin, les quais avec les grands entrepôts, et enfin le port qui, à l'époque dont je parle, était rempli de grands navires et de légères embarcations.

Les issues de la maison n'étaient pas encore toutes fermées, que déjà retentissait un épouvantable fracas. C'était l'ouragan qui se déchaînait. Il arrivait furieux, hurlant, roulant devant lui les noirs nuages, soulevant les flots, couvrant de ténèbres l'île et la mer. Lorsque la première rafale frappa la maison, celle-ci plia ; mais elle ne fut pas emportée. Pendant six heures, l'ouragan sévit avec une impétuosité toujours croissante. Des débris de toute sorte tourbillonnaient dans l'air ; des tuiles et des ardoises battaient à coups pressés notre toit et pénétraient dans la charpente ; des arbres, arrachés par l'ouragan, emportés par lui avec leur branchage, frôlaient bruyamment la maison, ou venaient se heurter contre la terrasse ; des éclairs sillonnaient le ciel, et le roulement du tonnerre se mêlait au mugissement du cyclone.

Dans la nuit, vers les dix heures, les rafales devinrent moins fréquentes ; la foudre n'éclatait plus, et l'on pressentait la fin de la tourmente, lorsqu'on entendit un grand bruit souterrain. Autour de la maison, dans le roc même qui la portait, se produisirent de sourds craquements qui furent immédiatement suivis de fortes secousses. Des voix confuses, des cris lugubres pénétraient

du dehors. Mon père ouvrit précipitamment une croisée. L'île entière frémissait. A ce moment, une nouvelle secousse l'ébranla plus fortement ; puis une grande flamme monta vers le ciel. Elle sortait des décombres d'une maison qui venait de s'écrouler, et en un clin d'œil la ville était en feu. J'entends encore le cri de détresse qui s'échappa de la poitrine oppressée de mon père ; je vois encore le désespoir de ma mère ; je la vois, dans sa frayeur, se précipiter vers la porte et m'entraîner avec elle.

Les matières enflammées, chassées par le vent qui soufflait encore furieusement, tombaient sur la toiture, dont l'ouragan avait emporté le faîte. Il fallait fuir et traverser la pluie de feu.

A peine avions-nous abandonné la maison, que derrière nous s'écroulait le mur élevé qui entourait la propriété. Les cendres brûlantes et l'âpre écume de l'Océan qu'apportaient pêle-mêle les dernières rafales de l'ouragan nous frappaient au visage ; de continuelles secousses faisaient onduler le sol qui, parfois, se dérobait sous nos pas ; mais nous cheminions sans trêve ni répit. L'incendie allumé à nos pieds nous éclairait de sa lugubre clarté.

Nous gravissions une montagne dont le sommet était couronné par un grand et solide édifice. Là nous trouvâmes un refuge ; et lorsque mon père nous y vit en sûreté, il nous quitta pour descendre dans la ville embrasée, où l'appelaient le devoir et les dangers.

Au jour naissant, un soleil magnifique, le beau, le radieux soleil des Antilles, éclairait de son éblouissante lumière l'œuvre néfaste des ténèbres. Toute la campagne était jonchée de grands arbres déracinés ou brisés ; toutes les plantations étaient détruites. Dans la ville, l'incendie s'éteignait ; çà et là seulement, un jet de feu sortait encore des ruines fumantes ; l'ouragan avait balayé presque toutes les maisons construites en bois ; celles qui étaient posées légèrement sur des poutres, un peu au-dessus du sol, avaient été soulevées toutes closes, et emportées tout entières ; les grosses constructions que le cyclone, durant sa longue fureur, n'avait pu entamer, le tremblement de terre, en une seconde, les avait renversées ; toute la ville, du reste, était remplie de décombres qui témoignaient de la puissance du fléau souterrain. Le port, si gai, si animé la veille, était morne et désert ; de loin en loin, des mâts surgissaient du fond de l'abîme ; et le long du rivage jusque sur la pente des collines, gisaient des épaves, gisaient aussi les cadavres des marins.

Lorsque, dans la matinée, mon père nous reconduisit dans notre maison dévastée, il était brisé de fatigue. Les fléaux avaient détruit sa fortune ; cependant il était calme, et sa physionomie exprimait je ne sais quelle sérénité intérieure. Il est vrai qu'il venait de consoler les uns, de secourir les autres, et de retirer des décombres plus d'un blessé qui, sans lui, eût succombé.

II

Trente années s'étaient écoulées, et au sein de la population le souvenir de la catastrophe de 1837 s'effaçait, lorsque le 29 octobre 1867, à midi, un épouvantable cyclone se déchaîna sur l'île. Pendant onze heures, il sévit avec une extrême impétuosité, soufflant en spirales de tous les points de l'horizon, de sorte que ce qu'un premier tournoiement avait ébranlé, un autre tourbillon l'arrachait et l'emportait. Moins violent, peut-être, que celui de 1837, cet ouragan occasionna d'aussi grands malheurs, parce que la ville, plus peuplée, avait plus d'établissements importants, et que dans le port étaient mouillés beaucoup plus de grands navires qu'en 1837, époque à laquelle les bâtiments à vapeur ne fréquentaient pas encore le port de cette île. Le cyclone de 1867 jeta sur la plage quinze grands bateaux à vapeur et une foule d'autres navires. Au plus fort de la tourmente, on ressentit des secousses de tremblement de terre; mais elles furent légères.

Avec leur énergie accoutumée, les habitants se mirent à réparer et à reconstruire ce que le cyclone avait endommagé ou détruit; et bientôt, ils virent flotter de nouveau dans leur beau port les pavillons de toutes les nations. Comme naguère, les grands voiliers et les fines goélettes entraient ou sortaient; les beaux steamers d'Europe et des États-Unis jetaient au vent leurs bruyantes bouffées de vapeur; et à toute heure du jour, au départ comme à l'arrivée, le canon des bâtiments de guerre saluait la ville.

En présence de ce spectacle, on oubliait, par moments, le récent désastre, lorsque le 18 novembre, vingt et un jours après l'ouragan, l'île fut ébranlée par la plus terrible secousse de tremblement de terre qu'elle eût éprouvée jusque-là.

Il était trois heures de l'après-midi, l'heure des grandes affaires. La ville était remplie de négociants étrangers venus, les uns des îles voisines : de la Guadeloupe, de Saint-Martin, de Sainte-Croix, de Porto-Rico, d'Haïti; les autres de plus loin : de la Jamaïque, de l'île de Cuba, des ports de la Nouvelle-Grenade et de Venezuela. Ils se rencontraient ici, au foyer commercial

de la vaste région ; et en ce moment, ils allaient par groupes
nombreux d'un magasin à l'autre ; ils visitaient nonchalamment
les entrepôts et faisaient leurs achats. Dans le port, autour de
l'île, au large, aussi loin que la vue portait, la mer, calme et
silencieuse, scintillait sous les rayons du soleil ; la voûte céleste
brillait de cet azur éclatant, limpide et diaphane qui ne se voit
qu'au ciel des Antilles ; dans les vallons, sur les sommets, tout était
tranquille ; et les grands arbres immobiles semblaient attendre
que la brise marine vînt, comme de coutume à cette heure,
caresser leur feuillage et bercer leur couronne embaumée.

A ce moment éclata une voix étrange, pénétrante, inconnue.
On eût dit une plainte déchirante, un long sanglot au sein de la
Terre. L'île frissonna, et la crainte se glissa dans les âmes. Lorsque la voix souterraine eut cessé de gémir, il y eut un morne
silence, durant lequel on vit les animaux domestiques, en proie
à une frayeur extrême, se presser les uns contre les autres, et les
oiseaux se rassembler sur les arbres en poussant des cris plain-
tifs ; puis, on entendit un bourdonnement souterrain, semblable
au bruissement d'un essaim d'abeilles ; et la terre trembla violemment.

La population entière se précipita hors des maisons ; les habitants de la ville s'enfuirent sur les quais, sur les collines, ou
tâchèrent de gagner la campagne ; mais pendant la fuite un grand
nombre de personnes âgées et d'enfants périrent sous les pans
de murs qui tombaient çà et là. Le sol ondulait et s'agitait
comme s'il était devenu liquide, et l'on sentait distinctement
sous les pieds que les ondes terrestres se dirigeaient du sud vers
le nord. Au début, les secousses étaient si nombreuses et elles se

suivaient de si près, qu'on ne pouvait saisir l'intervalle qui les séparait; ensuite, il y eut une assez longue trêve, et déjà l'on croyait terminée la crise souterraine, lorsque trois secousses ébranlèrent toute l'île jusque dans ses plus profondes assises.

Des endroits où l'on s'était réfugié, on entendit un bruit sinistre, et l'on vit soudain un nuage s'étendre comme un voile funèbre au-dessus de la ville. C'étaient les maisons, les entrepôts, les lourdes constructions en roche de granit qui, après avoir résisté aux premières commotions, s'écroulaient maintenant, et, en tombant, remplissaient l'espace du bruit de leur chute et de la poussière épaisse de leurs décombres. Une immense clameur s'éleva du sein de la population qui implorait à genoux la clémence divine, et qui, du rivage et des hauteurs où elle était groupée autour de la ville, assistait à l'effroyable spectacle. Frappée de stupeur, elle restait immobile dans son désespoir. Mais, dans la cité, on avait laissé les faibles, les infirmes, une foule d'êtres aimés qu'on n'avait pu entraîner avec soi. A cette pensée, on se redressa, on secoua la torpeur; et de tous les côtés, on s'élançait déjà vers la ville au secours des blessés et des mourants, lorsqu'un phénomène d'une inconcevable grandeur arrêta l'universel élan, et glaça tous les cœurs.

Au delà du port, en pleine mer, apparut tout à coup un objet d'une éclatante blancheur, d'un immense volume et qui grandissait encore. Au premier moment, on le prit pour une montagne qui se dégageait des profondeurs de l'Océan; mais la masse énorme ondulait et semblait approcher. C'était une vague d'une hauteur prodigieuse et large au moins de 12 kilomètres, car elle dépassait les deux extrémités de l'île. Comme l'onde souterraine qui faisait trembler le sol, la vague marine venait du sud. Massive, pesante, elle avançait avec lenteur et d'un mouvement si régulier qu'on ne pouvait apercevoir la moindre brisure, le moindre plissement sur le front immense qu'elle développait. Mugissante, couverte d'écume, horrible et menaçante, elle arrivait. Tous ceux qui étaient sur la plage, hommes, femmes et enfants, s'enfuirent en jetant de grands cris. Ils fuyaient vers les collines; mais pour les atteindre, il fallait traverser la ville; et les ruines et les murs chancelants contrariaient la fuite, alors que le péril grandissait d'instant en instant.

La vague énorme vint se heurter contre la montagne qui protège le port. Des flots d'écume, des nuées de poussière d'eau, des torrents de vapeur tourbillonnèrent sur le flanc de la montagne; et au même instant, l'on vit tournoyer sur la mer un sombre nuage sillonné d'éclairs.

Bien que brisée par le choc et affaiblie, la vague franchit les hauts rochers, franchit la montagne et retomba en avalanche sur le versant opposé. Broyant tout ce qui lui faisait obstacle, emportant les navires. couvrant de son rugissement le cri suprême des marins, elle envahit le port et vint étendre sur la ville en ruine un blanc linceul d'écume. Brusquement, comme elle était venue, elle se retira, emportant dans l'abîme sa proie entière, tout ce que, sur son passage, elle avait saisi. Pendant quelques instants, le port fut à sec; puis les eaux revinrent paisiblement, et s'élevèrent à leur niveau habituel en murmurant doucement.

Lorsque, pour mesurer l'étendue du désastre, on jeta un premier regard autour de soi, on eut sous les yeux un lugubre tableau. La ville était remplie de ruines; et ces ruines, les flots les

avaient roulées, bouleversées et entassées confusément. Des roches et des épaves recouvraient l'emplacement où s'élevait le joli
village de Grégories, qui était un nid de verdure et de fleurs
posé sur la plage, à l'entrée de la ville : jardins, maisons, habitants, la vague les avait emportés. Les deux grandes batteries
qui défendaient l'entrée du port avaient été balayées, canons et
artilleurs ; sur les rochers étaient couchées des embarcations crevassées, et l'on apercevait au loin des marins qui faisaient des
signaux de détresse. Quelques navires avaient, on ne sait comment, échappé au désastre, et de leur nombre était une belle et
grande frégate des États-Unis, qui se porta vivement au secours
des naufragés. Mais d'autres navires, une centaine peut-être, entraînés dans l'abîme avec leur équipage, avaient disparu sans
laisser de vestiges.

Les forces souterraines ne s'apaisèrent pas immédiatement ;
on sentait, de temps en temps, des ondes terrestres passer rapidement sous les pieds, et ces fréquentes quoique légères ondulations continuèrent, pendant plusieurs jours, d'inquiéter les
habitants qui, n'osant pas encore reprendre possession de leur
cité, restèrent campés autour d'elle sous des tentes. Cette vive
émotion, à laquelle ils étaient en proie, se produit toujours au
sein des populations après les grands tremblements de terre. Ce
qui la provoque, ce n'est pas le souvenir des scènes navrantes
auxquelles on assista : c'est le brusque effondrement de la confiance absolue qu'on avait en l'immobilité du sol. Dès notre enfance, en effet, aussi loin que remontent nos souvenirs, nous
étions accoutumés à voir la terre que déchirent nos outils, et
sur laquelle l'homme élève sa maison éphémère, rester impas-

sible, immobile et silencieuse, alors que tout se meut à sa surface, que tout palpite et que tout passe. Et soudainement, on l'a entendue gémir et mugir; on l'a vue onduler et s'agiter. A partir de ce moment, on ose à peine se fier au sol que l'on foule ; et pendant bien des jours, on frémit comme en sursaut au moindre bruit qui se fait dans la nature.

Pour la population de l'île de Saint-Thomas, ces premiers jours d'alarmes furent des jours de deuil, consacrés entièrement aux morts qu'on retirait des décombres, qu'on ensevelissait, qu'on pleurait. Mais, dans les Antilles, la nature est pleine de caresses, et les cœurs s'ouvrent volontiers à ces douces influences ; sous ce beau ciel, les grands deuils ne sont pas tous éternels, et le radieux soleil qui, chaque matin, dissipe l'abondante rosée, sèche aussi, dès l'aube, dans les yeux des humains, les larmes amères de la nuit. Peu à peu, on reprit courage, et l'on s'installa de nouveau dans la ville. Et d'ailleurs, grâce à la générosité proverbiale, à la bonté toujours agissante des populations antilliennes, les secours furent prompts et les ressources abondantes. Les riches négociants de l'île avaient mis leur fortune à la disposition du comité de secours, et à chaque instant on voyait entrer dans le port des embarcations chargées des dons et des offrandes de toutes les Antilles, depuis les côtes de la Floride et de l'Amérique centrale jusqu'aux rivages du Vénézuéla et de la Nouvelle-Grenade.

Les navires qui venaient des îles situées au sud apportaient la nouvelle que la terrible secousse avait été ressentie dans toutes ces îles, quoique moins fortement. L'île de Sainte-Croix, la plus proche voisine au sud, avait beaucoup souffert ; plus loin, à une distance de 200 lieues environ, un volcan sous-marin avait éclaté sur les côtes de l'île de la Grenade, et une subite marée avait alarmé les habitants de cette île. On apprenait aussi que ce jour-là, le volcan de l'île de Saint-Vincent était sorti de sa longue léthargie et avait mugi furieusement. Quand on contemple ce volcan pendant une de ses longues périodes de repos, on hésite à croire que ce mont, à peine plus élevé que le Vésuve et à l'aspect si paisible, soit le monstre redouté qui, dans sa colère, fait trembler la terre et la mer, des montagnes du Vénézuéla au golfe du Mexique. Son réveil est toujours soudain et terrible. En 1811, lorsqu'il se réveilla d'un sommeil qui avait duré plus d'un siècle, des torrents de feu jaillirent de sa bouche énorme, et dans sa subite fureur, il se mit à mugir si puissamment que sa voix fut entendue à une distance de 300 lieues dans la vallée montagneuse de Caracas, dans les plaines de Calabozo et jusque sur les rives de l'Apure, un des affluents de l'Orénoque. Et tandis que la terre avait tremblé sur les hauts plateaux du Vénézuéla, où l'opulente et belle cité de Caracas s'effondra, le sol avait à peine vibré autour du volcan dans l'île de Saint-Vincent. Ce phénomène étrange venait de se reproduire ; et en 1867 encore, lorsque le monstre, après un repos de plus d'un demi-siècle, se réveilla, tout resta paisible autour de lui, tandis qu'à 160 lieues de distance, l'île de Saint-Thomas était violemment ébranlée, et que l'Océan, en proie à une épouvantable commotion, couvrait cette île de ses flots immenses.

Six semaines après la catastrophe, un petit aviso, le *Sphinx*, entrait dans le port de Saint-Thomas. Il battait pavillon amiral, et avait à son bord sir Rodney Mundy, commandant en chef de

l'escadre anglaise de l'Amérique du Nord et des Indes occidentales. Pour bien se rendre compte de l'étendue du désastre,
l'amiral, après avoir parcouru la ville, revint à bord du *Sphinx*
en compagnie du consul anglais, et fit lentement le tour du port.
A chaque instant, il exprimait l'étonnement que lui causaient et
la grandeur du désastre et l'énergie des habitants qu'il voyait
occupés à tout réparer, à tout reconstruire.

Sir Rodney Mundy avait laissé son escadre dans la baie de
l'île de Tortola, et il était venu sur un petit aviso, parce qu'on lui
avait affirmé que, depuis la catastrophe, les grands navires ne
pouvaient plus pénétrer dans la rade de Saint-Thomas; or, dans
cette rade qu'il croyait trouver déserte, plus de cent navires
étaient à l'ancre. Le *Sphinx* repartit le même jour; mais dès le
lendemain toute l'escadre, conduite par sir Rodney Mundy, entrait dans le port, et le canon du *Royal-Alfred*, le superbe vais-
seau-amiral, saluait triomphalement la ville renaissante.

Depuis ce jour, dix-huit années ont passé; les vestiges du désastre ont disparu, la ville est redevenue florissante, et toute la
petite île a recouvré l'éclat de sa beauté native.

Que Dieu la protège!

LE FEU DES VOLCANS

ET

LES TREMBLEMENTS DE TERRE

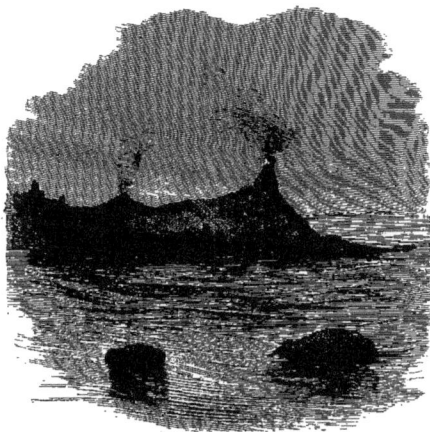

LE FEU DES VOLCANS
ET LES TREMBLEMENTS DE TERRE

I

Existe-t-il un rapport intime entre les phénomènes volcaniques et les tremblements de terre? en d'autres termes, le feu
souterrain qui donne naissance aux volcans produit-il aussi les
grands tremblements de terre, ceux qui ébranlent de vastes
régions? Un dissentiment prononcé règne à cet égard dans le
monde des sciences, et, posée dans les termes absolus dont nous
venons de nous servir, la question resterait en litige; car on

pourrait toujours citer un grand nombre de tremblements de terre qui étaient évidemment liés à l'action du feu souterrain, et d'autres, non moins nombreux, qui ne furent accompagnés d'aucun phénomène volcanique.

Il faut donc se résoudre à tourner la difficulté, et se contenter de grouper, de rapprocher quelques faits importants qui permettent de juger combien étroitement les deux phénomènes sont, parfois, liés l'un à l'autre, et aussi combien, d'autres fois, il est malaisé d'établir un lien entre eux.

Voici, par exemple, l'île d'Havaï, où les tremblements de terre sont fréquents. Trois grandes montagnes de feu se dressent dans cette île : le volcan de Maunakea, celui de Hualalaï et le superbe volcan de Maunaloa, avec ses deux immenses cratères, l'un au sommet, l'autre sur le flanc de la montagne : celui-là est l'énorme Mokou-a-véo-véo ; celui-ci, le cratère de Kilauea, le plus grand, le plus actif, le plus étrange qu'il y ait sur la terre. Or, de mémoire d'homme, les secousses qui si souvent ébranlent cette île ne s'étaient produites en même temps que les crises des volcans, lorsque, en avril 1868, après quelques violentes secousses du sol, le Maunaloa mugit soudainement, et, déchirant ses flancs, déversa des fleuves de lave embrasée. Au même instant, toute l'île tressaillit, et le plus violent tremblement de terre dont on ait gardé le souvenir dans le pays, eut lieu pendant la fureur du volcan. Ces terribles secousses durèrent près d'une année, et, nous l'avons déjà dit, elles furent si nombreuses, qu'en un seul mois on en compta plus de deux mille. Il est évident que, dans cette circonstance, la crise violente du Maunaloa et la commotion souterraine formaient en quelque sorte un seul et même phénomène. D'autre part, on ne saurait présenter aucune objection sérieuse à celui qui voudrait voir dans le feu de ces cratères la cause des violents soubresauts qu'éprouve l'île d'Havaï même pendant le sommeil de ses redoutables volcans.

Parfois, les ébranlements qui accompagnent l'éruption volcanique sont limités à un espace très restreint : le sommet du volcan tremble et s'agite sans qu'on ressente la moindre secousse dans les parties inférieures du cône brûlant; quelquefois la montagne de feu tout entière vibre et frémit sans que la commotion s'étende au sol environnant; d'autres fois, par contre, surtout lors des grandes éruptions, toute la contrée est ravagée au loin par de violents tremblements de terre. Dans les îles de l'Océan Indien, par exemple, les grandes éruptions volcaniques sont toujours accompagnées d'épouvantables ébranlements, et souvent ces tremblements de terre sont plus désastreux que les feux des volcans. Il en fut ainsi lorsque, en 1883, l'île de Krakatoa s'abîma dans les flots avec son cratère enflammé, et que les volcans de Java entrèrent en fureur.

II

Dans les contrées qui sont tour à tour ravagées par le feu des volcans et par les commotions souterraines, on considère la bouche du volcan volontiers comme une soupape de sûreté; on croit avoir constaté, dans ces pays, que les grandes commotions ont lieu surtout pendant le sommeil des volcans; on y aurait même vu parfois la crise des volcans s'apaiser et cesser au

8

moment précis où des tremblements de terre se produisaient. Ainsi, lors de la commotion de Lisbonne, le Vésuve, qui lançait des bouffées de vapeur, aurait aspiré le nuage de fumée, et les flots de lave qui sortaient de ses flancs se seraient arrêtés soudainement [1]. On dit aussi que le Stromboli, ce volcan tumultueux et perpétuellement actif, se serait reposé un instant, en février 1783, pendant le tremblement de terre des Calabres.

Des secousses très violentes, qui se produisaient dans toute la Syrie, dans les Cyclades et en Eubée, cessèrent tout d'un coup, au moment même où un torrent de matières ignées jaillissait dans les plaines de Chalcis. En rapportant ces faits, Strabon, le célèbre géographe grec, ajoute : « Depuis que les bouches de l'Etna sont ouvertes et qu'elles vomissent le feu, depuis que des masses d'eau et de laves en fusion peuvent être déjetées au dehors, le littoral est moins sujet aux tremblements de terre qu'à l'époque où, avant la séparation de la Sicile et de l'Italie inférieure, toutes les issues étaient bouchées. »

Après la terrible secousse du 4 février 1797, qui détruisit Riobamba, la terre trembla pendant huit mois dans l'Amérique du Sud et dans les Antilles ; mais, le 27 septembre, la soufrière de l'île de la Guadeloupe, que l'on avait considérée jusque-là comme un volcan éteint, eut une violente éruption; à partir de ce jour, les secousses de tremblement de terre cessèrent dans tout le bassin des Antilles. Ensuite, lorsque, vers la fin de l'année, la crise du volcan s'apaisa, les secousses recommencèrent avec une extrême violence, et, le 14 décembre, la ville de Cumana dans le Vénézuéla fut entièrement détruite.

1. Kant, *Beschreibung des Erdbebens von Lissabon.*

Une colonne épaisse de fumée sortait, depuis le mois de novembre 1796, du volcan de Pasto, appelé aussi dans le pays *Galéra*, la Galère, à cause de la forme du nuage de cendres qui plane quelquefois au-dessus du sommet. Les bouches du volcan sont latérales et se trouvent sur sa pente occidentale; mais pendant trois mois la colonne de fumée s'éleva tellement au-dessus de la crête de la montagne, qu'elle fut constamment visible aux habitants de la ville de Pasto. Tous assurèrent à Humboldt qu'à leur grand étonnement, le 4 février 1797, ils virent disparaître tout à coup la fumée, sans qu'aucune secousse se fît sentir. C'était l'instant où, à 90 lieues au sud, entre le Chimborazo, le Toungouragua et l'Altar, la ville de Riobamba fut détruite par un tremblement de terre qu'Alexandre de Humboldt appelle le plus funeste de tous ceux dont la tradition ait conservé la mémoire dans ces contrées, si éprouvées par ces fléaux. Après cette coïncidence de phénomènes, remarque le grand naturaliste, comment douter que les vapeurs sorties des petites bouches, ou *ventanillas* du volcan de Pasto, ne participassent à la pression des fluides élastiques qui ont ébranlé le sol en Équateur et ont fait périr, en un instant, plus de 100,000 habitants?

Après une longue période de repos, le volcan de Galéra était fort agité vers la fin de l'année 1872, quand M. Reiss, le voyageur allemand, arriva dans cette région, en vue d'explorer le volcan, dont les brusqueries inquiétaient beaucoup la ville de Pasto, située à son pied.

Quelques jours auparavant, M. Reiss avait, le premier entre les hommes, atteint le sommet du Cotopaxi et plongé ses regards dans l'épouvantable cratère de ce mont; aussi le bruit de son exploit retentissait partout en Équateur et dans la Nouvelle-Grenade. La population de la ville de Pasto l'attendait avec impatience, persuadée qu'elle était qu'un si grand savant pouvait non seulement calmer la colère du volcan, mais peut-être aussi empêcher les tremblements de terre de se produire après l'apaisement du monstre. On fit une véritable ovation à M. Reiss. Les autorités vinrent en corps le saluer, ainsi que tout le personnel de l'Université, car Pasto est une ville de lettrés, un centre de lumières. L'évêque, accompagné de son clergé, vint également le féliciter; et la foule s'assembla devant sa maison, attendant avec anxiété les mesures que le savant, j'allais dire le sorcier d'Europe, ne pouvait manquer de prendre contre le volcan de Galéra.

III

M. Alexis Perrey, l'éminent professeur de Dijon, ainsi que les professeurs Émile Kluge, de Chemnitz, Mérian et Otto Volger, de Zurich, ont établi par des rapprochements ingénieux que les tremblements de terre sont fréquents surtout en hiver, et que la plupart des éruptions volcaniques ont lieu en été. A première vue, ce fait semble prouver que les deux phénomènes sont le plus souvent sans rapports entre eux ; mais, après un instant de réflexion, on reconnaît qu'il confirme, plutôt qu'il ne contredit, la croyance populaire qui voit dans les volcans des évents du feu souterrain, et, par cela même, des soupapes de sûreté contre les tremblements de terre. Du fait signalé par les savants professeurs que nous venons de nommer, il résulte, non pas comme le croit M. Volger, l'un d'eux, que les volcans et les tremblements de terre sont des phénomènes indépendants l'un de l'autre, mais au contraire, qu'ils sont unis par un lien sympathique, ou, si l'on aime mieux, qu'ils ont une origine commune. Il y a là, en effet, l'indice de quelque loi de rythme ou de balancement dans la production de ces deux grands et terribles phénomènes. Toutefois, si une loi semblable existe, elle n'est point absolue, puisque souvent l'éruption des volcans et le tremblement de terre ont lieu en même temps, et que — on vient de le rappeler — dans l'archipel de la Sonde, surtout dans les îles de Java et de Sumatra, les plus violentes secousses de tremblements de terre coïncident toujours avec les grandes crises des volcans.

IV

Beaucoup de savants ont pensé que les tremblements de terre dus à l'action du calorique ou du feu souterrain étaient limités à ceux qui se produisent dans le voisinage immédiat des volcans. C'est là, croyons-nous, une erreur ; car, parmi les secousses violentes qui surviennent loin de ces foyers ardents, il y en a qui évidemment se rattachent aux mêmes causes dont émanent les phénomènes volcaniques. Lorsque, par exemple, un cratère s'embrase, ou qu'un volcan sous-marin éclate au moment où une secousse se fait sentir à une distance de 100 lieues du volcan, on est en droit de rapprocher les deux phénomènes, et de les considérer comme liés l'un à l'autre, surtout lorsque, dans la même région, des faits semblables sont fréquents.

Dans l'Amérique centrale, le Vénézuéla, la Colombie, l'Équateur, au Pérou, au Chili, le sol frémit surtout au pied des volcans; mais il tremble aussi bien loin de ceux-ci avec une extrême violence. Toutefois, ces commotions lointaines se signalent pour ainsi dire elles-mêmes comme issues de la force souterraine qui produit aussi les volcans, c'est-à-dire de la chaleur intérieure de la planète. En effet, quand, dégagé de toute influence d'école et désireux uniquement de saisir le vrai, on étudie avec soin les tremblements de terre dans cette vaste région du nouveau monde, on ne peut s'empêcher de reconnaître qu'ils sont liés aux feux qui, à chaque instant, déchirent les flancs des Andes, et des profondeurs insondables où ils brûlent, illuminent de leurs reflets mystérieux le beau ciel de ces contrées. Quand la terre a tremblé en Équateur, on peut être assuré non seulement que des secousses se produiront aussitôt ici ou là dans l'immense territoire que dominent les Andes, mais aussi qu'une crise est survenue, ou se prépare au sein de l'un ou l'autre des volcans superbes qui se dressent comme une armée de géants furieux le long du Grand Océan, depuis la pointe méridionale du Chili jusqu'à la frontière extrême du Nicaragua. Et, en présence de la liaison étroite qui existe entre tous ces grands phénomènes, comment pourrais-je me refuser à penser avec Humboldt que, dans cette région du globe, ils ont le plus souvent, sinon toujours, une commune origine ? Cette vue me semble plus conforme à ce qu'enseignent les faits, que celle de Darwin, de Boussingault, de Volger et aussi, je crois, de mon ami Elisée Reclus, d'après laquelle les grands tremblements de terre de l'Amérique équinoxiale seraient dus à des éboulements de cavernes souterraines. N'est-il pas raisonnable et par cela même scientifique, puisque rien, absolument rien, ne s'y oppose, d'attribuer ces commotions au calorique souterrain dont je ressens l'action, dont je vois, en ces parages, éclater la puissance partout autour de moi ; tandis que la chute des cavernes, je ne la puis voir qu'avec les yeux de l'esprit ?

Soit, dira-t-on peut-être ; lorsque les deux phénomènes se produisent à peu près en même temps, bien qu'à distance l'un de l'autre, il est raisonnable, il est permis de voir dans le tremblement de terre un effet de la chaleur souterraine qui produit aussi la crise des volcans. Mais en est-il de même lorsque dans une région volcanique et même non loin des cratères enflammés, un grand tremblement de terre se produit sans agiter les volcans ?

Voici par exemple la chaîne immense des Andes avec ses terribles cratères : parfois de violentes et soudaines secousses s'y propagent en ligne droite, et agitent des contrées hérissées de volcans actifs, sans exercer sur eux une influence sensible. Est-on en droit de dire que ces tremblements de terre sont dus, sinon directement au feu de ces cratères qui restent impassibles, du moins à la chaleur souterraine qui entretient le travail de ces volcans ?

A cette question, je répondrais simplement que l'hypothèse qui attribuerait ces tremblements de terre à l'action du feu souterrain, c'est-à-dire aux volcans de la contrée ébranlée, ne serait ni moins justifiée ni moins scientifique que celle qui les expliquerait par la chute de cavernes idéales.

Lorsque surviennent de graves éruptions volcaniques dans l'A-

mérique centrale, il se produit souvent, sinon toujours, des tremblements de terre dans l'Amérique du Sud. C'est ainsi que peu de
temps après la grande éruption du volcan de Coseguina, toute la
Nouvelle-Grenade fut ébranlée par des convulsions terrestres, et
le tonnerre souterrain se fit entendre simultanément dans le Nicaragua, dans les villes de Popayan, de Bogota, de Santa-Marta, de
Caracas et dans les îles d'Haïti, de Curaçao et de la Jamaïque.
Chaque fois qu'au Vénézuéla et qu'au Chili les secousses ont été
violentes, la république de Costa-Rica en a souffert; et dans cet
État, ce furent toujours les villes de San José, d'Hérédia et de
Barba, voisines des volcans d'Orosi et de Cartago, qui en éprouvèrent le contre-coup et subirent les plus grands désastres. Cette
action simultanée des forces souterraines s'est aussi manifestée
dans les tremblements de terre qu'ont ressentis le Vénézuéla, le
Pérou, le Chili, le Mexique et la Californie. Bien souvent aussi
l'on a constaté une relation étroite entre les volcans des îles de
la mer des Antilles et les tremblements de terre du centre de
l'Amérique, de la vallée du Mississipi, de la Nouvelle-Grenade
et du Vénézuéla.

Depuis le commencement de 1811 jusqu'en 1813, une vaste
étendue de la terre, limitée par le méridien des îles Açores, la
vallée de l'Ohio, les Cordillères de la Nouvelle-Grenade, les côtes
du Vénézuéla et les volcans des Petites-Antilles, a été ébranlée
presque à la fois par des secousses qu'on peut attribuer à des feux
souterrains. Voici, d'après Humboldt, la série des phénomènes
qui semblent indiquer des communications à d'énormes distances.
Le 30 janvier 1811, un volcan sous-marin se fit jour près de l'île
Saint-Michel, une des Açores. Ce ne fut d'abord qu'un écueil :

mais, quelques mois plus tard, le 15 juin, une éruption qui dura six jours agrandit cet écueil, et l'éleva peu à peu à la hauteur de 100 mètres environ au-dessus de la surface de la mer. Cette nouvelle terre, dont le capitaine Tillard se hâta de prendre possession au nom du gouvernement britannique, en l'appelant île Sabrina, avait 1 800 mètres de diamètre ; depuis, elle a été engloutie dans les abîmes d'où elle était sortie.

Lors de l'apparition de ce nouvel îlot, les Petites-Antilles, situées à 800 lieues marines[1] au sud-ouest des îles Açores, éprouvèrent de fréquents tremblements de terre. Plus de deux cents secousses se firent sentir depuis le mois de mai 1811 jusqu'en avril 1812, à l'île Saint-Vincent, où se dresse le redoutable volcan du mont Garou. Les mouvements ne restèrent pas circonscrits aux Antilles. Depuis le 16 décembre 1811, la terre était continuellement agitée dans les vallées du Mississipi, de l'Arkansas et de l'Ohio. Elles étaient accompagnées d'un grand bruit souterrain venant du sud-ouest. L'ensemble de ces phénomènes dura depuis le 16 décembre 1811 jusqu'en 1813. A la même époque à laquelle commence cette longue série de tremblements de terre, c'est-à-dire au mois de décembre 1811, la ville de Caracas éprouvait une première secousse, puis ensuite, le 26 mars 1812, la violente commotion qui la détruisit.

Le volcan de l'île de Saint-Vincent, haut d'un millier de mètres, n'avait pas jeté des laves depuis l'année 1718. On en voyait à peine sortir de la fumée, lorsque les tremblements de terre dont on vient de parler annoncèrent que le feu volcanique

---

1. 20 lieues marines au degré.

s'était ou rallumé de nouveau ou porté vers cette partie des Antilles. Le 27 avril 1812, le volcan éclata ; ce ne fut qu'une éjection de cendres accompagnée d'un grand fracas ; mais le 30, la lave sortit par torrents du cratère et se précipita vers la mer [1]. Un immense bruit souterrain suivit cet incendie.

Le 5 avril, il y avait eu dans la vallée de Caracas et sur le littoral du côté de la Guayra un choc presque aussi fort que celui du 26 mars. A ce moment, les secousses dans l'île de Saint-Vincent devenaient plus violentes ; mais lorsque le 27 avril son volcan du mont Garou éclata, les tremblements de terre cessèrent tout à coup. Le bruit de cette explosion ressemblait à des décharges alternatives de canon de gros calibre et de mousqueterie, et, ce qui est bien digne d'observation, il parut beaucoup plus fort en pleine mer, à une grande distance de l'île, qu'à la vue de terre, tout près du volcan enflammé.

Ce qui montre qu'une liaison existait entre les feux de ce volcan et les secousses de tremblements de terre dans le Vénézuéla, c'est que le jour de la grande éruption du mont Garou, le 30 avril 1812, on fut effrayé dans la haute vallée de Caracas, aussi bien que dans les savanes et sur les bords du Rio Apure, dans une étendue de 5 000 lieues carrées, par un bruit souterrain qui ressemblait à des décharges réitérées d'artillerie. Ce bruit était tout aussi fort sur les côtes qu'à 100 lieues de distance dans l'intérieur des terres.

Or, il y a en ligne droite 260 lieues communes de France ou 210 lieues marines, du volcan de Saint-Vincent au Rio Apure ; ces

1. *Barbadoes' Gazette for may 6*, 1812. — Alexandre de Humboldt, *Voyage aux régions équinoxiales du nouveau monde*.

détonations ont par conséquent été entendues à une distance qui égale celle du Vésuve à Paris. Ce phénomène, auquel viennent se lier un grand nombre de faits observés dans la Cordillère des Andes et ailleurs, prouve non seulement que la sphère d'activité souterraine d'un volcan est plus étendue qu'on ne le croit communément, mais aussi que la crise volcanique et le tremblement de terre peuvent être liés l'un à l'autre, alors même que les deux phénomènes, nés ensemble dans les profondeurs de la terre, se manifestent à la surface en des lieux que sépare une énorme distance.

LA CATASTROPHE DE CARACAS

LA CATASTROPHE DE CARACAS

La ville de Caracas est située dans une vallée très élevée, où règne un printemps perpétuel. Le peu d'étendue de la vallée et la proximité des hautes montagnes d'Avila et de la Silla donnent au site de Caracas un caractère morne et sévère, surtout à l'époque où dans cette contrée règne la température la plus fraîche, au mois de novembre et de décembre. Les matinées sont alors d'une grande beauté : par un ciel pur et serein, on voit à découvert les deux dômes ou pyramides arrondies de la Silla et la crête dentelée de la montagne d'Avila. Mais, vers le soir, l'atmosphère s'épaissit, les montagnes se couvrent, des traînées de vapeurs sont suspendues à leurs flancs toujours verts et les divisent comme par zones superposées les unes aux autres.

Peu à peu ces zones se confondent, l'air froid qui descend de la Silla s'engouffre dans le vallon, et condense les vapeurs légères en gros nuages floconneux. Mais cet aspect si sombre et si mélancolique, ce contraste entre la sérénité du matin et le ciel couvert du soir, ne s'observent pas au milieu de l'été : l'atmosphère conserve alors sans interruption une transparence incomparable, et les nuits sont claires et délicieuses.

En 1812, Caracas était une grande et belle ville, avec des rues larges et bien alignées, de nombreuses églises, de beaux palais, des maisons spacieuses et plus élevées qu'elles n'auraient dû l'être dans un pays sujet aux tremblements de terre.

Les habitants de la haute vallée de Caracas, oubliant les commotions souterraines de Riobamba et d'autres villes très élevées, croyaient trouver des motifs de sécurité et dans la structure des roches et dans la hauteur même du site de cette vallée. « Il est vrai, dit Humboldt, que des fêtes religieuses célébrées dans la capitale, au milieu de la nuit, par exemple, la procession nocturne du 21 octobre instituée en commémoration du grand tremblement de terre qui eut lieu le même jour du mois, à une heure après minuit, en 1778, leur rappelaient que de temps en temps les tremblements de terre ont désolé la province de Vénézuéla ; mais on craint peu des dangers qui se renouvellent rarement. »

En 1811, au mois de décembre, par un temps calme et serein, une première et violente secousse vint détruire le charme de leur douce incurie. Cette commotion fut la seule qui précéda l'horrible catastrophe du 26 mars 1812, laquelle fit périr presque au même instant plus de vingt mille habitants. Alexandre de Humboldt a raconté ce lugubre événement; et à cette occasion, il a mis en relief des faits qui ont répandu un jour inattendu sur l'enchaînement des phénomènes souterrains[1].

On ignorait, dans le Vénézuéla, les agitations qu'éprouvaient, d'un côté, le volcan de l'île de Saint-Vincent, une des trois îles de la mer des Antilles qui ont encore des volcans actifs, et, de l'autre côté, le bassin du Mississipi, où, le 7 et le 8 février 1812, la terre était jour et nuit dans un état d'oscillation continuelle. A cette époque, le Vénézuéla essuyait de grandes sécheresses. Pas une goutte de pluie n'était tombée à Caracas et à 100 lieues à la ronde, dans les cinq mois qui précédèrent la ruine de cette capitale. Le 26 mars était un jour extrêmement chaud. L'air était calme et le ciel sans nuages. C'était le jeudi saint : une grande partie de la population se trouvait réunie dans les églises. Rien ne semblait annoncer les malheurs de cette journée. A 4 heures 7 minutes du soir, la première commotion se fit sentir. Elle fut assez forte pour ébranler les cloches des églises. Elle dura cinq à six secondes : elle fut immédiatement suivie d'une autre secousse de dix à douze secondes, pendant laquelle le sol, dans un mouvement continuel d'ondulation, semblait bouillonner comme un liquide.

On croyait déjà le danger passé, lorsqu'un énorme bruit souterrain se fit entendre. C'était comme le roulement du tonnerre, mais plus fort, plus prolongé que celui qu'on entend sous les tropiques dans la saison des orages [2]. Ce bruit précédait un mouve-

1. Alexandre de Humboldt, *Voyage aux régions équinoxiales du nouveau monde.*
2. *Sur le tremblement de terre de Vénézuéla*, par Delpech (manuscrit cité par Humboldt).

ment perpendiculaire d'environ trois à quatre secondes, suivi d'un mouvement d'ondulation un peu plus long. Les secousses étaient dans des directions opposées, du nord au sud et de l'est à l'ouest : rien ne put résister à ce mouvement de bas en haut et à ces oscillations croisées. La ville de Caracas fut renversée de fond en comble. Des milliers d'habitants, peut-être douze mille, furent ensevelis sous les ruines des églises et des maisons. La procession n'était pas encore sortie ; mais le concours dans les temples était encore si grand, que plus de quatre mille personnes furent écrasées sous les voûtes qui s'écroulaient.

La secousse fut plus forte du côté du nord, dans la partie de la ville la plus rapprochée de la montagne de la Silla, qui se présente comme un dôme immense, taillé en falaise du côté de la mer. L'église de la Trinité et celle d'Alta Gracia, qui avait plus de 150 pieds de hauteur, et dont la nef était soutenue par des piliers de 12 et 15 pieds d'épaisseur, laissèrent un amas de ruines qui ne s'éleva guère qu'à 5 ou 6 pieds. L'affaissement des décombres fut si considérable, qu'on n'y reconnaissait presque plus aucun vestige des piliers et des colonnes. La caserne appelée « el quartel de San Carlos » disparut entièrement. Un régiment de troupes de ligne s'y trouvait réuni sous les armes pour se rendre à la procession. A l'exception de quelques hommes, il fut enseveli sous les décombres de ce grand édifice.

Les neuf dixièmes de la ville furent entièrement anéantis. Les maisons qui ne s'écroulèrent point se trouvaient tellement crevassées, qu'on ne pouvait risquer de les habiter. La cathédrale, soutenue par d'énormes arcs-boutants, resta debout.

En évaluant à douze mille le nombre des morts dans la ville de

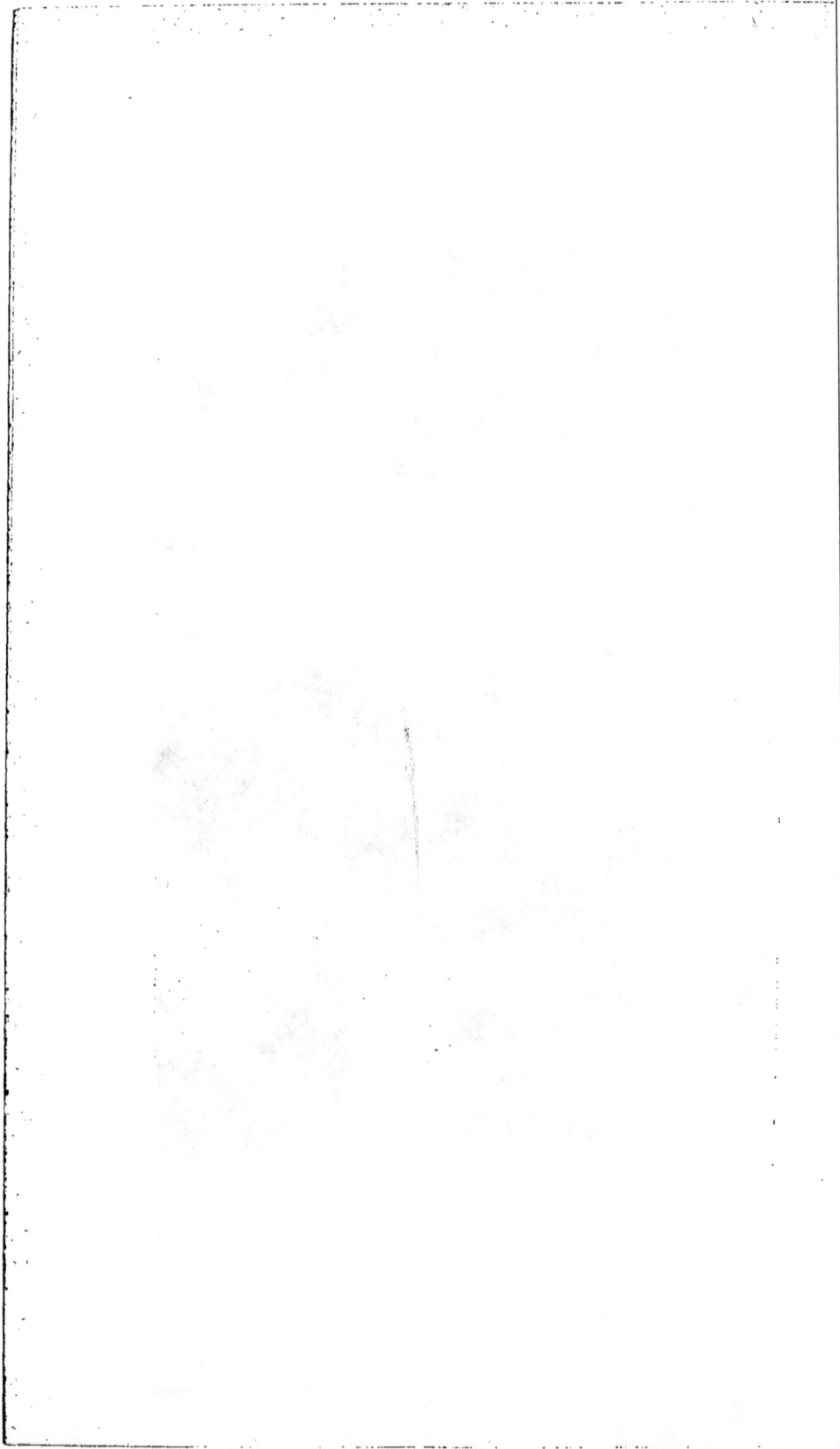

Caracas, on ne tient pas compte des malheureux qui, grièvement blessés, n'ont succombé qu'après plusieurs mois, faute d'aliments et de soins. La nuit du jeudi au vendredi saint offrit le spectacle le plus déchirant de la désolation et du malheur; cette couche épaisse de poussière qui, élevée au-dessus des décombres, obscurcissait l'air comme un brouillard, s'était précipitée vers le sol. Aucune secousse ne se faisait sentir; jamais nuit ne fut plus belle et plus calme. La lune presque pleine éclairait les dômes arrondis de la Silla, et l'aspect du ciel contrastait avec celui d'une terre jonchée de ruines et de cadavres. On voyait des mères porter dans leurs bras des enfants qu'elles espéraient rappeler à la vie. Des familles éplorées parcouraient la ville pour chercher un frère, un époux, un ami, dont on ignorait le sort, et qu'on croyait égarés dans la foule. On se pressait dans les rues qu'on ne reconnaissait plus que par l'alignement des monceaux de décombres.

Les blessés, ensevelis sous les ruines, imploraient à grands cris les secours des passants. On parvint à en retirer plus de deux mille. Jamais la pitié ne se montra d'une manière plus touchante, on peut dire plus ingénieusement active, que dans les efforts tentés pour secourir les malheureux dont les gémissements se faisaient entendre. On manquait absolument d'outils propres à remuer les décombres : il fallait se servir des mains pour déterrer les vivants. On déposait ceux qui étaient blessés, de même que les malades échappés des hôpitaux, au bord de la petite rivière de Guayra. Ils n'y trouvaient d'autre abri que le feuillage des arbres. Les lits, le linge pour panser les plaies, les instruments de chirurgie, les médicaments, tous les objets de première nécessité

étaient ensevelis sous les ruines. On était dépourvu de tout,
même d'aliments, dans les premiers jours.

L'eau devint également rare dans l'intérieur de la ville. La
commotion avait brisé les canaux des fontaines; l'éboulement
des terres avait obstrué les sources qui les alimentaient. Pour
avoir de l'eau, il fallait descendre jusqu'au Rio Guayra, dont la
crue était considérable, et l'on manquait de vases pour puiser.

Il restait à remplir envers les morts un devoir commandé à
la fois par la piété et par la crainte de l'infection. Dans l'impossibilité de donner la sépulture à tant de milliers de cadavres à demi
enfouis sous les ruines, des commissaires furent chargés de brûler
les corps. On dressa des bûchers entre les monceaux de décombres. Cette cérémonie dura plusieurs jours. Au milieu de tant de
malheurs publics, le peuple eut recours aux pratiques religieuses
qu'il croyait les plus propres à apaiser la colère du ciel. Les uns
se réunissaient en procession, chantaient des cantiques funèbres;
d'autres, l'esprit égaré, se confessaient à haute voix au milieu
des rues.

Il arriva alors dans cette ville ce que l'on avait observé à Quito,
après l'affreux tremblement de terre de 1797 : beaucoup de ma-
riages furent contractés entre des personnes qui, depuis de longues années, n'avaient pas fait sanctionner leur union par la béné-
diction sacerdotale. Des enfants retrouvaient des parents qui les
avaient désavoués jusque-là; des restitutions furent promises par
des personnes qu'on n'avait jamais accusées de larcin ; des familles
longtemps ennemies se rapprochèrent par le sentiment d'un malheur commun. Si, dans les uns, ce sentiment semblait adoucir les
mœurs et ouvrir le cœur à la pitié, chez d'autres il avait un effet

contraire ; il les rendait plus durs et plus inhumains. Dans les grandes calamités, ainsi que le remarque Humboldt à ce propos, les âmes vulgaires conservent encore moins la bonté que la force ; car il en est de l'infortune comme de l'étude des lettres et de la nature ; ce n'est que sur un petit nombre qu'elles exercent leur influence, en donnant plus de chaleur aux sentiments, plus d'élévation à la pensée, plus de bienveillance au caractère.

Des secousses sauvages qui, en moins d'une minute, avaient occasionné de si grands désastres ne pouvaient être restreintes à une étroite zone de ce continent. Leurs effets funestes s'étendirent à une grande partie du Vénézuéla, le long de la côte et surtout dans les montagnes de l'intérieur.

Les villes de la Guayra, Mayquetia, Antimano, Baruta, la Vega, San Felipe et Merida, furent entièrement détruites. Le nombre des morts excéda cinq mille à la Guayra et à San Felipe.

La secousse se fit sentir dans la Nouvelle-Grenade, depuis les embranchements de la haute montagne de la Sierra de Santa Marta jusqu'à Santa Fe de Bogota.

Quinze ou dix-huit heures après la grande catastrophe, le sol resta tranquille. La nuit, ainsi que nous l'avons dit, était belle et calme, et ce ne fut que le lendemain, dans la matinée, que les secousses recommencèrent, accompagnées d'un bruit souterrain très fort et très prolongé. Les habitants de Caracas se dispersaient dans les campagnes ; mais les villages et les fermes ayant souffert comme la ville, ils ne trouvaient d'abri qu'au delà des montagnes et dans les savanes. Le sol resta pendant plusieurs jours dans un mouvement ondulatoire continuel. On sentait souvent une quinzaine d'oscillations dans un même jour. Il y eut de grands éboulements dans les montagnes; d'énormes masses de rochers se détachèrent de la Silla de Caracas, et l'on prétendit même que les deux dômes de cette haute montagne s'étaient affaissés de 100 à 120 mètres.

En relatant cette affreuse catastrophe survenue après son retour en Europe, Alexandre de Humboldt rappelait, avec une émotion profonde, que tous les amis qu'il y avait eus avaient péri dans de sanglantes révolutions, ou pendant le tremblement de terre qui détruisit cette ville de Caracas qu'il avait tant aimée; et il ajoutait que sur ces mêmes lieux, sur cette terre encore crevassée, s'élevait avec lenteur une autre ville. Depuis cette époque les ruines amoncelées, tombeaux d'une population nombreuse, sont devenues de nouveau la demeure des hommes; et la ville de Caracas, la capitale des États-Unis de Vénézuéla, est aujourd'hui une des plus belles de l'Amérique du Sud.

UN TREMBLEMENT DE TERRE

DANS

LE HONDURAS

UN TREMBLEMENT DE TERRE
DANS LE HONDURAS

L'Amérique centrale est continuellement agitée par les forces souterraines. Autour des baies profondes de cette vaste et splendide contrée, sur les rivages que baigne l'océan Pacifique, et aussi du sein des grands lacs de l'intérieur, se dressent, comme une armée de géants, une foule de hauts volcans. Tandis que la plupart de ces monstres sont plongés dans un sommeil séculaire, d'autres s'agitent et mugissent de temps en temps, comme pour se tenir en éveil et faire bonne garde autour de leurs compagnons endormis. L'incendie qui brûle leurs entrailles s'étend au loin sous le sol, et souvent le fait trembler violemment. Trois fois, en l'espace de trente ans, la ville de Guatémala a été détruite par des tremblements de terre; et je ne crois pas qu'il y ait dans le Guatémala, dans le Honduras, ou dans les autres États de l'Amérique centrale un seul canton qui n'ait éprouvé de fortes secousses souterraines. Lorsque ces violentes commotions se produisent dans ces parages, loin des agglomérations humaines, au sein des forêts vierges ou dans la région des grands lacs, elles donnent lieu à des phénomènes étonnants.

En 1856, un peintre, chargé d'une mission officielle dans le Honduras, fut témoin d'un événement de ce genre; et quoique ce voyageur ait gardé l'anonyme, on soupçonne que c'est M. Heine, peintre bien connu et très alerte explorateur de l'Amérique centrale. Ce jour-là il naviguait le long d'une grande lagune nommée Criba, large de plus de 8 lieues [1].

Le temps était calme, le soleil radieux. Après avoir solidement amarré l'embarcation, on avait débarqué à l'entrée d'un ravissant petit village, d'où la vue dominait une plaine semée d'habitations isolées et de beaux massifs d'arbres; sur la rive opposée, s'étendait la forêt; et au loin, on apercevait l'Océan. Le personnage le plus important de la localité ayant offert l'hospitalité à M. Heine et à ses compagnons de voyage, on se reposait, on causait, on fumait paisiblement sous la véranda de la maison. Tout à coup, un grand fracas se fit entendre dans la forêt. Les oiseaux s'envolèrent épouvantés; les cocotiers se tordaient comme affolés; de grosses branches se rompaient; les arbrisseaux étaient arrachés du sol et emportés au loin de l'autre côté du lac. C'était un subit

1. *Westermanns Monatshefte*, n° 16.

tourbillon qui traversait l'espace dans la direction du sud au nord. Tout cela dura peu de temps. Aussitôt après, le calme fut complet dans la nature; et l'on se mit à deviser gaiement sur la cause probable de l'étrange phénomène. Les indigènes soutinrent que des troubles atmosphériques de ce genre sont des présages de grands tremblements de terre ou de violentes éruptions volcaniques; quelques-uns émirent l'opinion qu'une catastrophe de ce genre venait d'avoir lieu dans le lointain. L'hôte de M. Heine, vieillard estimé dans le pays pour son savoir, se mit à raconter bon nombre de terribles événements auxquels il avait assisté. Il parla notamment de l'éruption du volcan de Coséguina dans le Nicaragua, qui aurait été précédée d'un pareil tourbillon; le vieillard ajouta que le volcan, dans sa fureur, avait lancé des roches et des cendres sur un pourtour de 1,500 mètres de diamètre; un capitaine au long cours, l'ami du vieillard, avait même assuré à celui-ci que le surlendemain de l'éruption, à 50 lieues de la côte, il avait trouvé la mer couverte de pierre ponce, et qu'il avait dû, pendant vingt-quatre heures, se frayer péniblement une route au milieu de ces blocs de pierres volcaniques, lesquels flottaient à la surface des eaux à la façon des banquises de glace. Tout le monde, du reste, le voyageur européen aussi bien que les indigènes qui l'entouraient, avait quelque fait à relater; car on avait vu du pays et assisté à des tremblements de terre dans le Vénézuéla, en Californie, au Mexique. On s'entretenait encore de ces événements, lorsque, tout à coup, retentit un bruit effrayant, semblable au fracas du tonnerre, bruit qu'on ne pouvait cependant pas confondre avec celui de la foudre. Presque aussitôt, la terre se mit à trembler. Les secousses se firent sentir d'abord de bas en haut, et, après quelques secondes, elles se transformèrent en ondulations qui se dirigeaient du sud au nord, comme avait fait le rapide et subit tourbillon atmosphérique.

Le sol ondulait comme la surface d'une mer agitée. Les arbres se balançaient avec une telle violence, que les hautes branches des cocotiers frappaient la terre et se brisaient.

Néanmoins, cédant à une impulsion instinctive, tout le monde tâcha de se cramponner à des arbres, afin de ne pas être renversé et roulé sur le sol.

Les grands arbres étaient à quelques mètres seulement; et cependant, malgré de pénibles efforts, on n'y arrivait pas; c'était comme si l'on marchait dans le vide ; à chaque pas le sol se dérobant sous les pieds, on tombait violemment de tout son long et l'on ne se relevait que pour retomber ; en même temps, on éprouvait un grand malaise accompagné de nausées et d'étourdissements. Les secousses se suivaient de près ; toutefois, entre deux secousses, M. Heine parvint enfin à saisir le tronc d'un grand arbre auquel il se cramponna nerveusement. Au même instant, une nouvelle et plus forte secousse se fit sentir, et sur l'autre bord de la lagune, toute la forêt s'ébranla ; ses grands arbres craquèrent bruyamment ; ils s'agitèrent pendant quelques secondes ; ensuite, ils s'inclinèrent et restèrent couchés sur le sol.

Le voyageur et ses amis, se croyant en sûreté, suivaient sans trouble et avec un intérêt croissant les phases rapides de la commotion, lorsqu'un phénomène étrange et terrifiant s'offrit à leur regard. « Un vacarme épouvantable, dit M. Heine, appela notre attention du côté de la lagune ; mais ce que je vis à ce moment, je ne saurais l'exprimer. Je ne savais pas si j'étais éveillé ou en proie à un cauchemar; si j'étais encore dans le domaine des choses réelles ou dans le monde des esprits. En effet, je me trouvais pour ainsi dire transporté subitement dans un milieu tellement extraordinaire, que même le sentiment de crainte m'abandonna, et que je pus jouir entièrement de la grandeur du spectacle qui se déroulait devant moi. »

L'eau de la lagune disparut comme si elle s'était engouffrée dans une caverne souterraine, ou plutôt elle se renversa sur elle-même, de sorte que, du bord jusqu'au centre, le fond du lac était à découvert. Mais aussitôt, l'eau apparut de nouveau; elle s'amoncela vers le centre de l'énorme bassin, et forma une immense colonne : elle mugissait, elle se couvrait d'écume et interceptait la lumière du soleil; puis tout à coup, la colonne s'affaissa avec un bruit épouvantable, et les vagues écumantes se ruèrent sur le rivage. M. Heine et ceux qui l'entouraient eussent infailliblement péri s'ils ne s'étaient trouvés sur un terrain élevé. Ils jetèrent des cris d'épouvante à la vue de ces vagues qui arrivaient furieuses et semblaient devoir engloutir la contrée; tout cédait à leur impétueuse puissance; des arbres, des pans de terrain, des blocs de rochers étaient entraînés pêle-mêle dans ce terrible cataclysme. Cette masse d'eau avait l'aspect d'un rocher solide roulant sur la plaine.

« Je vis tout cela, raconte M. Heine, avant de songer à notre propre sort; je crois que la grandeur même du péril qui menaçait toute la contrée me rendait indifférent envers moi-même et envers mes compagnons. Quoi qu'il en soit, il est certain qu'en voyant Carib, compagnon de voyage que j'affectionnais beaucoup, sur le point d'être englouti, je restai indifférent; Michel, un de mes aides, s'était pour ainsi dire enlacé comme un serpent autour d'un arbre ; et Manuel, le brave garçon, je le vis lutter un instant contre les flots, qui finirent par l'entraîner. Mais il tenta un effort suprême, et parvint à s'accrocher à un arbre, pendant quelques secondes ; il résista une fois encore ; puis il disparut dans un tourbillon. A cette vue, je sortis de l'inconcevable apathie dans laquelle j'étais plongé, et au risque de partager son sort, j'allais me porter à son secours, lorsque, à ma grande surprise, je l'aperçus, à quelques pas de moi, sur un cocotier qu'il avait pu saisir au moment même où il allait sombrer. » En voyant son compagnon de voyage en sûreté, M. Heine poussa un grand cri de joie. Mais au même moment, ses forces l'abandonnèrent, et, glissant le long de l'arbre auquel il s'était suspendu, il tomba sans connaissance sur le sol. Lorsqu'il rouvrit les yeux, il aperçut autour de lui ses amis occupés à le soigner ; dans la nature, tout était tranquille ; la lagune avait son aspect ordinaire ; et n'étaient la scène de désolation qui l'entourait et l'épouvante de ses compagnons de voyage, il aurait pu se croire en proie aux hallucinations d'une fièvre subite.

II

Lorsque les voyageurs, dont l'embarcation avait disparu, se remirent en route pour la ville de San José (Saint-Joseph), d'où ils étaient partis le matin, ils purent se rendre compte de l'étendue du désastre. Tout le pays qu'ils traversèrent était ravagé. Les secousses souterraines avaient fait tomber les plus grands arbres, et avaient brisé comme de légères baguettes les troncs les plus gros; de grands blocs de rochers s'étaient écroulés et obstruaient les ruisseaux qui avaient débordé, ou changé de direction ; les villages étaient détruits, et de tous les côtés retentissaient les lamentations des populations éprouvées; la région sur laquelle les flots de la lagune avaient passé n'était plus reconnaissable ; les cultures y avaient disparu, et le sol, profondément raviné, était recouvert de débris de toute sorte et d'une épaisse couche de sable et de roches. En partant, le matin, les voyageurs avaient laissé la ville de San José toute florissante et toute pleine de gaieté; lorsqu'ils y rentrèrent le soir, ils la retrouvèrent en ruine et presque dépeuplée. Le tremblement de terre avait renversé toutes les maisons, à l'exception d'une vingtaine peut-être, bien que celles-ci fussent fortement endommagées ; toutes les constructions en maçonnerie, sans en excepter la massive église, n'étaient plus que des monceaux de décombres ; la plupart des habitants avaient péri ; et les survivants, agenouillés sur les ruines de la ville, étaient groupés autour des ecclésiastiques, qui proclamaient le fléau un châtiment venant de Dieu et exhortaient à la pénitence.

Hommes, femmes, enfants, se lamentaient et priaient, sans songer à porter secours à ceux qui gisaient mourants sous les décombres, et dont on entendait encore les sourds gémissements. Les Indiens qui rôdaient dans le voisinage mirent à profit la ferveur des fidèles, et pendant que tout le monde implorait la clémence divine, ils pénétraient dans la ville et enlevaient, des décombres et des maisons restées debout, tout ce qui pouvait être emporté. En pareille circonstance, ces hommes montrent une

audace et une intrépidité à toute épreuve. Ils évitent avec une
merveilleuse adresse les pans de murs qui tombent autour
d'eux, et ils n'hésitent jamais à risquer leur vie pour le moindre
butin.

Dans l'Amérique centrale, après de tels désastres, les populations frappées émigrent presque toujours. Hommes, femmes et
enfants, réunis en groupes nombreux, s'en vont et parcourent
tout le pays. Ils mettent en vers et en musique le drame auquel
ils ont assisté; et dans chaque ville, dans chaque hameau qu'ils
traversent, ils racontent leur malheur en strophes qui alternent
avec des prières et des cantiques. A la suite des chants lugubres
vient la quête; et comme elle est souvent fructueuse au delà de
toute attente, ces bandes ambulantes vont toujours de l'avant,
sans trêve ni répit. Lorsque la recette devient moins abondante
dans leur pays, ils franchissent la frontière et pénètrent dans l'État

voisin, où les attendent de nouvelles ressources. C'est ainsi que pendant plus d'une année, des groupes semblables parcoururent le Honduras et le Nicaragua, chantant partout l'épouvantable éruption du grand lac de Criba et la terrible catastrophe de San José.

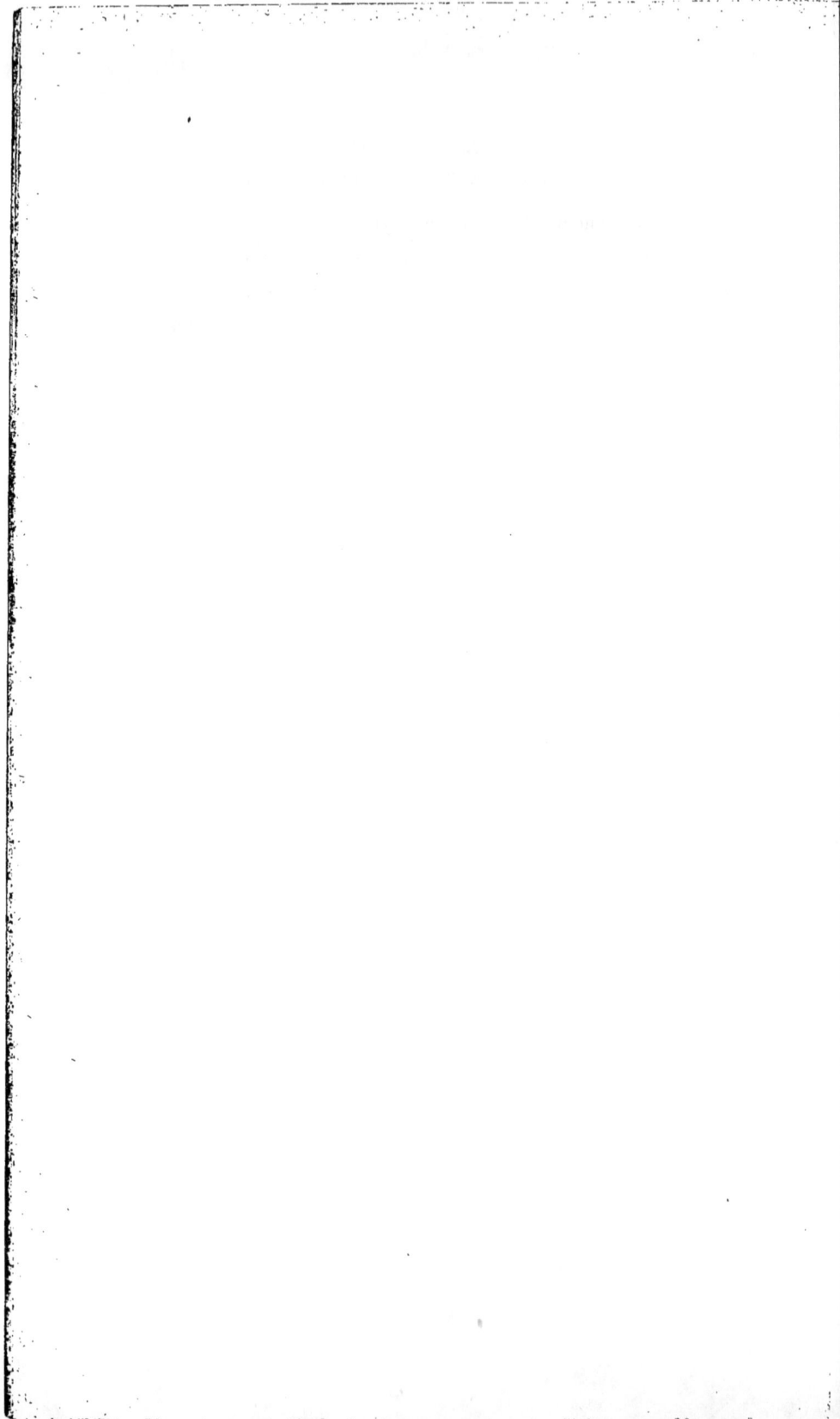

CATASTROPHE DE SAN SALVADOR

CATASTROPHE DE SAN SALVADOR

Comme toutes les villes espagnóles de l'Amérique, San Salvador, capitale de la république de même nom, s'étend sur une
superficie considérable, eu égard à sa population. Les maisons
sont basses ; aucune d'elles n'a plus d'un étage ; les murailles sont
très épaisses, afin de pouvoir résister aux tremblements de terre.
A l'intérieur de chacune des habitations se trouve une cour plantée
d'arbres et souvent une fontaine. C'est à l'existence de ces cours
spacieuses, qu'en 1854 les habitants de San Salvador durent de
ne pas périr sous les décombres ; ils y trouvèrent un refuge contre

10

la chute de leurs demeures. A cette époque, on évaluait à 25,000 âmes la population de cette capitale.

San Salvador avait déjà plusieurs fois souffert des oscillations du sol. On cite les tremblements de terre de 1575, 1593, 1625, 1656 et 1798. Un choc, survenu en 1839, ayant presque complètement détruit la ville, les habitants voulaient émigrer en masse. Plusieurs fois aussi, le volcan au pied duquel la ville est située a vomi du sable et menacé la cité d'une dévastation complète. Mais en 1854, les habitants, accoutumés aux légères secousses du sol, étaient plongés dans une sécurité complète, et ils raillaient les « vieilles taupes » qui avaient établi leur demeure sous la ville. Toujours agitée, toujours secouée par les forces souterraines, la ville de San Salvador est surnommée « le Hamac ».

Ces mêmes habitants furent cruellement détrompés lorsque, variant brusquement de caractère, les secousses, si bénignes d'ordinaire, firent place au paroxysme le plus furieux, et que les oscillations légères du « hamac » se transformèrent en une scène de dévastation que la plume est impuissante à décrire.

Une circonstance remarquable caractérise particulièrement les grands tremblements de terre de l'Amérique centrale, sur lesquels il existe des données historiques : nous voulons parler de la répétition périodique des secousses. La bibliothèque de Guatemala renferme des documents imprimés relatifs aux catastrophes qui ont bouleversé le pays depuis environ trois siècles, et il en résulte la preuve que, lors de ces grandes commotions, la première et décisive secousse a toujours été suivie, durant une période de plusieurs semaines, de chocs plus ou moins violents.

Mais aucune de ces catastrophes n'avait eu des effets plus désastreux que le tremblement de terre dont nous parlons en ce moment. L'épouvante qu'il jeta dans les âmes fut si grande, qu'après
la catastrophe, la population, craignant de s'établir au même
endroit, proposait de choisir un autre emplacement pour y construire la capitale, comme on avait fait pour la ville de Guatemala
qui, bâtie d'abord à l'endroit que l'on nomme maintenant Anti-
gua, la Vieille cité, avait été presque complètement détruite en
1773 par un tremblement de terre. Il est peu probable que cette
secousse, bien que terrible, ait été plus forte que celle qui détruisit San Salvador. Lors du tremblement de terre de Caracas
en 1812, il y eut, on s'en souvient, trois secousses qui durèrent
chacune quelques secondes : une seule secousse détruisit San
Salvador ; et cette secousse ne se prolongea pas au delà de dix
secondes [1].

La nuit du 16 avril 1854 restera comme un triste souvenir dans
la mémoire des citoyens de Salvador. En cette nuit funeste, l'heureuse et belle capitale fut réduite en un monceau de ruines. Dès
la matinée du jeudi saint, on sentit des mouvements du sol précédés d'un bruit semblable au roulement de l'artillerie sur le
pavé, ou aux grondements lointains du tonnerre. Ce phénomène
jeta l'alarme parmi les habitants, mais ne les empêcha pas de
s'assembler dans les églises pour assister aux solennités du saint
jour. Le samedi, tout était tranquille ; la confiance était revenue ;
le peuple se réunissait selon l'usage pour célébrer la fête de
Pâques. Le calme continua pendant la nuit et la journée du

---

1. Squier, *Notes on Central America.* — *Nicaragua, its People*, etc.

dimanche. La chaleur était très forte, il est vrai, mais l'atmosphère était pure et limpide. Rien d'extraordinaire ne se produisit pendant les trois premières heures de la soirée ; mais à neuf heures et demie, une forte secousse, que n'avait précédée aucun des bruits qui se font habituellement entendre à l'avance, vint jeter l'effroi parmi la population. Un grand nombre de familles sortirent de leurs demeures et vinrent camper sur les places publiques ; d'autres se préparèrent à passer la nuit dans les cours de leurs maisons.

Enfin, à onze heures moins dix minutes, sans aucun phénomène précurseur, la terre se mit à trembler avec une telle violence, que dès le premier choc la ville était renversée ; les maisons et les églises s'écroulaient avec un fracas épouvantable ; un nuage de poussière s'élevait des décombres et enveloppait dans ses ténèbres les habitants frappés de terreur. Les puits et les fontaines furent comblés ou desséchés ; pas une goutte d'eau pour soulager les malheureux à demi suffoqués. La tour de la cathédrale entraîna dans sa chute une grande partie de l'édifice. Celle de l'église de San Francisco écrasa, en tombant, l'Oratoire et le palais épiscopal. L'église de Santo Domingo fut ensevelie sous les débris de ses tours, et le collège de l'Assomption fut complètement détruit ; le nouvel et bel édifice de l'Université fut démoli ; l'église de la Merced se fendit par le milieu, et les murailles tombèrent de chaque côté. Un petit nombre de maisons restèrent debout ; mais toutes devinrent inhabitables. Il est à remarquer que les vieux murs résistèrent seuls à ce furieux ébranlement ; toutes les constructions modernes s'écroulèrent. Les édifices publics furent détruits aussi bien que les maisons particulières.

Dix secondes, on vient de le dire, avaient suffi pour produire un si grand désastre. Les secousses qui suivirent furent terribles aussi, et furent accompagnées d'effroyables grondements souterrains; mais elles ne produisirent, en comparaison de la première, que des désastres peu considérables : le premier ébranlement n'avait presque rien laissé debout.

C'était, à ce moment, un tableau terrible et solennel : la foule, entassée sur les places publiques, implorait à genoux la miséricorde céleste ; chacun appelait, d'une voix déchirante, ses enfants ou ses amis, que l'on croyait ensevelis sous les ruines ; un ciel opaque, d'une teinte sinistre ; un mouvement du sol, rapide et irrégulier, causant une terreur indescriptible ; une forte odeur sulfureuse emplissant l'atmosphère et faisant prévoir une prochaine éruption du volcan ; les rues encombrées de ruines ; les murailles penchées menaçant de tomber ; un nuage de poussière suffocant, — tel était le spectacle que présentait la malheureuse cité en cette nuit funèbre.

Une centaine d'enfants étaient enfermés dans le collège ; les hôpitaux étaient remplis de malades, les casernes pleines de soldats. L'idée de la mort terrible à laquelle tous ces malheureux n'avaient pu échapper se présenta bientôt à l'esprit. On croyait que le quart, au moins, des habitants était englouti. Les membres du gouvernement se hâtèrent de s'assurer de l'étendue du mal et de rassurer la population. On reconnut bientôt qu'il y avait beaucoup moins de morts et de blessés que l'on ne pensait. Parmi ces derniers se trouvèrent l'évêque, qui avait reçu à la tête un coup terrible, et le président Dueñas, qui était grièvement blessé.

Heureusement, le tremblement de terre ne fut pas suivi de

pluie; ce qui permit de retirer des décombres les archives publiques, ainsi que beaucoup d'objets précieux[1].

Les mouvements du sol durèrent longtemps; la population, craignant que tout le sol sur lequel était bâtie la ville ne fût englouti ou couvert par une éruption soudaine du volcan, se hâta de s'éloigner, emportant ses dieux lares, ses doux souvenirs de l'enfance, ses animaux domestiques, les seuls biens qui restassent aux familles. Chacun pouvait s'écrier avec Virgile : *Nos patriæ fines et dulcia linquimus arva.*

Maurice Wagner se trouvait à San Salvador au moment de cette épouvantable catastrophe. Il dit que la lune brillait d'une lumière éclatante, lorsque tout à coup une lueur lugubre se répandit sur l'emplacement qu'occupait la capitale. C'était la ville entière qui s'écroulait.

« En arrivant sur la place, qu'éclairaient encore les pâles rayons de la lune, dit le voyageur allemand, je fus témoin d'un spectacle étrange. La foule agenouillée, qui gémissait ou priait, appartenait à toutes les classes de la société. De vieux patriciens, descendants d'illustres familles créoles, se trouvaient mêlés aux gens de la condition la plus infime. Les femmes, surprises pendant le sommeil, faisaient peine à voir, et maintes señoras ou señoritas, des plus élégantes du pays, gisaient çà et là à peine vêtues ; heureuse encore celle qui avait pu, en fuyant, arracher de sa couche le drap qui l'enveloppait. »

Au milieu de cette scène de terreur, on apercevait de temps en temps un Indien se glissant parmi les ruines et cherchant à enlever ce qui s'y trouvait de plus précieux.

1. *Boletin extraordinario del Gobierno del Salvador.*

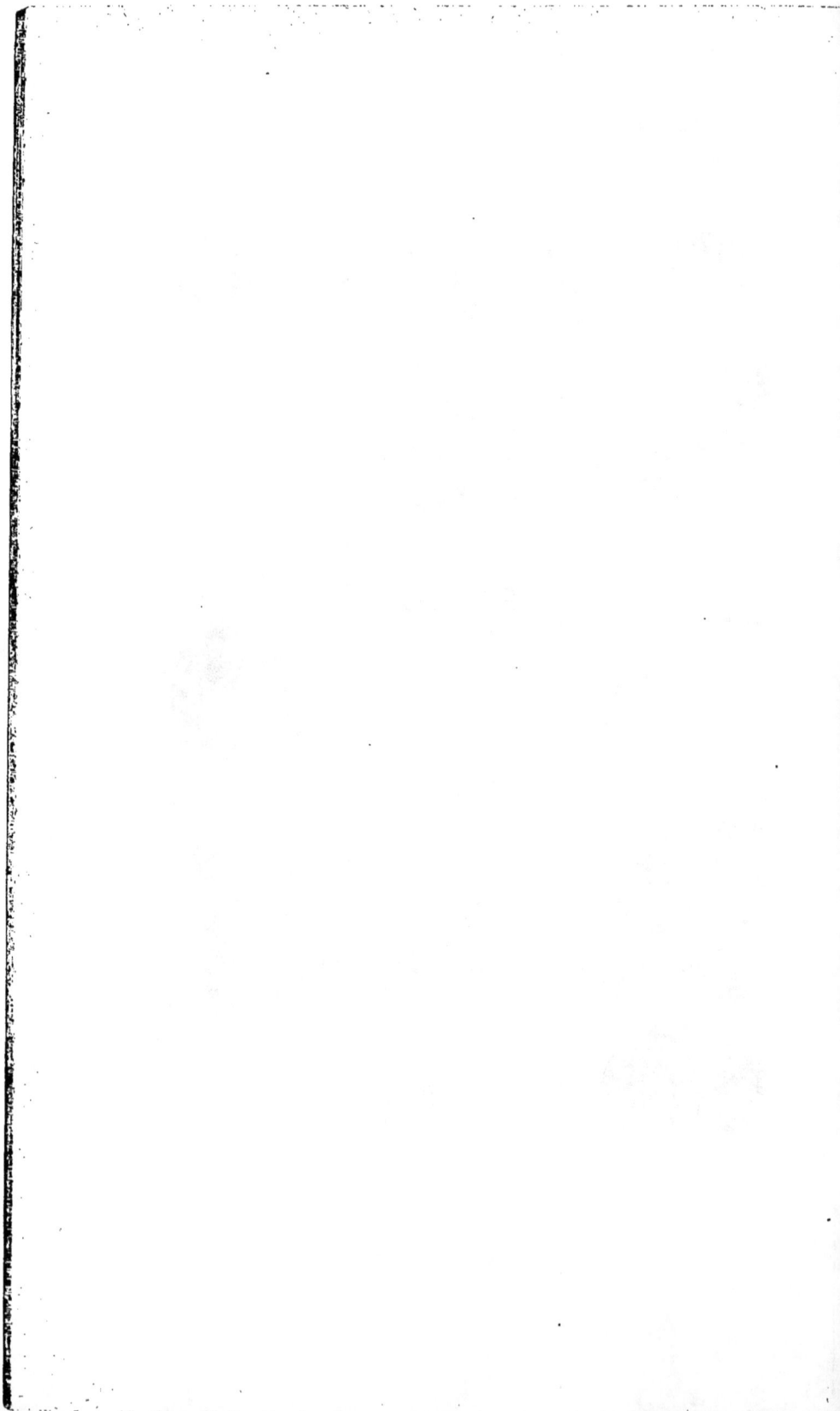

Effrayés par un nouveau choc ondulatoire qui ébranla les murs
restés encore debout, les maraudeurs indiens, semblables à des
démons, s'élancèrent de leurs cachettes, et unirent leurs prières
à celles de la foule assemblée. Ce sont en effet des chrétiens
fervents que ces bandits lorsqu'ils pensent être au pouvoir de la
mort; mais lorsque le danger est passé, leurs instincts de rapine
reprennent bien vite le dessus. Quelques instants après la secousse,
ils retournaient à leur criminelle besogne, sans être inquiétés,
car, dans le premier moment, les habitants étaient trop frappés
de stupeur pour songer sérieusement à sauvegarder leur propriété. La vie leur paraissait le plus précieux de tous les biens,
et, courbés sous un sombre désespoir, ils n'opposaient aucun
obstacle au brigandage des Indiens.

La malheureuse cité était non seulement détruite, mais encore
le char de l'État menaçait de dévoyer complètement. Il n'existait
plus ni gouvernement, ni justice, ni police, ni même de clergé.
La foule criait et priait près des ruines, mais aucun prêtre n'ap-
portait aux fidèles des paroles de consolation ou d'encouragement.
L'évêque, don Thomas Saldanna, vénéré par le peuple entier
comme un saint, n'avait pu, à cause de son grand âge, quitter à
temps son palais, et gisait sur le sol, la tête grièvement atteinte.
« Lorsque l'évêque se releva, dit Wagner, son sang-froid l'abandonna complètement, et il donna le premier le signal de la fuite.
« Dieu, disait-il, a abandonné la ville au pouvoir du démon, à
« cause de ses péchés et malgré le nom qu'elle porte; la cité
« entière et ses environs seront précipités au fond des enfers. »
La déroute devint alors générale, et avant l'aube, l'évêque était
parti avec tout son clergé dans la direction de Cajutepeque.

Dans cette situation critique, on pouvait craindre que l'hydre
de l'anarchie politique ne relevât sa tête multiple. La guerre
civile avait ravagé la malheureuse république pendant de longues
années, et l'on redoutait de nouvelles calamités. D'épouvantables
désordres étaient à redouter; mais au sein du péril, un homme,
d'une présence d'esprit merveilleuse et d'une énergie peu commune, apparut et fut le véritable sauveur du pays.

Un ancien moine, don José Francisco Dueñas, ex-avocat et
député, ancien président de la République, retiré depuis dans la
vie privée et propriétaire d'une hacienda, réunit sur la place du
Marché quelques-uns de ses amis les plus fidèles. Ils recueilli-
rent sous les débris des casernes toutes les armes qu'ils purent
trouver. Dès ce moment, et quoique blessé à la tête, Dueñas se
multiplia. Il sut communiquer quelque chose de son énergie au
président nouvellement élu, don José Maria San Martin. Une
troupe d'une cinquantaine d'hommes de cœur se réunirent, et
des patrouilles circulèrent dans les rues, malgré les secousses
continuelles qui se succédaient à chaque instant.

Tout pillard convaincu de vol fut immédiatement jugé et fusillé.
Lorsque les maraudeurs entendirent le bruit de la fusillade, ils
se dispersèrent dans la campagne, ou du moins volèrent avec
plus de précaution; le désir du gain fit place à la crainte de
la mort, et des milliers d'Indiens vinrent prudemment s'offrir
comme portefaix pour retirer les objets précieux des ruines qui
les recouvraient.

« Quant à moi, dit Maurice Wagner, abandonné de ceux que
je connaissais, étranger au pays, et en proie à des accès de fièvre
intermittente, je retournai le lundi de Pâques, la catastrophe ayant

eu lieu le dimanche, à la chacara du vice-consul de Prusse : on
nomme ainsi de petites maisons de campagne, par opposition aux
grandes haciendas. Cette villa était située dans une délicieuse
vallée arrosée par le Rio Asselhuate, près d'une source thermale
ombragée d'une ceinture de palmiers.

« J'avais quitté cette habitation la veille de la catastrophe.
Quel triste changement s'était opéré dans l'espace d'un jour ! Le
maître de la maison s'était réfugié à Apopa avec sa famille et ses
domestiques ; les murs seuls de sa demeure étaient restés debout,
mais ils présentaient de nombreuses crevasses, et une partie de la
toiture s'était effondrée. Les palmiers eux-mêmes avaient beaucoup souffert, et les secousses avaient détaché des montagnes en-
vironnantes d'énormes blocs qui, roulant dans la vallée, avaient
comblé le lit du ruisseau. Tout enfin portait la trace d'une dévastation complète. »

La scène d'horreur se prolongea non seulement plusieurs jours
après la catastrophe, mais elle s'accrut encore par suite de la
panique qui s'empara de la population, quoique les secousses
diminuassent sensiblement. Lorsque la nouvelle se répandit
qu'Apopa, grand village indien situé à quatre lieues à l'est de la
ville détruite avait été respecté par le fléau, on vit des milliers
de personnes se précipiter dans cette direction. D'autres s'enfoncèrent dans la campagne. Un grand nombre suivirent l'évêque
et son clergé, espérant être plus en sûreté auprès du saint
pasteur.

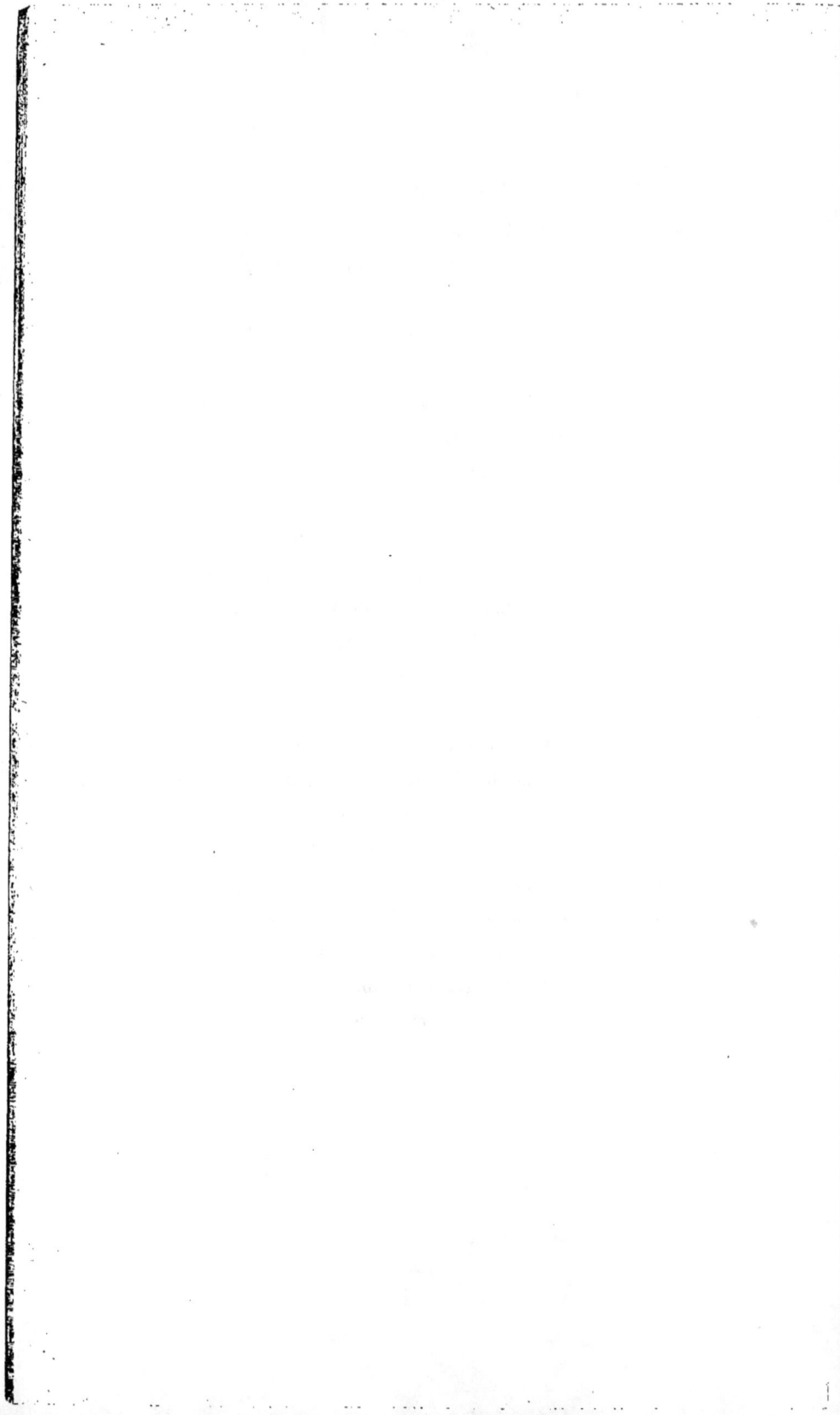

COMMENT

LE TREMBLEMENT DE TERRE

SE PROPAGE

COMMENT LE TREMBLEMENT DE TERRE
SE PROPAGE

I

Il convient de distinguer, d'une part, la force initiale qui détermine les vibrations du sol, et d'autre part, la nature et la propagation des ondes d'ébranlement. Il est beaucoup plus aisé de ramener à des théories mécaniques simples et claires le mouvement des ondes terrestres, produites par la première impulsion, que d'expliquer l'origine et la nature de cette impulsion. Presque toujours, la secousse de tremblement de terre est verticale à l'endroit où le choc a lieu dans toute sa violence : le sol s'y meut alternativement de bas en haut et de haut en bas. Autour de ce point central, ainsi qu'on l'a déjà dit, les mouvements deviennent de plus en plus inclinés, et en se propageant à travers les couches souterraines, ils prennent une direction presque horizontale, en même temps qu'ils deviennent moins violents. Lors des fortes commotions, on sent les ondes terrestres passer rapidement sous les pieds, de façon qu'on peut aisément reconnaître de quel côté elles viennent et vers quel point de l'horizon elles se dirigent.

Le mouvement d'ondulation ne se continue pas toujours dans la direction normale. Des obstacles dans l'intérieur de la terre, des circonstances locales que l'on ne peut reconnaître facilement, contrarient parfois la propagation régulière des vagues terrestres, et produisent des ruptures de mouvement qui font dévier de sa direction initiale l'ensemble du phénomène souterrain. Ainsi, l'on a observé que les ondes d'ébranlement, en venant frapper contre une rive élevée ou contre les assises d'une chaîne montagneuse, changent ordinairement de direction et se propagent au pied de la côte ou de la montagne, dans le sens des vallées, comme les vagues d'une rivière suivent la pente du terrain contre lequel elles viennent se heurter.

Mais si les roches des grands massifs contrarient l'ondulation souterraine, elles ne lui opposent pas une infranchissable barrière, comme on croit communément ; au contraire, les vagues d'ébranlement, tout en ruisselant, pour ainsi dire, le long du massif, finissent par le traverser de part en part pour aller au loin agiter les régions du versant opposé. Ce n'est pas seulement la forme ou le relief du sol ; ce ne sont pas seulement les couches plus ou moins redressées des massifs qui modifient, activent, ou contrarient le mouvement des vagues terrestres; c'est aussi la nature même des roches qu'elles traversent. Il en est des ondes de l'ébranlement souterrain comme de celles du son. On n'ignore pas que certaines substances font obstacle à la transmission des ondes sonores; tandis que d'autres, au contraire, la facilitent. Les roches, le bois, les métaux et l'eau propagent les ondulations sonores beaucoup plus vite que l'air et les gaz; la vitesse moyenne de l'onde sonore est, par exemple, de 1,430 mètres à la seconde, dans l'eau; de 3,538 mètres dans une barre de fer et de 337 mètres dans l'air. De même, la vitesse de propagation des ondes souterraines varie suivant la composition géologique, la dureté et l'élasticité des assises rocheuses que ces ondes rencontrent et traversent. Elles se propagent plus facilement et à une distance beaucoup plus grande à travers les roches dures et compactes qu'à travers les roches poreuses, les couches sablonneuses et surtout les terrains meubles, interrompus par des crevasses, des failles ou des cavernes. Robert Mallet, à la suite d'expériences fort ingénieuses, a trouvé que les vagues d'ébranlement, suscitées par l'explosion des mines de poudre, se sont propagées de 290 mètres à la seconde dans le sable mouillé, et de 500 mètres dans le roc de granit.

On a remarqué que les failles, les grottes, et même les puits modéraient la violence du fléau souterrain. Ce fait n'avait pas échappé à la sagacité des anciens qui habitaient des régions de la Grèce, de l'Italie et de l'Asie remplies de cavernes, de crevasses et de rivières souterraines. La nature, dans sa marche uniforme, ainsi que le remarque Humboldt, fait naître partout les mêmes

idées sur les causes des tremblements de terre et sur les moyens
par lesquels l'homme, oubliant la mesure de ses forces, prétend
diminuer l'effet des commotions souterraines. Pline, le naturaliste, conseillait déjà de creuser des cavernes et des puits pour
briser l'impétuosité des secousses. On prétend que les Romains
en bâtissant le Capitole avaient eu soin de creuser de nombreux
puits, afin de préserver le monument des effets du tremblement
de terre ; et ce serait à cette mesure de précaution que Rome
devrait la conservation de son temple durant tant de siècles. En
Italie, on croit que si la ville de Naples, située au pied du Vésuve,
n'éprouve pas de grands désastres lors des secousses que lui
imprime ce volcan, c'est uniquement parce que les maisons sont
bâties sur des caves profondes et spacieuses.

A Santo Domingo aussi bien que dans l'Amérique centrale et
au Mexique, personne ne doute que les grottes et les mines affaiblissent la secousse ; et en Équateur, on est persuadé que si Quito,
la belle capitale, a été préservée jusqu'ici, c'est que le terrain sur
lequel elle est bâtie est coupé par une multitude de cavernes
et de carrières. Ce que Pline a dit de l'utilité des puits et des
cavernes comme moyens de protection contre les secousses souterraines[1] est répété, dans le nouveau monde, par les Indiens les
plus ignorants, lorsqu'ils montrent aux voyageurs les *guaicos* ou
crevasses du volcan de Pichincha, au pied duquel est bâtie la
ville de Quito, à 2,910 mètres au-dessus du niveau de la mer. Cette
grande cité possède de belles coupoles, des églises élevées, des

---

1. *In puteis est remedium, quale et crebri specus præbent : conceptum enim spiritum*
exhalant : quod in certis notatur oppidis, crebris ad eluviem cuniculis caviata (Plin.,
lib. II, ch. LXXXII).

maisons massives à plusieurs étages, et les tremblements de terre y sont fréquents; mais on y voit rarement ces secousses lézarder les murailles, tandis que dans les plaines d'Équateur, des oscil-

lations beaucoup moins fortes endommagent même des chaumières de bambou fort peu élevées.

II

Si l'on trace sur une carte géographique des lignes qui relient entre elles les différentes régions sur lesquelles un tremblement de terre s'est étendu successivement, en partant du foyer de la secousse, on obtient une figure, une zone indiquant le mouvement de translation, c'est-à-dire le mode de propagation du phénomène souterrain.

De pareils tracés ont été faits avec un soin extrême par
d'illustres savants, à peu près partout ; et de l'ensemble de
leurs patientes recherches, il résulte que les tremblements de
terre se propagent sous le sol de deux manières.

Tantôt, de l'endroit où il prend naissance, l'ébranlement
rayonne sur un espace qui se recourbe en ellipse ou se referme
en cercle ; on a alors un tremblement de terre central. Tel fut,
par exemple, le tremblement de terre de Lisbonne, dont les
ondes d'ébranlement se propagèrent sur un espace égal à la
onzième partie de la surface terrestre. Le tremblement de terre
central est, du reste, le plus fréquent, celui dont les ondes, dans
leur propagation, offrent le plus d'analogie avec les vagues
suscitées à la surface de l'eau par la chute d'une pierre.

Tantôt aussi, l'ébranlement se propage du foyer initial sur une
zone étroite ; il s'étend pour ainsi dire en longueur, comme un
ruban. Alors, on a le tremblement de terre linéaire, dont les vagues
d'ébranlement suivent d'ordinaire la pente des vallées, le long
des montagnes. Tels sont, pour ne citer qu'un seul exemple, les
tremblements de terre de l'Amérique du Sud, lesquels, dans
la Nouvelle-Grenade, en Équateur, au Pérou et au Chili, se
propagent, le plus souvent, sur le versant occidental des Andes, et,
au Vénézuéla, le long du versant qui regarde la mer des Antilles.

Parfois le tremblement de terre linéaire, après s'être propagé sur
une zone unique, se divise en plusieurs tronçons, comme brisé par
un obstacle souterrain ; il continue alors son mouvement de propagation en plusieurs lignes ou bandes parallèles, à peu près comme
fait un fleuve, lorsqu'il se divise en plusieurs bras, pour contourner
ou traverser l'obstacle auquel ses ondes viennent se heurter.

III

La diversité des rochers, le relief du sol, et bien d'autres causes inconnues pouvant retarder ou faciliter la propagation des vagues d'ébranlement, il est impossible de dire quelle en est la vitesse moyenne. A chaque tremblement de terre, on a trouvé une vitesse différente. D'après Mitchel, un physicien anglais qui a porté à l'étude de ces phénomènes beaucoup de soin, les vagues d'ébranlement, lors du tremblement de terre de Lisbonne, ont été de dix-huit milles anglais à la minute, ou 500 mètres à la seconde.

Pour ce même tremblement de terre de Lisbonne, Jules Schmidt, astronome à l'Observatoire de Bonn, a reconnu, en se guidant d'après le peu de renseignements exacts qu'il a pu recueillir, que la vitesse avait été cinq fois plus grande entre les côtes du Portugal et celles de l'Allemagne du Nord que le long du Rhin.

Cet éminent astronome a obtenu un résultat plus exact sur le tremblement de terre qui se fit sentir dans le bassin du Rhin en 1846. La vitesse de propagation a été reconnue être de 450 mètres par seconde, vitesse qui dépasse celles des ondes sonores dans l'atmosphère.

La secousse qui ébranla violemment l'île de la Guadeloupe et plusieurs autres îles des Antilles en 1843 se serait propagée au fond de la mer antillienne avec une vitesse de 660 mètres à la seconde.

Le télégraphe électrique offre un moyen à peu près sûr et toujours pratique pour déterminer la vitesse des ondes d'ébranlement. Ce fut, je crois, en 1853 qu'on l'appliqua pour la première fois d'une manière méthodique au signalement des secousses. Grâce à lui, on a pu reconnaître assez exactement la vitesse des ondes terrestres lors de la secousse de Viège en 1855. Elle a été, en moyenne, de 872 mètres à la seconde, de la vallée de Viège à Strasbourg ; et, dans la direction de Turin, de 426 mètres seulement, la nature des roches et le relief du sol ayant opposé, de ce côté, une résistance plus forte à la propagation des ondes souterraines.

IV

Les tremblements de terre, ainsi que le prouvent les faits nombreux que j'ai mentionnés, s'étendent parfois sur une grande surface de la terre. Du centre d'ébranlement, c'est-à-dire de l'endroit où se produit le premier choc, les vibrations se communiquent de proche en proche aux couches souterraines jusqu'à des distances énormes ; à peu près comme, à la surface de l'eau, les vagues, suscitées par le choc d'une pierre, partent du centre d'ébranlement et vont mourir à une grande distance. On voit que, dans ma pensée, les secousses qui ébranlent tant de contrées lointaines en même temps constituent un tremblement de terre unique, un seul grand phénomène souterrain. Mais cette manière de résoudre le problème est-elle conforme aux faits ? Quelques exemples feront bien saisir la portée de la question.

Voici le tremblement de terre de 1755 qui détruisit Lisbonne. On regarde les environs de cette ville, ou plus exactement, le littoral portugais, à l'embouchure du Tage, comme le centre de la commotion, parce que ce fut là qu'on ressentit tout d'abord les plus violentes secousses.

Au moment où Lisbonne s'écroulait, le sol trembla en Suède, et sur le littoral africain; et à l'ouest, il s'agita de l'autre côté de l'Océan Atlantique. Les secousses en Suède, en Afrique, en Amérique, furent-elles les retentissements de celles du Portugal? Plusieurs savants, et parmi eux se trouve Otto Volger, qui a si bien étudié les tremblements de terre de l'Europe centrale, le nient absolument; ils voient dans ces secousses lointaines autant de commotions isolées, sans rapport, sans lien entre elles. D'autres observateurs, au contraire, affirment que ces commotions se rattachent étroitement à celle de Lisbonne. Et pourquoi nous rangeons-nous volontiers du côté de ceux-ci? Parce que des localités, des districts, des régions entières, situés entre Lisbonne et ces points extrêmes, furent secoués en même temps. Entre la Suède et le Portugal, la terre trembla en France, en Suisse, en Allemagne; entre le Portugal et l'Amérique, l'océan se souleva en même temps que l'île de Madère était violemment secouée. Bien que de vastes régions restassent immobiles au milieu de la zone agitée, il n'est pas moins vrai que les secousses ressenties au nord, au sud, à l'ouest, furent autant de chaînons reliant ces points extrêmes au centre d'ébranlement. N'est-il pas dès lors raisonnable, et par cela même nécessaire, de reconnaître la liaison étroite de toutes ces commotions, et de considérer l'ensemble du phénomène comme un seul tremblement de

terre, s'étendant sur une grande partie de la surface terrestre?
Évidemment.

Mais souvent aussi, des commotions surviennent au même
moment sur deux points du globe fort éloignés l'un de l'autre,
sans qu'on puisse signaler, comme autant de jalons entre les
deux commotions, d'autres contrées simultanément agitées.

Le tremblement de terre qui ravagea la Nouvelle-Grenade
en 1827 offre un exemple merveilleux d'une pareille simultanéité : le 16 novembre, le terrible fléau ravageait tout le magnifique plateau de Santa Fé de Bogota ; et à la même heure, de
violentes secousses ébranlaient la ville d'Ochotok en Sibérie, à
une distance de 3,000 lieues environ. Voici encore un fait semblable : un tremblement de terre eut lieu, le 19 janvier 1850,
à Choutcha, ville située dans les montagnes du Caucase, et au
même instant, on ressentit de fortes secousses au Chili et en
Californie. Il serait facile de citer un grand nombre de faits
analogues ; mais ceux que l'on vient de rapporter auront suffi
pour établir que les commotions souterraines ébranlent parfois
simultanément et violemment des contrées distantes, sans qu'on
puisse établir, entre les deux endroits, des points de repère qui
les relient l'un à l'autre.

Dans ces cas, sont-ce deux secousses distinctes qui agissent
dans le même instant, aux deux extrémités, ou n'est-ce pas
plutôt une seule et même commotion qui s'étend, qui se propage
dans les insondables profondeurs, pour se manifester à la surface
aux deux points extrêmes ? Il serait impossible de résoudre le
problème d'une manière satisfaisante.

On a, du reste, observé parfois que lors des grands tremblements de terre, de vastes régions restaient immobiles, tandis que la terre tremblait violemment autour d'elles ; on eût dit des îles au milieu d'une mer agitée. Humboldt remarque à ce propos que les ondes souterraines, lorsqu'elles suivent une côte ou se meuvent à la base d'une chaîne de montagnes, paraissent s'éteindre en certains endroits, et cela depuis des siècles ; toutefois, l'ébranlement ne cesse pas, il se propage dans l'intérieur de la terre, sans jamais se faire sentir dans ces points de la surface. On observe fréquemment ce phénomène au Mexique et dans l'Amérique du Sud, lors des tremblements de terre qui suivent une direction déterminée. Les habitants des Andes disent naïvement de la région soustraite à la vibration de l'ensemble, qu'elle forme un pont (*hace puente*), comme s'ils voulaient indiquer par là que sous la surface immobile de ces territoires, dans les assises profondes, la commotion se propageait, et plus loin. remontait vers la surface.

V

Il est évident que le foyer où ces forces destructives naissent et se développent, est situé à une grande distance à l'intérieur de la terre ; mais quelle est cette profondeur ? On a essayé de la déterminer par un calcul basé sur l'intensité de l'ébranlement et les distances que les ondulations souterraines ont parcourues ; on a trouvé ainsi, pour les secousses de Viège, une profondeur de 5 kilomètres, et pour d'autres commotions, plus de 8 lieues. A vrai dire, on ne possède pas des éléments suffisants pour calculer exactement la distance souterraine du foyer d'ébranlement ; mais si l'on ne peut la déterminer d'une façon précise par le calcul, on peut du moins la sonder approximativement, au moyen de conjectures suggérées par un certain nombre de faits.

On comprend, par exemple, que les trépidations du sol qui ont lieu dans le voisinage immédiat d'un volcan doivent provenir de ce foyer de lave ; c'est par conséquent de là, des profondeurs du cratère embrasé que s'échappent les fluides élastiques qui font frémir le sol au pied et autour de la montagne. Quant aux tremblements de terre plutoniens qui se produisent loin des volcans, mais qui sont comme ceux-ci des effets du calorique ou du feu souterrain, ils doivent prendre naissance à une profondeur où la chaleur souterraine est assez intense pour liquéfier les masses rocheuses, et donner à la vapeur d'eau qui pénètre dans ces abîmes assez de tension pour qu'elle puisse soulever la matière fondue et la pousser vers la surface. Or, cette profondeur ne saurait être moindre de 15 kilomètres ; Sartorius de Walterhausen, qui a étudié longtemps et d'une façon fort distinguée les phénomènes volcaniques, l'évaluait à 125 kilomètres. Ce serait donc, tantôt à 4, tantôt à 30 lieues au-dessous de la surface qu'il faudrait s'imaginer le réservoir des matières fondues, dont les fluctuations font vibrer les roches supérieures ; c'est là qu'il faudrait placer le foyer où s'élaborent les gaz et les vapeurs surchauffées qui, en se répandant dans les masses rocheuses, les pressent, les poussent de bas en haut et produisent ces formidables tremblements de terre pendant lesquels, comme cela s'est vu en 1822 et en 1835 au Chili, tout un littoral se soulève brusquement, ou tout un pays change soudainement de forme, comme en 1839, à l'embouchure de l'Indus.

VI

On a observé que les constructions élevées sur un terrain sablonneux reposant lui-même sur une roche compacte sont plus facilement renversées que celles construites directement sur le roc vif, lequel pourtant, sous l'action des vagues terrestres, vibre plus facilement que la terre meuble ; c'est là un fait analogue à celui que présente une plaque de verre dont l'une des surfaces est recouverte d'une légère couche de sable : lorsqu'on fait vibrer la plaque, on voit le sable, qui manque de cohésion, s'agiter violemment.

Lors d'un tremblement de terre, tout point de la surface du sol commence, à chaque vibration, par se mouvoir de bas en haut, puis en avant, puis de haut en bas, puis en arrière. Cette série de mouvements forme une ellipse, laquelle est répétée chaque fois qu'une onde arrive, et aussi longtemps que dure la secousse. Lorsque l'ellipse a son axe le plus long dirigé vers le haut, en d'autres termes, lorsque le mouvement de bas en haut et de haut en bas est grand et accentué, on a la secousse verticale ; lorsque, au contraire, c'est le mouvement latéral, celui dirigé en avant et en arrière, qui est grand et qui domine, on a la secousse ondulatoire.

La destruction des édifices provient de leur incapacité à suivre ces mouvements. Leur grand poids leur donne une énorme inertie ; c'est-à-dire qu'il faut quelque temps avant que le mouvement de la terre puisse se communiquer à eux. Par conséquent, lorsque les fondations sont portées en avant par le mouvement ondulatoire du sol, la partie supérieure du bâtiment reste en arrière ; quand la terre revient en arrière, cette partie supérieure a commencé à se mouvoir en avant, mais les fondations retournent déjà à leur place normale, de façon que les murs sont fissurés, brisés par la tension qui se produit entre leurs parties constituantes. Ils tombent en pièces, parce que leur cohésion comme masse est presque nulle, comparée à leur poids.

Quand les secousses ont lieu principalement de bas en haut, ce sont surtout les toits qui souffrent ; pendant le mouvement ascensionnel, les murs sont poussés en haut, mais les toits et les planchers pesants restent en arrière et s'écroulent sur les habitants. Dans les pays visités par le fléau, il faut donc construire des maisons peu élevées, ayant des murs massifs, et des toits légers, comme on en construit à Santo-Domingo et dans toutes les contrées de l'Amérique du centre et du Sud exposées aux tremblements de terre. Mais les constructions en pierre et en maçonnerie restent, en dépit de toutes les précautions, à la merci du fléau souterrain ; tandis que celles en bois lui résistent presque toujours victorieusement, parce que le bois joint la force à la légèreté, la cohésion à l'élasticité.

Les édifices qui souffrent le plus sont ceux qui se terminent en dômes ou en coupoles. Dès les premières secousses verticales, ces voûtes si pesantes tombent en dedans de l'édifice qu'elles couronnent, s'écroulent entre les murs chancelants qu'elles écartent, qu'elles chassent violemment au dehors. Ce sont toujours les

voûtes, les dômes, les clochers des églises qui, dans les tremblements de terre, occasionnent les premiers et plus grands malheurs en s'écroulant sur la foule des fidèles, accourus pour
implorer la clémence divine au moment fatal ; ceux-ci trouvent
la mort dans l'endroit même que tous regardaient comme leur
refuge assuré et suprême.

Ainsi que fait observer Robert Mallet, ce ne sont pas les
barbares, mais les tremblements de terre qui, du cinquième
au neuvième siècle, ont ruiné dans Rome tant de palais et de
temples aux superbes coupoles. On dirait volontiers que, dans ces
grands désastres, l'architecte devient le complice du fléau souterrain. La cabane de l'Indien ou la tente de l'Arabe peuvent
être renversées par le fléau sans grand dommage pour ceux
qu'elles abritent ; mais les beaux marbres du patricien l'écrasent
dans leur chute soudaine ; et les habitants de la grande cité sont
écrasés sous les décombres de leurs somptueux édifices. Les
anciens Péruviens avaient raison de railler la folie de leurs con-
quérants espagnols qui, en construisant des édifices élevés sur
une terre constamment agitée, préparaient à grands frais leurs
propres sépultures.

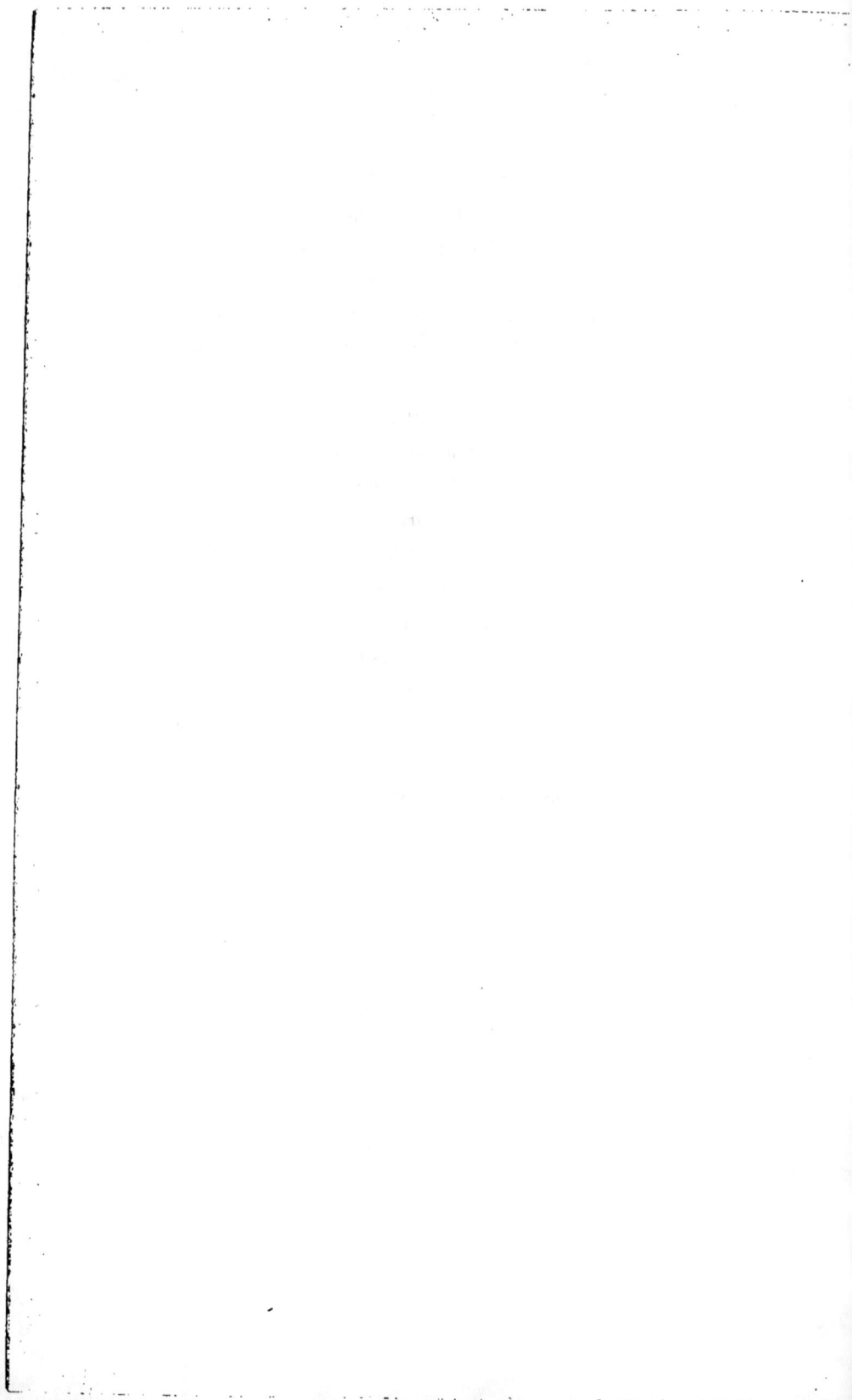

TREMBLEMENT DE TERRE

DE

LISBONNE

TREMBLEMENT DE TERRE DE LISBONNE

I

Le 1er novembre 1755, à neuf heures trente-cinq minutes du matin, par le plus beau temps du monde, un choc effroyable accompagné d'un grand bruit souterrain ébranla soudainement la ville de Lisbonne dans ses fondements les plus solides ; cette première secousse fut très courte, elle dura à peine cinq secondes, mais elle renversa les plus beaux édifices de la ville : les églises, les couvents, le palais du roi, la magnifique salle d'opéra et une foule de maisons ; cette première secousse fut suivie, à deux minutes d'intervalle, de deux autres chocs qui achevèrent d'anéantir l'opulente cité. Le tremblement de terre, avec ses trois secousses, avait duré cinq minutes ; et au moment où cessait la troisième secousse, quarante mille personnes avaient déjà péri, ou se mouraient dans les décombres.

Les hauts clochers tombèrent les premiers avec les voûtes des églises ; or, comme c'était le jour de la Toussaint, toutes les églises étaient pleines de monde, et la foule des fidèles fut ensevelie sous les ruines pendant qu'on célébrait la grand'messe. Tous les quartiers de la ville construits sur un terrain meuble furent détruits de fond en comble, tandis que les quartiers, peu nombreux du reste, qui étaient bâtis sur le roc résistèrent mieux, quoique, dans ces quartiers, la plupart des maisons fussent également endommagées, au point qu'elles s'affaissèrent d'elles-mêmes après l'ébranlement.

Le spectacle navrant des cadavres, les cris et les gémissements des mourants ensevelis sous les ruines frappèrent d'épouvante les survivants de la catastrophe, qui ne songèrent tout d'abord qu'à leur propre sûreté. Du reste, comment auraient-ils pu secourir les mourants, alors que toutes les ressources et tous les moyens de sauvetage avaient subitement disparu ?

Cependant, on vit bientôt accourir la foule éplorée ; des rues et des places restées debout, des hommes et des femmes venaient en pleurant et en criant chercher au milieu des ruines les êtres qu'ils chérissaient, les appelant par leurs noms et par des paroles caressantes, comme si les accents déchirants de leur tendresse pouvaient sauver ceux qu'ils aimaient.

Quelques personnes qui se trouvaient dans un canot sur le Tage, à 2 kilomètres environ de la ville, ressentirent dès le début un choc violent, semblable à celui que l'on éprouve en touchant le fond, quoiqu'ils fussent à l'endroit le plus profond du fleuve. Ils virent, en même temps, les maisons s'écrouler des deux côtés du rivage.

Le lit du Tage fut soulevé en plusieurs endroits jusqu'au niveau des eaux, et des navires, arrachés violemment de leurs ancres, furent jetés les uns contre les autres avec un fracas épouvantable. Enfin, le grand quai de marbre, nommé Cays de Prada, s'abîma dans les flots avec des milliers de personnes qui s'y étaient réfugiées. Un grand nombre d'embarcations amarrées à ce quai et chargées de monde disparurent en même temps ; et l'on ne vit ni un cadavre des victimes, ni le moindre débris du quai ou des barques venir flotter à la surface. Il est donc probable que le quai, avec tout ce qu'il portait, s'engouffra dans un abîme qui s'ouvrit tout à coup, et se referma aussitôt.

La mer se retira subitement, et le port resta complètement à sec ; mais tout à coup, une vague énorme, haute de plus de 16 mètres, apparut, et menaça la malheureuse cité d'un désastre plus grand ; elle en fut préservée néanmoins, grâce à la large baie dans laquelle vinrent se briser les vagues furieuses. Les eaux atteignirent les maisons restées encore debout, et forcèrent les survivants à se réfugier sur les hauteurs.

Une dernière secousse se fit encore sentir vers midi, et l'on vit des murailles s'entr'ouvrir et se refermer immédiatement, laissant à peine une trace de l'énorme fissure qui s'était produite.

A ce moment, c'est-à-dire deux heures après le tremblement de terre, des flammes jaillirent des ruines, et l'incendie se propagea rapidement, un vent très fort ayant succédé au calme de l'atmosphère qui avait régné pendant et après la catastrophe. L'incendie fut probablement occasionné par les feux allumés dans les cuisines, feux que le bouleversement avait rapprochés de matières combustibles de toute espèce. La plupart des maisons qui avaient résisté au tremblement de terre furent réduites en cendre par l'incendie, en même temps que les ruines elles-mêmes étaient consumées avec les morts qu'elles recouvraient.

« Tous les éléments parurent combinés pour nous détruire, écrivait à la Société royale de Londres, quelques jours après la catastrophe, le chirurgien Wolfsall. Il est possible, ajoutait-il, que les causes de tous ces désastres soient venues du fond de l'océan ; car je viens de converser avec un capitaine de vaisseau qui est un homme de grand sens, et qui m'a dit qu'étant à 50 lieues au large, il éprouva une secousse si violente que le pont de son vaisseau en fut très endommagé. Il crut s'être trompé dans son estime et avoir touché sur un rocher ; il fit mettre aussitôt sa chaloupe à l'eau pour sauver son équipage, mais il parvint heureusement à amener son vaisseau, quoique très endommagé, jusque dans le port. »

Le lendemain de la catastrophe, le roi accourut à Lisbonne pour organiser les premiers secours ; la province ne tarda pas à venir en aide à la malheureuse capitale. Les blessés, dont le nombre était immense, furent soignés avec dévouement, et toute la population indigente fut nourrie aux frais de l'État.

Pendant les mois de novembre et de décembre, on ressentit

dans Lisbonne et dans ses environs de nombreuses secousses plus faibles, quoique, le 9 décembre, il y eût un choc presque aussi violent que le premier. Après trois mois d'angoisse, quand les secousses eurent cessé, le gouvernement s'occupa de rebâtir la ville ; et au bout d'une quinzaine d'années la capitale portugaise était entièrement reconstruite. Aujourd'hui, elle est une des plus belles de l'Europe.

Les oscillations furent presque aussi terribles dans la ville d'Oporto que dans la capitale. A neuf heures quarante minutes environ du matin, bien que le ciel fût serein, on y entendit tout à coup un bruit terrible, semblable au roulement de plusieurs voitures sur un chemin raboteux, et presque aussitôt une secousse formidable ébranla tous les édifices. Les murs de plusieurs églises se fendirent, et la terre trembla tumultueusement.

Le Tage était dans un état d'agitation tel, que ses eaux s'élevèrent et s'abaissèrent de 5 à 6 pieds dans l'espace de deux minutes ; une quantité énorme de gaz s'en échappa.

La ville de Sétubal, située à 7 lieues du Tage et à 9 lieues au sud-est de Lisbonne, fut presque entièrement engloutie.

Les plus hautes montagnes du Portugal furent ébranlées dans leur base ; leurs sommets s'écroulèrent, et des quartiers de rochers furent précipités dans les vallées.

A 7 lieues de Lisbonne, près de Colarès, on vit sortir des flammes et une colonne de fumée épaisse du flanc des rochers d'Alviras, et, selon quelques témoins, du sein de la mer. Cette fumée dura plusieurs jours, et elle était d'autant plus abondante que le

12

bruit souterrain qui accompagnait les secousses était plus fort[1].

Le même jour et à la même heure, on ressentit dans les provinces méridionales de l'Espagne les effets du tremblement de terre de Lisbonne. Deux heures après la destruction de cette capitale, une vague de près de 60 pieds de hauteur vint fondre sur la ville de Cadix, dont les remparts furent submergés. La violence des eaux était telle, que des masses, pesant 10,000 kilogrammes, furent arrachées de leur emplacement et entraînées à une distance de 300 mètres.

Les oscillations multipliées du sol causaient le vertige, et un grand nombre d'habitants, jetés à terre par la violence du choc, furent grièvement blessés; d'autres, sans être blessés, éprouvaient un malaise indéfinissable. Pendant vingt-quatre heures, la mer resta dans un état de convulsive agitation; ses vagues s'avançaient et se retiraient alternativement toutes les quinze minutes[2].

Le fléau ravagea également Ayamonte, où les secousses se succédèrent pendant quinze minutes, et détruisirent la plupart des maisons. Enfin, une demi-heure plus tard, la mer mêlant ses eaux à celles de la Guadiana envahit la côte et submergea les îles voisines et la ville d'Ayamonte. Ce phénomène se reproduisit plusieurs fois en moins d'une heure.

Les vagues écumantes apportées par le flot inondèrent aussi la petite ville de Canale, qu'elles détruisirent presque complètement; et lorsqu'elles se furent retirées, le sol s'entr'ouvrant livra passage à des torrents qui achevèrent l'œuvre de dévastation.

1. *Philosophical Transactions*, t. XLIX, p. 414.
2. V. Berghaus et E. Klœden.

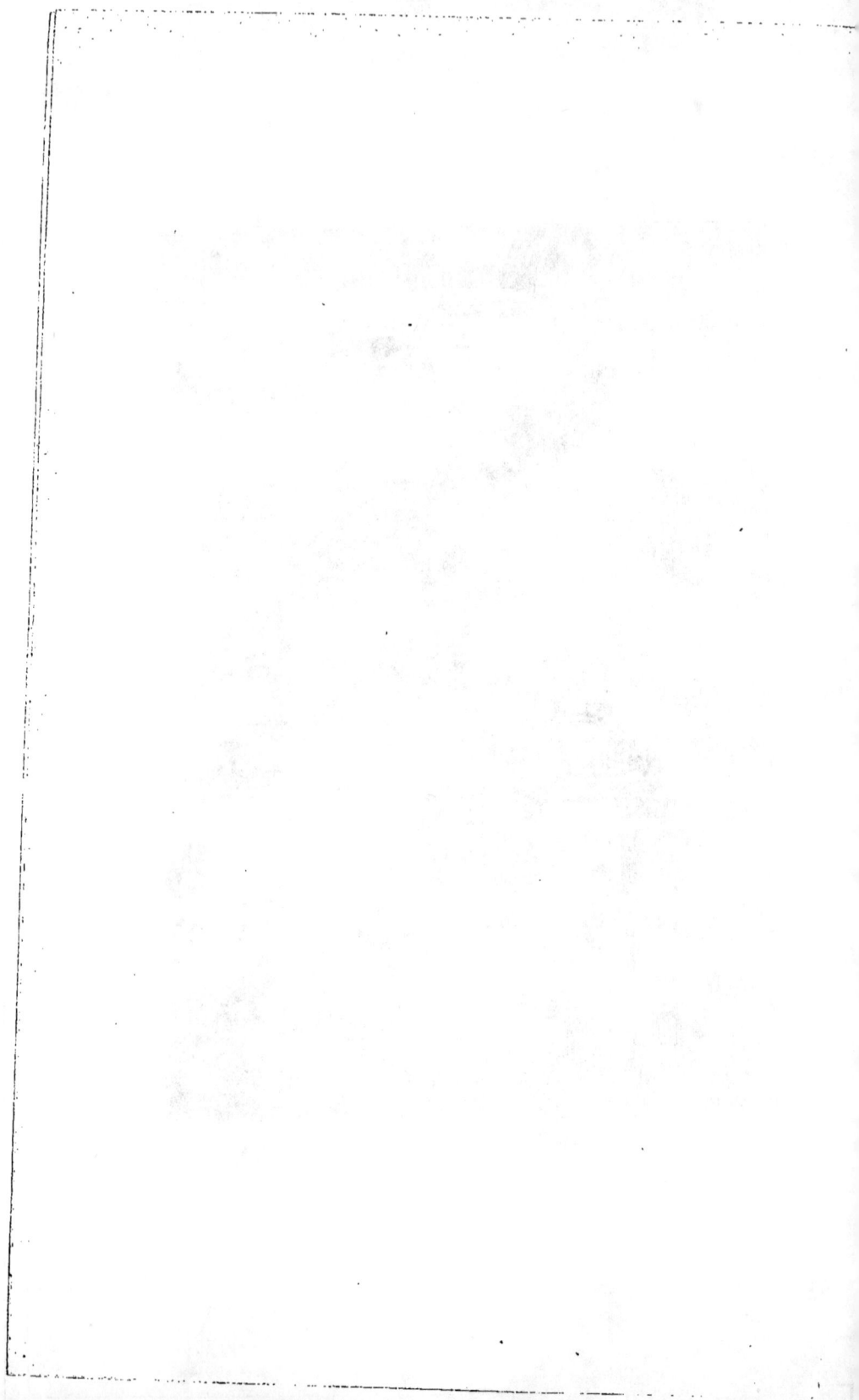

II

Dans une des pages qui précèdent, on a tâché de montrer à quelles distances énormes peut se propager, dans les couches souterraines, la commotion qui ébranle fortement un point quelconque de la surface terrestre, et l'on a comparé ce mouvement vibratoire du sol aux rapides ondulations que produit à la surface de l'eau le choc d'un corps.

Un exemple frappant de cette puissance de propagation a été offert par le terrible fléau que l'on vient de décrire, et qui ruina de si grandes cités et de si beaux pays. On estime qu'il se propagea sur un espace égal à la onzième partie de toute la surface du globe. Et, en effet, il ébranla non seulement presque tout le continent européen, mais encore une partie de l'Amérique et du littoral africain.

Il est certain que toute la péninsule Ibérique fut atteinte le même jour, sinon à la même heure. Les villes situées le long du littoral, telles que Cadix et Sétubal, en ressentirent les premiers effets, qui furent également très violents à Gibraltar et dans les environs de Malaga. Le centre de la péninsule eut également beaucoup à souffrir ; Madrid ressentit le premier choc au moment précis où la catastrophe avait lieu à Lisbonne. Il est vrai que l'horloge indiquait 10 heures 17 minutes à Madrid, tandis qu'à Lisbonne elle marquait 9 heures 35 minutes; mais c'est précisément ce qui prouve la simultanéité du choc dans ces deux capitales, car, ainsi que le fait remarquer Emmanuel Kant, le philosophe, on obtient exactement la même heure pour Lisbonne, en tenant compte de la différence de longitude qui existe entre cette ville et Madrid[1].

Pelassou assure que la commotion ébranla les Pyrénées, et que près d'Angoulême s'ouvrit une crevasse de 6 lieues d'étendue, dont le fond fut occupé par une nappe d'eau considérable. Dans la Provence, l'eau de plusieurs sources devint trouble, et le cours en fut très irrégulier pendant quelque temps.

Les effets du tremblement de terre furent encore plus sensibles vers l'est. Dès le 1er novembre, Briegg, en Suisse, souffrit beaucoup ; des maisons furent renversées, d'autres furent fortement endommagées. Les secousses y continuèrent, de même qu'à Lisbonne, jusque vers la fin de décembre, et au nord de la ville, une source jaillit tout à coup d'un des versants de l'Oberland bernois.

Les autres parties des Alpes ne furent pas ébranlées au même degré ; cependant les lacs intérieurs donnèrent des signes manifestes d'agitation. Celui de Neufchâtel s'éleva au-dessus de ses bords, et les torrents qui s'y déversent prirent un aspect vaseux ; enfin, le petit lac voisin de Murtner s'abaissa, dit-on, de 6 mètres et conserva ce niveau.

Le lac de Côme fut particulièrement agité, et parmi les localités italiennes qui ressentirent les effets du fléau, on cite Turin et Milan. La première de ces villes n'en souffrit cependant que vers le 9 novembre ; quant à la seconde, dès le 1er, on put craindre sa ruine complète.

Le littoral italien fut atteint également, et l'on assure que le

1. Emmanuel Kant, *Geschichte und Naturbeschreibung des Erdbebens*, etc.

Vésuve, alors en éruption, cessa tout à coup de gronder, et que la colonne de fumée qui s'en échappait fut soudainement refoulée dans l'intérieur du cratère[1].

En Allemagne, le tremblement de terre donna des signes non équivoques de sa propagation. Les sources thermales de Tœplitz perdirent, dès le premier jour, leur limpidité naturelle, et pendant une minute elles cessèrent de couler, pour reprendre de nouveau leur cours avec une violence inaccoutumée. Ces sources étaient si abondantes, qu'en moins d'une demi-heure elles submergèrent les bassins et envahirent une partie du faubourg. Enfin, l'eau redevint limpide ; et l'on prétend que, depuis cette époque, elle coule avec plus d'abondance, et contient beaucoup plus de substances minérales.

La Norwège et la Suède ne furent pas à l'abri des effets de ce mémorable événement, et plusieurs lacs de ces contrées subirent des perturbations plus ou moins sensibles.

Mais le fait le plus remarquable est, sans contredit, l'oscillation de la mer sur tout le littoral européen. Elle eut lieu quelques minutes après le premier choc de Lisbonne. A 10 heures et demie, les eaux s'élevèrent à Leyde d'un pied au-dessus du niveau normal ; au même moment, une violente secousse ébranlait l'église de Rotterdam. Les oscillations de la mer se produisirent non seulement à l'embouchure de l'Elbe, à Hambourg, mais encore sur les côtes du Danemark, de la Norwège, du Mecklembourg, de la Poméranie et même sur les points les plus reculés du golfe de Finlande.

1. Von Hoff, *Geschichte der natürlichen Veränderungen der Erdoberflæche.*

Les Iles Britanniques furent encore plus agitées que les parties septentrionales du continent ; et sur la côte de Cornouailles on eut à déplorer de grands malheurs, par suite de l'élévation subite des eaux de la mer à 8 ou 10 pieds au-dessus de leur niveau habituel. Le même phénomène se produisit, quoique avec moins de violence, sur d'autres points des côtes ; ces oscillations n'y furent pas les seuls effets du tremblement de terre de Lisbonne. Le sol fut encore ébranlé et les étangs sortirent de leur lit, dans le comté d'Essex. Les mineurs du comté de Derby craignirent un instant que les galeries ne s'écroulassent, par suite de secousses multipliées, et enfin les principaux lacs de l'Écosse s'élevèrent à 3 pieds au-dessus de leurs rives.

Le fléau ébranla le littoral africain ; les cités les plus riches du Maroc, telles que Tétouan, Tanger, Fez, Méquinez, furent presque entièrement détruites au même moment que Lisbonne. Près de la capitale du Maroc, une oasis disparut avec une population de 10,000 habitants, et à Méquinez, une montagne, en s'entr'ouvrant, livra passage pendant plusieurs jours à des torrents d'eau roussâtre.

Les mêmes phénomènes se reproduisirent aux îles Canaries, aux Açores et à l'île de Madère qui souffrit particulièrement ; la mer s'y éleva de 15 pieds, à quatre ou cinq reprises différentes, et elle causa les plus grands ravages.

L'agitation de l'océan et de la terre ferme fut également très intense en Amérique, où tout le groupe volcanique des Petites Antilles fut ébranlé quelques heures après la catastrophe de Lisbonne. La petite île de Stabia, dont les côtes sont formées par des rochers escarpés, fut recouverte par la vague ; à la Martinique, les flots atteignirent le toit des maisons, et lorsque la grande vague se retira, la plage fut à sec sur une étendue de 2 kilomètres. Partout, dans les Antilles, les flots submergèrent les côtes, et l'on remarqua qu'autour de l'île de la Barbade, l'eau de mer était noire comme de l'encre. Humboldt attribue ce phénomène à l'agitation du sol sous-marin, où se trouvent, dans ces parages, des gisements considérables de bitume[1].

1. Frédéric Hoffmann, cité par M. Ed. Klœden dans son ouvrage *Handbuch der Erdkunde*.

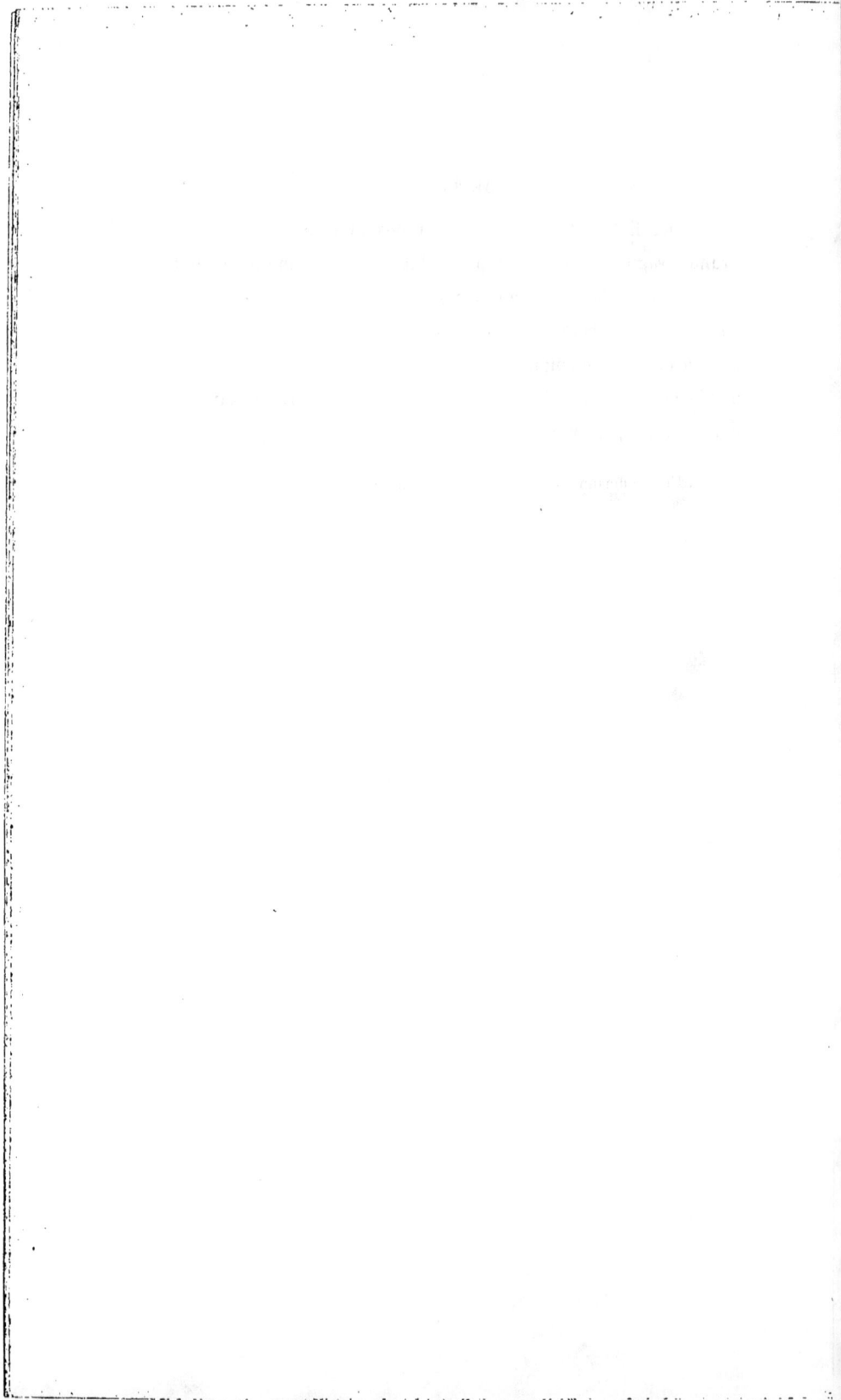

LES TREMBLEMENTS DE TERRE

DE

LA CALABRE

LES TREMBLEMENTS DE TERRE
DE LA CALABRE

L'Italie n'a pas de province plus belle et plus fertile que la Calabre, la célèbre contrée que les anciens appelaient la Grande-Grèce. C'est là que florissaient Crotone, Tarente, Sybaris et tant d'autres cités somptueuses. Située entre les foyers du Vésuve et de l'Etna, la Calabre a de tout temps été exposée à l'action destructive des fléaux souterrains. En 1738 des secousses terribles ébranlèrent cent quatre-vingt-dix localités ; en 1693 un tremblement de terre plus violent encore secoua toute la Calabre et la Sicile : soixante villes et villages furent entièrement anéantis ; dans la seule ville de Catane, qui fut détruite, plus de 18,000 personnes périrent ; et, d'après une médaille frappée en souvenir de cet épouvantable événement, le nombre total de ceux qui succombèrent n'aurait pas été moindre de cent mille.

Plus terrible encore a été la secousse du 5 février 1783. Le sol s'agitait dans tous les sens ; il ondulait comme les vagues de l'océan. Rien ne put résister à de pareilles commotions ; tout ce qui était édifié à la surface fut anéanti, et en quelques secondes Messine, la grande et belle cité, la métropole commerciale de la Sicile, fut transformée en un monceau de ruines. Le 4 mars, une nouvelle secousse, aussi violente que la première, acheva l'œuvre de destruction. On évalue à quatre-vingt mille le nombre des personnes qui périrent en Sicile et dans la Calabre lors de ces deux tremblements de terre.

Sur 365 villes ou villages qu'avait la Calabre, 320 furent entièrement détruits.

Le géologue français Déodat de Dolomieu, qui se trouvait à cette époque en Italie, s'empressa d'aller en Calabre aussitôt après la catastrophe. Il en a laissé un récit plein d'intérêt.

La secousse du 5 février se fit sentir à midi et demi et dura deux minutes ; le sol agité en tous sens semblait tournoyer ; il se produisait également des mouvements verticaux et des ondulations si fortes que quelques personnes éprouvèrent le mal de mer.

Villes, villages, maisons isolées, tout fut en un instant rasé, anéanti ; les pierres mêmes furent réduites en poussière, les fondations rejetées hors de terre.

Messine fut détruite en partie par le tremblement de terre, et ce qui subsistait de la ville fut dévoré par les flammes.

Il ne resta pas une pierre de la petite ville de Rosarno ; un curieux phénomène se produisit aux alentours : il se forma dans la plaine des cavités circulaires, à peu près de la grandeur d'une roue de voiture. Ces cavités, semblables à des puits, étaient pleines d'eau jusqu'à 5 ou 6 mètres de leur surface; mais le plus souvent elles étaient remplies de sable sec. Plus tard, quand on creusa autour de ces cavités, on reconnut qu'elles avaient la forme d'un entonnoir.

La partie supérieure évasée aboutissait à un canal par où l'eau avait jailli.

La ville de Polistène fut absolument rasée ; presque tous les habitants disparurent écrasés sous les décombres.

« J'avais vu Messine et Reggio. dit Dolomieu, j'avais gémi sur le sort de ces deux villes ; je n'y avais pas trouvé une maison qui fût habitable et qui n'eût besoin d'être reprise par les fondements; mais enfin le squelette de ces deux villes subsiste encore... J'avais vu Tropea et Nicotera... Mon imagination n'allait pas au delà des malheurs de ces villes. Mais lorsque, placé sur une hauteur, je vis les ruines de Polistène, la première ville de la plaine qui se présenta à moi; lorsque je contemplai des monceaux de pierres qui n'ont plus aucune forme et qui ne peuvent pas même donner l'idée de ce qu'était la ville; lorsque je vis que rien n'avait échappé à la destruction et que tout avait été mis au niveau du sol, j'éprouvai un sentiment de terreur, de pitié, d'effroi, qui suspendit pendant quelques moments toutes mes facultés. »

De nombreuses et profondes fissures s'ouvrirent dans le sol au moment de la secousse et restèrent béantes après le tremblement de terre. Il s'en produisit également à Jérocarne qui présentaient un aspect singulier ; elles s'étendirent dans tous les sens, comme les fentes d'un carreau de vitre cassé.

Casalnovo fut complètement détruite ; Terranova, qui dominait trois gorges profondes, s'engloutit dans un gouffre de 100 mètres de profondeur ; cette malheureuse ville fut « littéralement mise sens dessus dessous » ; 1,400 habitants furent entraînés et ensevelis sous les décombres.

Le village de Moluquello, situé en face de Terranova et au même niveau, sur une plate-forme resserrée entre deux rivières qui coulaient dans les deux vallons, eut à peu près le sort de Terranova. Une partie de ce village tomba dans le vallon de droite, l'autre dans le vallon de gauche ; de sorte qu'il ne resta du sol où était situé Moluquello qu'une arête en dos d'âne, tellement étroite, qu'on ne pouvait y marcher.

Santa Cristina, bâtie sur une colline sablonneuse, fut précipitée jusqu'en bas.

D'énormes blocs s'étant détachés du célèbre rocher de Scylla, ils écrasèrent, dans leur chute, plusieurs des maisons situées sur le rivage du détroit de Messine.

Immédiatement après la secousse du 4 février, le prince de Scylla s'était réfugié sur un bateau et avait conseillé à une partie de la population de l'imiter et de s'éloigner de la côte.

A minuit, une nouvelle secousse renversa une falaise ; la mer, devenue furieuse, s'éleva de 6 mètres, balaya le rivage et brisa les embarcations ; quelques-unes se trouvèrent lancées dans les terres. Le prince de Scylla périt avec 1,430 Calabrais.

Quelques secousses se firent encore sentir dans les mois de février et de mars, mais aucune ne fut aussi violente que la première.

Il se produisit pendant ce désastre des scènes dont on a peine à concevoir l'horreur. « L'égoïsme humain et l'instinct de conservation, dit Dolomieu, étouffant tout autre sentiment, aucun secours ne fut porté aux malheureux ensevelis vivants sous les ruines. Beaucoup cependant auraient pu être sauvés; quand le calme fut rétabli, le bas peuple, obéissant aux plus viles passions, ne songea qu'à piller. »

Sur les murs chancelants, parmi les ruines fumantes, on voyait des hommes bravant un imminent danger, fouler aux pieds des victimes à moitié ensevelies, qui réclamaient en vain leur secours, pour aller fouiller de riches décombres, forcer et piller les maisons restées debout. Ils dépouillaient, encore vivants, des malheureux qui leur auraient donné les plus fortes récompenses s'ils avaient voulu les dégager. A Polistène, un homme de qualité avait été enterré, la tête en bas, sous les ruines de sa maison; on ne voyait que ses jambes qui dépassaient en l'air. Son domestique accourut; mais ce fut pour lui enlever les boucles d'argent de ses souliers, et il se sauva aussitôt sans vouloir porter secours à son maître, qui parvint pourtant à se délivrer seul.

Pendant plusieurs jours, on entendit des cris venant de dessous terre.

A Terranova, quatre moines furent ensevelis dans la sacristie, où ils s'étaient réfugiés; un seul de leurs compagnons avait pu se sauver, et pendant quatre jours, il entendit les malheureux appeler du secours, sans qu'il pût rien faire pour les dégager.

« J'ai parlé, dit Dolomieu, à un très grand nombre de personnes qui ont été retirées des ruines dans les différentes villes que j'ai visitées ; elles m'ont toutes dit qu'elles croyaient que leurs

13

maisons seules avaient été renversées, qu'elles ne pouvaient penser que la destruction fût aussi générale, et qu'elles ne concevaient pas comment on tardait autant à venir leur porter des secours.

« Une femme, dans le bourg de Cinque Frondi, fut retrouvée vive le septième jour.

« Beaucoup d'autres personnes sont restées trois, quatre et cinq jours ensevelies; je les ai vues, je leur ai parlé et je leur ai fait exprimer ce qu'elles pensaient dans ces affreux moments. De tous les maux physiques, celui dont elles souffraient le plus était la soif. »

Dans ce désastre, remarque Bylands de Palstercamp, plusieurs observations des plus intéressantes ont attiré l'attention de ceux qui étudient la nature[1]. Ainsi, dans les exhumations des morts, on constata une grande différence dans le caractère des deux sexes. Tous les hommes morts portaient les marques des plus violents combats, et d'un désespoir affreux qu'ils avaient endurés avant de succomber; tandis qu'on trouva les femmes sans nulle altération, au contraire, portant les marques de la plus parfaite résignation. Les mères serraient leurs enfants sur leur cœur, ne s'occupant, en apparence, que de l'espoir de les sauver ou de les protéger; d'autres s'étaient accroupies dans des cours, où elles reçurent la mort sans bouger. Mais il se présente ici, en nombre, des cas d'une remarquable observation et dont on a, du reste, recueilli de nombreux exemples dans tous les pays, c'est que les hommes, et plus encore les animaux privés d'air ou peu s'en faut,

1. *Théorie des volcans*, par le comte Bylands de Palstercamp.

peuvent conserver la vie pendant un long temps, par exemple dix à onze jours, sans prendre la moindre nourriture, et conserver toutes leurs facultés intellectuelles. Entre plusieurs exemples cités par Hamilton, on peut signaler deux jeunes filles de quatorze et seize ans qui furent exhumées après avoir passé onze jours dans un profond tombeau formé par les décombres ; l'aînée soutenait encore dans ses bras un enfant âgé de six mois et qui ne mourut que le sixième jour après avoir été enseveli sous les ruines, à ce qu'assuraient les jeunes filles ; celle de quatorze ans était cruellement meurtrie par l'étroite position où sa chute l'avait placée ; aucune des deux ne se plaignait d'avoir souffert de la faim ou de la soif. Une nonne de quatre-vingts ans, du couvent de Polistène, fut la seule victime exhumée le neuvième jour, de toutes celles qui habitaient le couvent. Elle était en parfait état de santé.

LA CATASTROPHE D'ISCHIA

LA CATASTROPHE D'ISCHIA

L'île d'Ischia, que Virgile et Homère appellent Imarina, s'élève toute verte et toute fleurie entre la baie de Naples et de Gaëte, à 12 kilomètres environ du cap de Misène. Elle a pour voisine la ravissante petite île de Procida.

Ischia, dont la population est de 25,000 âmes et dont les côtes sont très escarpées, a une circonférence de 29 kilomètres. Elle appartient au district volcanique de Naples, lequel comprend du nord-est au sud-ouest le Vésuve, les champs Phlégréens, Procida et l'île d'Ischia. Le feu souterrain qui fait éruption, aujourd'hui, seulement par la bouche du Vésuve, le plus grand volcan du district, s'échappait autrefois par vingt-sept bouches disséminées dans les champs Phlégréens et les îles voisines.

Le point le plus élevé de l'île d'Ischia est le mont Épomée,
volcan assoupi depuis plusieurs siècles, dont la hauteur est de
848 mètres au-dessus du niveau de la mer, et qui porte sur ses
flancs douze grands cônes volcaniques comme autant de témoins,
aujourd'hui muets, il est vrai, mais irrécusables, de ses anciennes
et terribles colères. Sous l'Épomée, les anciens Grecs nous l'ont
appris, les dieux olympiens ont enseveli le géant Typhœus, dont
les gémissements étaient, pour les Grecs établis dans l'île d'Ischia,
précisément ces bruits souterrains qu'ils entendaient autour de la
montagne. Du sommet de l'Épomée, que couronne l'ermitage de
Saint-Nicolas, on a une des plus belles vues du monde entier. L'œil
embrasse les côtes des golfes de Naples et de Baïes, les plages de
Cumes, de Mondragone et de Gaëte ; et l'on voit se perdre à l'horizon
la chaîne des Abruzzes. Autour du volcan, sont semées les principales villes ou villages de l'île ; ce sont la capitale, Ischia, qui
compte 6,500 habitants ; Casamicciola avec 3,700 âmes ; Florio,
Lacco, Pansa, Morofano, Serrara, Fontana, Barano, Testaccio,
et ensuite une foule de hameaux avec leurs villas et leurs fermes
isolées.

Les plus anciennes éruptions de l'Épomée dont il soit fait men-
tion sont celles des années 284 et 305 avant l'ère chrétienne ; ensuite, le volcan paraît avoir eu une période de repos de seize
siècles. Mais en 1302 il se réveilla, et vomit d'énormes torrents
de lave qui, après avoir franchi un espace de 4 kilomètres, se
précipitèrent tumultueusement dans la mer. De violents tremblements de terre accompagnèrent cette éruption qui dura huit
semaines, fit de nombreuses victimes et occasionna des dégâts
incalculables. Depuis cette époque, c'est-à-dire depuis près de

six siècles, l'Épomée sommeille. Son feu n'est pas éteint, et par moments on peut croire qu'il va se livrer à un nouvel accès de fureur.

Les premières colonies grecques qui s'installèrent dans l'île furent obligées de l'abandonner, tant les tremblements de terre y étaient fréquents; ils renversaient leurs temples et leurs villes, et entretenaient une perpétuelle inquiétude au sein de la population. Mais l'île d'Ischia est si jolie, elle est si pleine de charme, que de nouvelles colonies ne tardèrent pas à remplacer celles qui avaient déserté l'île pour se réfugier à Cumes. En effet, Ischia, que tant de poètes ont chantée, est un des séjours les plus agréables, les plus séduisants de l'Europe. Le volcan endormi qui autrefois embrasait toute l'île de ses feux et qui, aujourd'hui, pendant son sommeil et comme en rêvant, la secoue parfois encore avec frénésie, communique à la végétation une activité merveilleuse. On ne rencontre de tous côtés que vignes, rosiers, citronniers, orangers, mûriers, grenadiers, cotonniers, myrtes et lauriers. Le lait, l'herbe, les fruits, sont d'une qualité rare. Toute la contrée est un jardin étendu au pied et sur les flancs du géant qui la réchauffe, et rend Ischia fertile comme nulle autre île de la Méditerranée. Le feu souterrain donne aussi aux eaux thermales d'Ischia de grandes vertus et en élève la température jusqu'au delà de 80°. Le ciel d'Ischia est presque toujours bleu, et l'air est salubre en hiver comme en été. Tout cela fait de cette île un séjour enchanteur; aussi de toute l'Italie, de toute l'Europe et aussi du nouveau monde, on s'y rend volontiers. Il n'y a point de plus agréable villégiature, et point de villes d'eau où les jours et les nuits s'écoulent plus doucement.

Depuis la dernière éruption de l'Épomée en 1302, les tremblements de terre sont devenus de plus en plus rares. Toutefois,
en 1827, une secousse détruisit une partie de Casamicciola et de
Lacco-Ameno; en 1881 et, plus récemment, en 1883, une partie
de l'île a été violemment ébranlée.

Le tremblement de terre du 4 mars 1881 eut d'assez terribles
conséquences pour qu'on s'en souvienne encore. Ce jour-là, il y
eut deux secousses : la première, qui se produisit à 1 heure et demie de l'après-midi et dura sept secondes; la deuxième, à 2 heures
et qui dura moitié moins. On ressentit même un troisième choc,
à trois jours de distance, c'est-à-dire le lundi 7.

Une grande partie de la ville de Casamicciola fut détruite : on
compta sept cents maisons écroulées, cent vingt-six morts et cent
soixante-dix-sept blessés. On avait cru devoir attribuer, d'abord,
la catastrophe à une éruption du Vésuve qui avait eu lieu la veille,
3 mars; mais le savant professeur Palmieri, de l'Université
de Naples, et Orazio Sylvestre, de Catane, émirent l'opinion
qu'on devait la considérer comme une conséquence de quelque
phénomène local, peut-être de l'effondrement des terres souterraines, constamment creusées par l'action des eaux minérales;
et Palmieri rappelait aussi que, quelques instants avant le premier choc, les eaux des sources thermales avaient été en ébullition.

La secousse du 28 juillet 1883 fut infiniment plus meurtrière,
d'abord parce que la saison des eaux, qui commence en juin pour
finir en septembre, battait son plein et que la colonie étrangère
y était, en conséquence, exceptionnellement nombreuse; ensuite
parce que le tremblement de terre qui s'est produit dans la même

direction (du côté de la mer), au lieu de durer sept secondes, a duré quinze ou, selon Johnston Lavis, trente secondes; enfin parce que les secousses se sont produites, non plus en plein jour, mais à 9 heures et demie du soir, dans une complète obscurité.

De grands nuages avaient enveloppé l'île; la mer bouillonnait tout autour; des bruits sourds et lugubres semblaient annoncer qu'Ischia allait s'effondrer dans les eaux; un frémissement agitait le sol; puis, sur un point, survint un violent tremblement de terre, accompagné d'un fracas épouvantable.

Toute la population affolée déserta les maisons, poussant des lamentations, se cherchant dans l'obscurité, se précipitant vers le rivage, comme aux derniers jours de Pompéi.

C'était à qui se jetterait le premier dans les barques de pêcheurs amarrées dans les criques de l'île. La confusion était épouvantable.

Chacun essayait de sauver sa vie; l'instinct de la conservation rendait la foule féroce.

Toutes les localités de l'île furent ébranlées; la ville d'Ischia souffrit à peine, tandis que Florio et Lacco-Ameno furent presque détruits entièrement; mais nulle part le désastre ne fut aussi navrant que dans la charmante petite ville de Casamicciola, située au pied de l'Épomée et dont les sources thermales sont les plus fréquentées. Cette station si recherchée de Casamicciola, avec ses rangées de coquettes villas, disparut. De toute la ville, il ne resta debout que cinq maisons, et, comme dix-huit cents étrangers étaient venus s'y installer, si on ajoute ce chiffre à celui de la population ordinaire, population de quatre mille âmes environ, on pourra se former une idée du nombre de gens qui ont trouvé la mort dans ce lugubre événement.

A Lacco-Ameno, pas un seul bâtiment n'émergeait de la masse de poutres et de pierres qui, après la secousse, marquait la place où fut ce village florissant. Des quinze cent quatre-vingt-treize personnes qui habitaient ce lieu, on n'en connaît que cinq qui aient échappé au sinistre. La ruine fut complète. Quelques maisons avaient disparu entièrement. On suppose qu'elles furent englouties dans la fissure que la terre a formée en s'entr'ouvrant.

La secousse terrestre semble avoir traversé l'île de l'ouest à l'est ; en outre des localités que l'on vient de citer, tous les villages et hameaux situés sur son passage souffrirent plus ou moins.

La première secousse a été ressentie entre 9 heures et demie et 10 heures dans la nuit. Au dire de plusieurs des survivants, l'approche de la catastrophe fut signalée par un roulement sourd et menaçant qui, soudain, fit place à un épouvantable vacarme ; on se fût cru transporté près d'une immense batterie d'une grosse artillerie tirant à toutes volées. L'instant d'après, les maisons vacillèrent comme une chaloupe ballottée par une mer furieuse et, sous l'effort de la secousse, s'affaissèrent en miettes. Quelques-uns des habitants, mais bien peu, eurent le temps de gagner la rue avant l'effondrement ; l'immense majorité fut ensevelie sous les ruines.

Pendant quinze secondes la surface de la terre fut agitée dans toutes les directions de soubresauts violents. Nombre de gens, frappés de terreur, s'enfuyaient, en criant, vers le rivage, lorsqu'ils furent écrasés et ensevelis sous les maisons qui s'écroulaient, ou sous l'immense quantité de débris lancés au loin.

Après la secousse, on n'entendait plus que des cris d'épouvante ou les plaintes des blessés. Plus une seule lumière : toutes avaient été éteintes. Un nuage épais de poussière, qui aveuglait et suffoquait les survivants, couvrait alors le théâtre du désastre, et, pour comble d'horreur, les maisons à demi écroulées continuaient, dans leur chute, d'ensevelir les malheureux qui cherchaient à trouver un abri loin de cette scène de désolation. Pendant des heures entières, les malheureux ne reçurent que peu ou point de secours. Ceux qui avaient échappé au désastre étaient frappés d'une trop grande panique pour être utiles à quelque chose ; un peu plus tard, quand on essaya de lutter contre le fléau, tous les moyens manquaient.

Au moment de la catastrophe, on donnait une représentation au petit théâtre de Casamicciola ; mais, grâce à la structure légère de l'édifice, la plupart des spectateurs, bien que blessés, purent se dégager des décombres et s'échapper quand les secousses furent passées ; toutefois, l'angoisse fut effrayante. Parmi les assistants, il y en eut qui furent écrasés par la chute des solives ou asphyxiés par la violence du courant d'air extérieur. Pendant toute cette nuit, longue comme l'éternité, l'air retentit des gémissements et des cris des malheureux à moitié ensevelis sous les décombres. Autour du théâtre, on entendait à chaque instant des gémissements venant de dessous terre, mêlés aux cris de détresse des malheureux appelant au secours ; car les maisons qui bordaient la place étaient devenues les tombeaux de leurs infortunés habitants encore vivants.

Un étranger qui se trouvait au théâtre raconte qu'il entendit un roulement semblable à celui du tonnerre ; cependant ce

ne fut qu'aux premières oscillations de l'édifice que l'assistance
montra quelque alarme. « Au premier moment, dit ce témoin,
on n'entendit pas un cri, quoique l'épouvante fût peinte sur
tous les visages ; mais à la première secousse en succédèrent
d'autres plus violentes ; alors un cri horrible de désespoir s'é-
chappa de la poitrine des spectateurs. Les lumières s'éteignirent ;
des débris de solives tombaient tout autour de nous, et aux cris
de terreur succédèrent les plaintes des agonisants, car les victimes étaient frappées l'une après l'autre. Ce fut un moment horrible. Quand les secousses cessèrent, je rampai comme les autres
jusqu'au dehors de l'édifice effondré, pour gagner le rivage. La
poussière était aveuglante. Plusieurs fois il m'arriva de tomber
sur des tas de maçonnerie et de débris d'où partaient des cris et
des plaintes lamentables. Sur le rivage je trouvai les autres aussi
effrayés que moi, cherchant un moyen de s'échapper et attendant
avec terreur quelque nouvelle secousse. Voyant que tout restait
tranquille, nous revînmes en arrière pour délivrer et secourir les
blessés. Mais ce ne fut que le matin, quand arrivèrent les autorités des villes voisines et les troupes envoyées de Naples, qu'il
fut possible de prendre des mesures pour lutter efficacement avec
les difficultés que nous avions à surmonter. Alors les sapeurs,
aidés de volontaires, attaquèrent énergiquement les ruines, enle-
vant avec soin les décombres, portant de côté les morts et remet-
tant les blessés entre les mains des médecins. Il fallait néanmoins
agir avec précaution pour ne pas blesser ceux qui se trouvaient
sous les décombres ; aussi la besogne ne pouvait avancer que
lentement, et, pendant ce temps-là, nous nous sentions le cœur
déchiré par les cris suppliants de ceux qui demandaient du

secours. Quelques personnes étaient ensevelies si profondément qu'il fallut des heures pour arriver jusqu'à elles ; quand, à la fin, on y parvint, elles avaient succombé à leurs blessures ; d'autres avaient perdu la raison. Le nuage épais de poussière en avait étouffé un bon nombre, qui n'avaient pas été tuées sur le coup. Un peu plus tard, dans la matinée, des troupes sont arrivées, et je suis revenu à Naples. »

Le commandeur Enrico Bottini, professeur de chirurgie à l'université de Pavie, fut sauvé miraculeusement.

Le professeur Bottini est veuf. Profitant des vacances, après avoir fait un tour en Italie, il était allé à Ischia avec son unique enfant et sa gouvernante. Il voulait partir le jeudi, c'est-à-dire l'avant-veille de la catastrophe; mais ayant rencontré un ami, il consentit à rester encore quelques jours.

Le vendredi soir, son enfant, en passant devant le théâtre de Pulcinella, voulut y entrer à tout prix. Son père refusa. Et la gouvernante lui dit, pour l'apaiser :

— Si tu es sage, nous irons demain soir.

Le bébé se le tint pour dit, et le samedi, quand il fit nuit, il se rappela la promesse qu'on lui avait faite.

Le professeur Bottini n'avait point envie d'aller au théâtre, mais ne trouvant pas convenable d'y envoyer la gouvernante avec le petit, il se résigna à les accompagner.

Polichinelle, dans son rôle, avait, par maladresse, brisé quelques objets. *Oh! poveretto me!* — s'écrie-t-il, — *Oh! mamma mia! che disgrazia!...*

Tout à coup, changeant de ton, mais toujours en dialecte, il crie : *U' terremoto!... u' terremoto!... allu mare! allu mare!...* un tremblement de terre!... un tremblement de terre!... A la mer!

Comme, par une étrange coïncidence, la pièce qu'on jouait était intitulée : *Un tremblement de terre,* le public crut tout d'abord que ces mots faisaient partie de la comédie, mais l'erreur fut de courte durée. Les lampes à pétrole furent jetées à terre et le théâtre resta dans l'obscurité. Il était 9 heures 32 minutes et demie à la montre du professeur Bottini. Il eut le sang-froid vraiment admirable de serrer son enfant dans ses bras et de ne pas bouger, quoique tous ceux qui étaient dans le théâtre prissent la fuite.

La secousse avait été accompagnée d'un grondement épouvantable, pareil à la détonation d'un grand nombre de canons tirés en même temps, et fut suivie d'un profond silence et d'une pluie de poussière soulevée par les décombres.

De larges crevasses étaient ouvertes; une d'entre elles força M. Bottini à changer de place. Peu après arrivaient à ses oreilles des gémissements lointains, et il crut entendre le bruit de pas. C'étaient probablement les pas des carabiniers arrivés de la ville d'Ischia.

Le professeur fut forcé, par son ignorance des lieux et par l'obscurité, à rester sur place jusqu'à l'aube. Lorsqu'il voulut partir, il fut atterré.

Il ne restait plus de trace de la place qu'il avait traversée la veille au soir. Un amas de décombres, et pas autre chose. Les premiers secours de Naples arrivèrent un peu avant 6 heures.

Des vingt-sept personnes avec lesquelles il avait dîné la veille à l'hôtel *Mon Repos,* le professeur Bottini n'en retrouva pas une seule !

Le lendemain, l'acteur qui jouait le rôle de Polichinelle était transporté à Naples dans le costume de son rôle; on l'avait retiré des décombres grièvement blessé.

Un autre survivant, M. Giovanni Casini, d'Arezzo, qui se trouvait également au théâtre de Casamicciola au moment de la catastrophe, et qui passa le lendemain à Rome, a fait la description suivante de la scène dont il fut témoin :

« Il était à peu près 9 heures un quart, quand un de mes amis me proposa d'aller au théâtre.

« Le rideau fut levé à 9 heures et demie, mais à peine avions-nous entendu les premiers mots de la comédie que nous ressentîmes une secousse épouvantable. Je fus jeté à plusieurs pieds en avant et tmobai tout de mon long. Imaginez-vous en même temps un vacarme assourdissant comme celui que produirait un train lourdement chargé et passant à toute vitesse sur un pont en fer. Pendant la secousse, le sol s'éleva pour s'affaisser ensuite, comme les flots de la mer pendant une tempête.

« Ce qui survint ensuite, je ne saurais le dire ; tout ce qui s'est passé pèse sur moi comme un cauchemar, comme un songe horrible. Ce que je me rappelle seulement, c'est que nous étions tout un troupeau d'êtres humains entassés les uns sur les autres ; que les lampes à pétrole, en tombant, avaient mis le feu aux sièges ; que nous nous efforçâmes, pendant un moment, d'éteindre l'incendie, et qu'ensuite nous nous précipitâmes dehors comme un torrent. Ce que je me rappelle encore, c'est que, m'appuyant à un tronc d'arbre, je levai les yeux et je vis que toutes les branches étaient couvertes d'êtres humains qui avaient grimpé là.

« Des morceaux de bois étaient empilés les uns sur les autres

près du rivage pour allumer des feux, afin de demander du secours. Je vis autour de moi une foule qu'il est absolument impossible de décrire, des femmes et des vieillards, en toilette de
nuit, et des enfants tout nus. Pendant la nuit, les femmes à moitié
habillées, avec des torches dans les mains, se précipitaient en
pleurs et comme des furies au milieu des ruines, appelant à
grands cris ceux qu'elles avaient perdus, et courant à chaque personne qu'elles rencontraient, leur demandant avec d'étranges
éclairs dans les yeux : «Avez-vous vu mon mari? Avez-vous vu
mon fils?... »

Presque tous les survivants étaient stupéfiés par la douleur et
par l'épouvante; il y en avait fort peu qui fussent en état de répondre aux questions qu'on leur adressait de tous côtés.

Parmi eux, se trouvait l'ingénieur Serafino Tarantini. Il raconta
que de l'hôtel Sauvet, où il était logé, trois chambres s'étaient
écroulées. Il jouait aux cartes en ce moment. Les lampes qui
éclairaient la chambre s'éteignirent et il put, par miracle, se
sauver dans le jardin. L'obscurité ne lui permettait de rien
voir.

Pendant toute la nuit il resta dans le jardin où il n'entendait
que les cris des victimes implorant du secours.

A l'aube, il tenta de descendre vers le rivage. C'était une entre-
prise très difficile, parce que l'on courait non seulement le danger
de tomber dans quelque crevasse, mais aussi d'écraser des
malheureux qui se trouvaient ensevelis sous les décombres.

De dessous les décombres, sortaient des membres humains
qui s'agitaient dans les convulsions de l'agonie : un bras, une
jambe, une épaule, apparaissaient çà et là, partout !

Il tenta de secourir quelques victimes, mais il ne put faire que bien peu.

Il réussit cependant à sauver deux enfants.

Pendant toute la nuit il avait entendu, au milieu des lugubres lamentations de la ville ensevelie, un gémissement continuel, une voix de femme qui criait : Mes enfants ! mes enfants !

A l'aube, il vit cette femme en chemise, sur un fragment de terrasse resté debout ; elle répétait toujours son cri navrant : Mes enfants ! mes enfants !

« Je ne savais comment consoler cette mère folle de douleur, dit M. Tarantini ; mais j'avais à peine fait quelques pas que la Providence me mit sous les yeux deux enfants qui, ignorant le danger, jouaient près de décombres sur le point de s'écrouler et de les écraser.

« Je les retirai et les portai à la femme qui pendant toute la nuit avait crié : Mes enfants ! mes enfants !

« C'étaient justement ses enfants. »

Une autre scène racontée par M. Tarantini n'est pas moins émouvante ; elle a eu un dénouement douloureux.

En poursuivant son chemin, il vit sortir du milieu des décombres une épaule cassée de femme, et une main gantée et couverte de bagues.

Cette femme était adossée à son mari, qui d'une voix lamentable, de dessous les décombres, qui le cachaient entièrement, criait :

— Sauvez-la ! Ne vous occupez pas de moi !

M. Tarantini s'approcha de ce groupe et il reconnut immédiatement dans la femme une très belle dame égyptienne qui demeurait en face de l'hôtel Sauvet. Il lui tendit la main et tenta d'enlever les pierres, lorsqu'un éboulement se produisit et rendit tous ses efforts inutiles.

À l'hôtel Picciola Sentinella, où le grand poète américain Longfellow résida longtemps jadis, une Anglaise, miss Robertson, jouait, devant un auditoire assez nombreux, la *Marche funèbre* de Chopin. Les cadavres de la jeune fille et de sa mère ont été trouvés sous les ruines avec ceux de toute une famille suisse, du nom de Pascal, qui se composait de huit personnes. Miss Robertson fut retrouvée assise devant le piano, les jambes croisées ; on aurait dit qu'elle continuait de jouer son morceau. La mort avait été instantanée.

Chose curieuse ! il paraît que la *Marche funèbre* de Chopin, qu'exécutait la jeune Anglaise à l'hôtel Picciola Sentinella quelques instants avant le tremblement de terre, a sauvé la vie d'un des personnages de distinction qui habitaient l'hôtel : le comte Capella. En entendant cette marche, le comte s'est en effet écrié : « Je ne puis endurer pareille musique, » et a quitté l'hôtel aussitôt. Il en avait à peine franchi le seuil que la maison s'écroulait derrière lui.

Dans l'écroulement de cet hôtel, tous ceux qui se trouvaient dans les chambres formant un des coins de la maison périrent. Ainsi la baronne de Riseis, qui se trouvait dans la chambre du milieu, fut sauvée. Sa fille, qui était couchée dans la chambre à l'angle de l'hôtel, périt. Son fils aîné, qui se trouvait dans une autre chambre à l'angle opposé, n'eut rien.

La baronne, qui avait reçu de fortes contusions à la poitrine, resta toute la nuit parmi les décombres, dans l'espoir, malheureusement déçu, de sauver son enfant. Elle ne se laissa arracher de ce lieu de douleur que lorsque les forces lui manquèrent avec l'espérance.

Un des traits d'héroïsme les plus émouvants est celui d'Adelina Domenichelli, fille du docteur Onorato, mort à Casamicciola.

La petite (elle était à peine âgée de douze ans), après s'être tirée toute seule de dessous les décombres, s'est traînée à tâtons, guidée par les gémissements, jusqu'au lieu où était sa mère complètement ensevelie, et qu'avec un courage et une énergie surprenantes elle réussit à sauver.

Elle se mit ensuite à la recherche des autres parents.

Elle ne parvint qu'à retirer son petit frère, qui eut un bras cassé et de fortes contusions.

Elle appela son père, mais inutilement.

Elle se mit alors à crier pendant près de deux heures en se tenant accrochée au sommet d'un mur resté debout, jusqu'à ce qu'un malheureux qui cherchait les siens, ayant trouvé une échelle, lui donnât le moyen de se sauver.

Les morts furent tout d'abord transportés dans un lieu spécial improvisé à la hâte, où l'on s'efforçait de les reconnaître en leur lavant le visage; mais il fut le plus souvent impossible d'en établir l'identité. Ensuite les ruines de l'église de Casamicciola furent déblayées, et c'est là que les cadavres furent déposés en attendant qu'on les transportât à Naples.

Cette ville n'avait éprouvé qu'une très légère secousse dans la nuit où l'île d'Ischia, dont elle est proche, fut si violemment ébranlée. Dès que la nouvelle funèbre fut connue à Naples, il y eut une consternation générale; car beaucoup de familles napo-

litaines avaient des proches parents à Ischia. De nombreux déta-
chements de pompiers et de soldats furent immédiatement expé-
diés de Naples pour procéder au sauvetage des victimes. Tous les
gendarmes de Casamicciola avaient été tués dans la catastrophe.

A mesure que les blessés étaient retirés des décombres, on les
embarquait sur des bateaux à vapeur pour Naples.

Pendant plusieurs jours cette ville présenta un aspect des plus
funèbres. A chaque instant on voyait passer des brancards sur
lesquels étaient couchés les blessés qui gémissaient. La scène
était déchirante.

Des centaines de personnes étaient arrivées, cherchant leurs parents ou leurs amis disparus, et les alentours de la Morgue présentaient l'aspect d'un lugubre désespoir. Bon nombre de personnes,
ne trouvant point ceux qu'elles cherchaient, allèrent à Casamicciola, mais les cadavres des étrangers découverts à Ischia étaient
apportés tous à Naples pour être reconnus. Pendant toute la
matinée, des barques arrivaient d'heure en heure chargées de
morts et de mourants. L'une d'elles contenait vingt-quatre petits
enfants, dont quelques-uns encore à la mamelle, et tous couchés
sur des linceuls blancs. Ces enfants furent déposés dans un hôpital
et placés en rang. La vue d'un si grand nombre de petits êtres
écrasés soulevait les plus vifs sentiments de pitié parmi les spectateurs. Comme on peut se le figurer, les hôpitaux étaient pleins, les
églises, transformées en hôpitaux, étaient également encombrées;
les baraques qu'on avait temporairement désignées pour recevoir
les morts en étaient remplies à l'excès, et chacun des bâtiments
qu'on y ajoutait successivement était presque aussitôt encombré.

L'archevêque de Naples, dès le lendemain de la catastrophe,

célébra un service pour les morts, et une messe fut dite pour les
blessés ; la plus vive émotion régnait dans toute l'Italie, et surtout
à Rome, beaucoup de familles romaines se trouvant à ce moment
en villégiature à Ischia.

Au reste, la ruine était complète à Casamicciola, et le syndic
de cette localité pouvait déclarer avec raison au ministre des travaux publics, lorsqu'il se rendit à Ischia, que de Casamicciola il ne
restait plus que le nom et un amas de ruines. Mais quelque épouvantable que fût le désastre, il aurait eu de bien plus terribles conséquences encore s'il était arrivé une heure ou deux plus tard, c'est-
à-dire au moment où tout le monde étant rentré chez soi, bien peu
de personnes se fussent trouvées en mesure de se sauver. Une seule
maison était restée intacte. On rencontrait dans les rues, plusieurs
jours après le désastre, des enfants criant après leur père et leur
mère perdus, et des jeunes gens fouillant, en pleurant, au milieu
des ruines pour retrouver des parents disparus.

Des scènes navrantes et lugubres se déroulaient à chaque instant ; et pendant plusieurs jours après la nuit fatale, on entendait
encore des gémissements éclater sous les ruines. Le 1ᵉʳ août,
c'est-à-dire six jours après l'effondrement de Casamicciola, on
retirait encore des personnes vivantes des décombres, en même
temps que des cadavres. Le dévouement, le zèle des soldats qui dé-
blayaient et faisaient le sauvetage furent au-dessus de tout éloge ; et
cependant ces braves gens furent plus d'une fois dans l'impossibilité
de se porter au secours des personnes encore vivantes, et dont on
entendait les gémissements au travers des décombres amoncelés.
Plusieurs soldats succombèrent à la tâche ; ce qui n'empêcha pas
leurs camarades de poursuivre leur œuvre humanitaire avec un

héroïsme admirable. L'archevêque de Naples et tout le clergé napolitain déployèrent, dans ces douloureuses circonstances, une activité merveilleuse. L'archevêque se rendit aussitôt à Ischia, pour porter aux malheureux les consolations de la foi ; ensuite il mit à la disposition du municipe la plupart des églises de son diocèse. Du reste, les actes de dévouement furent innombrables. A Casamicciola, à Lacco-Ameno, à Florio, l'on voyait les plus grandes dames soigner les blessés, et les ministres et un grand nombre de hauts fonctionnaires de l'État travailler avec les bersagliers au milieu des décombres.

Un soldat du 11ᵉ régiment d'artillerie s'obstinait à soutenir que sous certains décombres il y avait quelqu'un qui demandait du secours.

Après sept heures de travail acharné, il voit apparaître une main. C'était la main d'une femme.

En ce moment survient une vieille femme : elle regarde l'excavation, réfléchit... puis s'écrie :

— C'est ma fille ! c'est ma fille !

On travaille avec ardeur : voici un bras... les cheveux... le buste... tout le corps.

Mais un pied est pris dans la robe, et celle-ci se trouve serrée entre deux blocs.

Si on touche aux blocs, tout s'écroule.

L'artilleur déshabille la jeune fille, qui pleure, et la remet dans les bras de sa mère.

Un autre soldat, le caporal Curci, du 6ᵉ régiment des bersagliers, a travaillé pendant plusieurs heures, la tête en bas, dans un trou qu'il avait lui-même creusé.

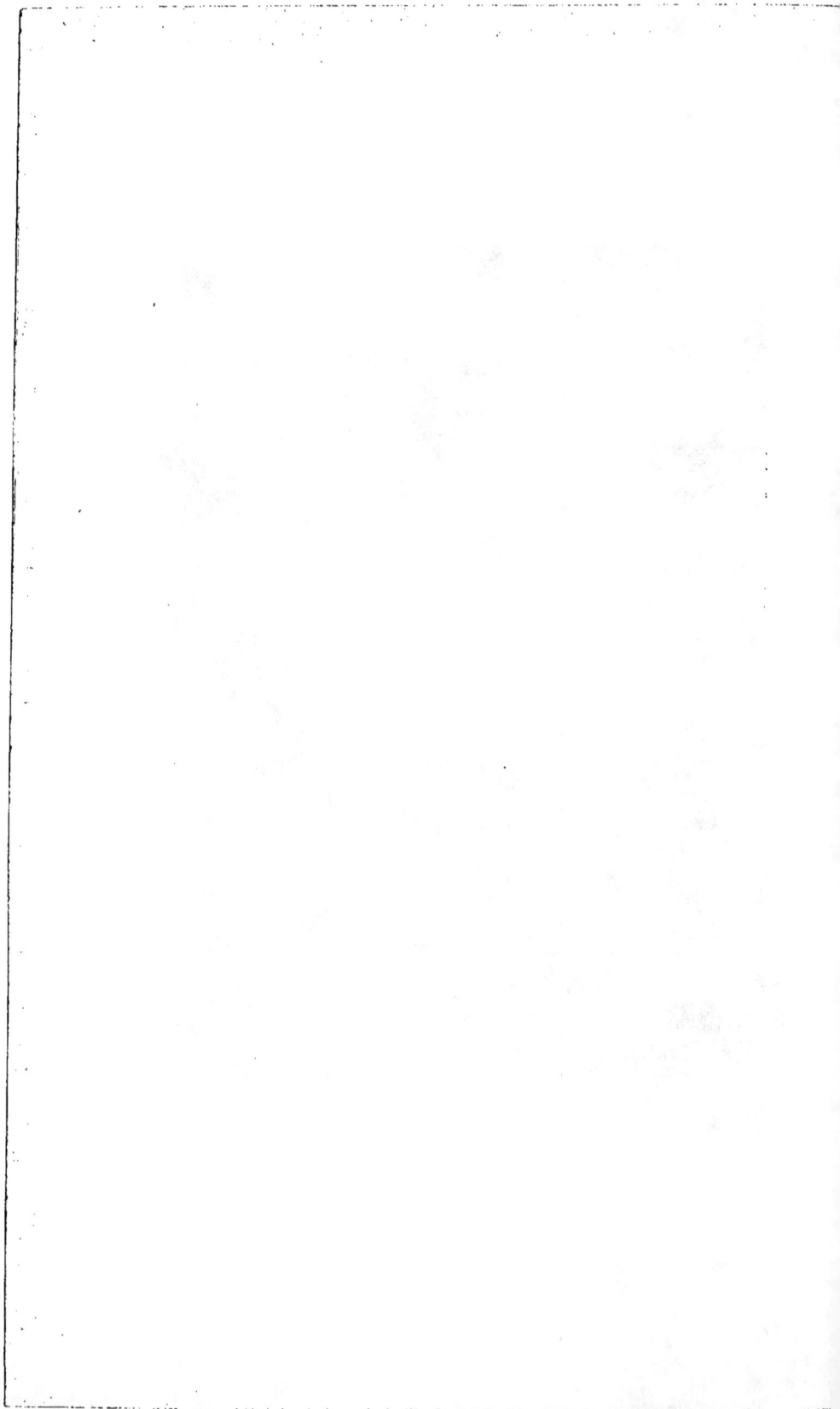

De temps en temps il se faisait tirer dehors, respirait, faisait redescendre le sang aux jambes et recommençait.

Tout à coup il crie :

— Tirez-moi dehors.

Mais il n'est pas seul. Une charmante jeune fille était avec lui !

A peine a-t-elle revu le jour, qu'elle pousse un cri, embrasse son sauveur et lui donne un baiser.

L'évêque de Caserta, Mgr Mennella, est resté vingt-quatre heures vivant sous terre.

Un de ses parents, suivi de plusieurs ouvriers, l'entendait crier :

« Sauvez-moi ! Je suis ici, je suis ici. »

Ce fut même cette voix désespérée qui guida les recherches.

Le prélat indiquait, de dessous les décombres, la direction des fouilles : « Par ici... un coup là... De ce côté... de l'autre côté... » Mais tous les efforts furent vains : il ne fut pas possible de sauver l'évêque.

Une difficulté surmontée, il s'en présentait une autre plus grave.

Les coups de pioche résonnaient. On essaya de travailler avec les bras. Tout fut inutile. La voix s'éteignit peu à peu ; quelques gémissements sourds, puis plus rien — la mort.

Madame Pontecorvo, de Rome, avait perdu sous les décombres de la villa Majo ses trois petits enfants, et elle criait en s'adressant au médecin qui accourait auprès d'elle :

— Professeur, sauvez mes pauvres enfants, ils ne doivent pas mourir... Ils ne sont peut-être pas morts ! Ils m'appellent peut-être... Ils auront froid, les pauvres petits... Qui leur donnera à manger?... Sauvez-les, mon professeur, je vous donnerai mon âme !...

Deux jeunes filles, mesdemoiselles Cobuzio et Lœwe, furent retirées des décombres par le capitaine du génie Mastelloni. A ceux qui les interrogèrent, mademoiselle Cobuzio raconta :

« Je suis restée pendant quelque temps évanouie ; lorsque j'ai repris connaissance, j'ai regardé autour de moi et j'ai entendu mon amie qui m'appelait.

« Nous avons pris courage et nous avons attendu.

« Les débris de trois étages formaient sur nos têtes une voûte soutenue seulement par la petite colonne d'un lit, qui servait d'étai.

« Après des heures et des heures d'attente, nous avons entendu le bruit de personnes qui s'approchaient, et nous avons commencé à crier au secours, mais sans être entendues.

« Nous entendions cependant le bruit des bêches, mais les coups tantôt s'approchaient, tantôt s'éloignaient, et nous perdions tout espoir.

« La petite Lœwe, qui tournait et retournait dans le misérable trou en parlant toujours, trouva par terre une poire et une prune. Elle en mangea la moitié et me donna le reste. »

Les deux malheureuses jeunes filles ont passé trois jours dans cette situation ; mais il semble qu'elles n'avaient pas une idée exacte du temps qui s'était écoulé.

Mademoiselle Cobuzio, en effet, finit son récit en s'écriant :

— Qu'il est terrible de rester dix heures sous terre !

Elle y était restée trois jours.

Des scènes aussi étranges que dramatiques se produisaient parfois au moment où les victimes, restées ensevelies pendant plusieurs jours, étaient délivrées. La plupart étaient comme frappées
de stupeur, d'autres étaient en proie à de pénibles hallucinations

Voici deux soldats qui courent en toute hâte, enjambant les
décombres. « Où allez-vous? » leur demande un capitaine d'infanterie qui les rencontre et qui avait sous ses bras des paquets
qu'il venait d'enlever à une bande de maraudeurs.

— « Sur la place Mario, répondent les bersagliers, où une vieille
femme appelle ! » La vieille avait entendu parler sous les ruines ;
c'étaient les voix suffoquées de deux personnes. L'une d'elles disait
en patois : *Chiano, chiano, me mesto scavanno attuorno.* (Doucement, doucement ; on creuse autour de moi.) Et l'autre répondait :
Io non pozzo far niente; si me move, ste petre me scamazzano. (Je ne
puis rien faire; si je bouge, ces pierres m'écrasent.) On travaille
avec des pioches. On entend crier : Au secours ! au secours! Fina-
lement, d'une profonde cavité apparaît un jeune homme de vingt
ans. Il est sain et sauf. Il saute dehors, ne remercie pas, blas-
phème, crie : « Assassins ! assassins ! Je suis tailleur, et je
trouverai de l'ouvrage! » Il s'est nourri avec des tomates. « As-tu
bu? — Oui, du vinaigre. » Il a ses habillements en lambeaux. On
ouvre les paquets du capitaine, et l'on y trouve des habits sacer-
dotaux très riches. « Habillez-moi ! » crie le tailleur, et on l'habille en prêtre. « Veux-tu manger? demande le capitaine. —
Non, boire. » Un soldat lui donne une bouteille de marsala. Le
tailleur la saisit et disparaît vers une hauteur. On continue à
creuser et on trouve le compagnon du tailleur, un cantinier de dix-
huit ans qu'on habille également en prêtre. Le tailleur était resté

enseveli cent onze heures, le cantinier cent seize. Un peu plus loin, du côté de la mer, on trouve un père et son fils, qui se croyaient morts l'un et l'autre. Ils s'embrassent en pleurant.

Dans la journée du jeudi, c'est-à-dire six jours après la catastrophe, on réussit à tirer des décombres plusieurs malheureux qui respiraient encore. Il faut citer, notamment, comme tenant du miracle, le sauvetage du jeune Francesco Pisani et de son cousin, qui étaient ensevelis depuis cinq jours sous les ruines de la piazza di Majo, centre de Casamicciola. C'est Francesco qui a été retiré le premier des décombres, en présence du ministre des travaux publics et aux applaudissements enthousiastes des soldats du 15ᵉ régiment d'infanterie qui, attirés par des gémissements, avaient réussi à sauver le jeune homme. Mais le sauvetage du cousin de Francesco a nécessité une opération beaucoup plus difficile et dangereuse. Ce second malheureux, mourant de faim, au milieu d'une atmosphère pestilentielle, était enterré sous un tas immense de débris, la jambe et le bras gauche pris entre le cadavre de son père et une grosse barre de fer ; la jambe droite couchée sous une poutre, la tête et l'épaule droite étant seules libres. Comment le dégager de cette position atroce, sans remuer des ferrailles, des blocs de pierres ou des monceaux de boiserie qui pouvaient le tuer d'un seul coup ?

Les sauveteurs frémissaient chaque fois qu'ils déplaçaient quelque chose du monceau de ruines qui pesait sur le jeune homme. Il leur a fallu travailler huit heures, avec des précautions inouïes, pour écarter tous les obstacles qui les séparaient du cousin de Francesco. Enfin, vers le soir, ils arrivèrent à leur but. Mais, pour dégager complètement la victime, il leur fallut encore scier la poutre sous laquelle se trouvait retenue sa jambe droite. Enfin, la poutre sciée, Pisani redevint libre et se leva en remerciant avec une touchante effusion ses libérateurs. Cette seconde résurrection, car on peut dire que c'en était une, fut saluée par de nouveaux vivats. Les soldats semblaient plus fiers de leur œuvre que s'il se fût agi d'une grande victoire remportée sur un glorieux champ de bataille. L'odeur qui s'échappait des ruines était si forte que quelques-uns de ces braves s'étaient évanouis et avaient failli être asphyxiés en allant au secours de Pisani.

Lorsque, le 2 août, le roi d'Italie arriva sur le théâtre du lamentable événement, il ne put retenir ses larmes en présence d'un si grand désastre. Tous les survivants se trouvaient sur la petite place de la Marine. Aussitôt que le roi eut mis pied à terre, on entendit un gémissement déchirant sortir de la poitrine de tous ces infortunés : leur gémissement et leurs sanglots furent le salut de Casamicciola à son roi. La foule se pressait autour de lui, et, agenouillée, elle voulait lui embrasser les genoux.

Le syndic de Lacco-Ameno, qui avait perdu sa femme et ses fils dans la catastrophe, se rendit au devant du roi, revêtu de l'écharpe sur ses habits souillés de sang, et lui dit : « Sire ! le devoir avant tout. »

Le roi visita Lacco-Ameno et Florio ; il alla partout, et à mesure qu'il avançait, il devenait plus triste, il s'écriait : « Horrible ! Je ne m'imaginais pas une si terrible catastrophe. »

Pour se conformer à la volonté du roi, on continua les travaux de sauvetage avec une ardeur nouvelle après le départ du souverain. Le ministre des travaux publics, M. Genella, qui dirigeait toutes les opérations, après avoir acquis la conviction qu'il n'y

avait plus personne de vivant sous les décombres, eut, dit-on, l'in-
tention de faire répandre une couche de chaux sur la ville de
Casamicciola, car des décombres sortaient des émanations nuisibles à la santé publique. Casamicciola serait ainsi devenue une
immense nécropole. Mais le ministre se contenta de faire creuser
de grandes fosses, et au lieu de faire porter les cadavres putréfiés
au cimetière, il fit effectuer l'inhumation dans ces fosses, creusées
près du lieu d'extraction. On recouvrait les cadavres, et on remplissait les fosses de chaux et de matières désinfectantes, afin
d'empêcher l'infection de l'atmosphère.

A la suite du tremblement de terre, une commission d'étude fut
chargée par le gouvernement italien de résumer les observations
précises qui avaient pu être faites pendant la catastrophe. Du
travail de cette commission, il résulte que le fléau souterrain a
fait 3075 victimes, dont 2313 morts et 762 blessés, non compris
les contusionnés. Pour ce qui est des habitations, elles furent à
peu près toutes complètement détruites à Casamicciola, où une
seule est restée intacte au milieu des ruines : c'est la maison Russo,
à la plage de Perrone. Il y avait avant les secousses 672 habitations à Casamicciola ; il y en eut 537 de détruites de fond en
comble ; et sur 4300 habitants, 1784 ont été tués. On croit que ce
nombre est inférieur au nombre réel des victimes de la catastrophe ; car d'autres documents portent que plus de 4000 personnes ont péri dans le désastre. A vrai dire, on n'en saura
jamais le nombre exact.

Le tremblement de terre de l'île d'Ischia a été une véritable
catastrophe, puisqu'il a fait des milliers de victimes et qu'il a
transformé en un amas de ruines des villes florissantes ; mais, nous

le répétons, si le nombre des victimes a été grand, c'est parce que la secousse s'est produite en pleine saison des bains, quand les hôtels étaient encombrés de visiteurs, et à l'heure où une grande partie des paysans s'apprêtaient à se mettre au lit, ou étaient déjà couchés. Au point de vue scientifique, et comparée aux grandes secousses qui ébranlent simultanément de vastes régions de la planète, la secousse dans l'île d'Ischia a été un phénomène d'une importance restreinte et tout à fait locale. L'île entière, toute petite qu'elle est, ne fut pas ébranlée violemment partout; et de l'autre côté du golfe, à Naples et même à Procida, il n'y eut qu'une légère secousse. La commission scientifique composée des professeurs Palmieri, Guiscardi et Ogliaio, chargée de se prononcer sur la nature du terrible phénomène, s'est bornée à déclarer qu'il y eut, d'abord, une secousse verticale, et ensuite, une secousse ondulatoire. Toutefois, M. Palmieri ne croit pas que l'Épomée se rallume; et comme on n'a remarqué, ni avant ni après la catastrophe, des mouvements extraordinaires dans les appareils sismographiques de Naples et du Vésuve, le savant professeur penche à croire que le tremblement de terre a été causé par la chute de grottes d'argile près de Casamicciola; grottes creusées par l'action dissolvante des eaux minérales. Cela ne serait pas impossible, bien qu'il n'y ait eu aucune trace d'un pareil éboulement. Avec M. John Lavis, qui a fort bien étudié les phénomènes souterrains de cette région, je crois que la cause du désastre, bien que locale, n'est point celle qu'indique le vénérable professeur de Naples, et que la catastrophe est due au monstre assoupi, à l'Épomée, dont le feu, loin d'être éteint, est en plein travail. Les vibrations du sol dans l'île d'Ischia appartiennent, je crois, à la classe de ces mouvements souterrains qui précèdent les grandes éruptions d'un volcan. C'est ainsi que le mouvement du sol autour du Vésuve en l'an 63 fut le précurseur de la grande éruption de l'an 79, qui ensevelit Pompéi sous une pluie de cendres ; et qu'une série de chocs violents précéda, de quelques années, l'apparition du volcan de Monte-Nuovo, près de Pouzzoles. Dans l'île d'Ischia, l'on doit s'attendre à d'autres tremblements de terre d'un caractère plus violent ; les intervalles de répit diminueront probablement d'année en année, jusqu'à l'explosion de l'Épomée, dont le sommeil séculaire n'a pas anéanti la puissance. Dans combien de temps la catastrophe aura-t-elle lieu ? nul ne saurait en préciser l'époque, mais cette époque, je ne la crois pas éloignée.

LES TREMBLEMENTS DE TERRE

DE

L'ANDALOUSIE

LES TREMBLEMENTS DE TERRE
DE L'ANDALOUSIE

Il n'y a pas, en Europe, de contrées plus belles que les provinces méridionales de l'Espagne. Leurs montagnes sont hautes
et superbes ; leurs plaines et leurs vallées, toutes fertiles, sont
couvertes de vignes et d'orangers ; leurs antiques et célèbres cités
sont remplies de chefs-d'œuvre ; dans leurs ports opulents et
spacieux flottent les pavillons de toutes les nations.

Ces provinces ont bien souvent éprouvé la redoutable puissance
des fléaux souterrains. Lors de la catastrophe de Lisbonne, elles
furent violemment agitées, et à Cadix le désastre fut immense.
En 1833, plus de 4 000 maisons ont été détruites dans la seule

15

province de Murcie ; et dans cette même province, le sol trembla
de novembre 1855 jusqu'en mars 1856 pendant quatre-vingts
jours, sans discontinuer.

Vers la fin du mois de décembre 1884, toute cette région, comprenant les provinces d'Andalousie, de Grenade, de Cordoue, de
Jaen et de Murcie, a été visitée par le redoutable fléau. Un tremblement de terre, d'une extraordinaire durée et d'une violence
extrême, a ravagé les villes andalouses et grenadines, a bouleversé
les campagnes et jeté l'épouvante au sein des populations.

Dès la fin du mois de novembre, des vibrations du sol avaient
été ressenties en Espagne, en Portugal, en Italie et même dans
le sud de la France. Elles s'étendirent par la vallée de la Du-
rance jusqu'à Grenoble ; et de l'autre côté jusqu'à Toulon, Cannes
et Nice. Bien qu'en Espagne ces frémissements aient été les
prodromes d'une crise épouvantable, ils y passèrent presque
inaperçus. Mais le 25 décembre, un mois après ces premières
vibrations, le sol trembla violemment sur les hautes terrasses de
l'Andalousie, dans les montagnes de Murcie, et d'un bout à l'autre
de l'ancien royaume de Grenade.

A Séville, la capitale andalouse, la première secousse eut lieu
le jour de Noël, à neuf heures sept minutes du soir. Elle dura
huit secondes, et fut aussitôt suivie d'une autre moins violente
peut-être, mais d'une égale durée. Le phénomène était accompagné d'un bruit souterrain intense, comparable à celui de l'ouragan. La population affolée se précipita dans les rues ; et l'on
passa la nuit dehors, dans la crainte et l'épouvante. Beaucoup de
maisons et d'édifices publics ont été lézardés ; mais il n'y a pas
eu de grands désastres à Séville. Quoique la cathédrale ait été

fortement ébranlée dans ses puissantes assises, elle a beaucoup moins souffert, cette fois, que le 1er novembre 1755, jour où les secousses souterraines firent tomber la superbe tour de l'église métropolitaine : la fameuse Giralda, tour à trois galeries, sans égale dans le monde entier.

Le tremblement de terre a sévi surtout dans les régions montagneuses de la province de Grenade, où les petites villes et les bourgades situées dans les vallons étroits et sur la pente des montagnes ont presque toutes été détruites.

Dans la ville de Grenade, la population a été constamment alarmée par des secousses qui, pendant trois semaines, se sont renouvelées jour et nuit. Un grand nombre de maisons se sont écroulées; mais l'Alhambra, l'antique palais royal des Maures, a résisté aux efforts du fléau souterrain. Pendant plusieurs nuits, les habitants de Grenade bivouaquèrent autour de grands feux allumés dans les rues et sur les places publiques. Lorsqu'on apprit les épouvantables désastres survenus dans les petites localités voisines, la panique augmenta encore à Grenade; plus de 20000 habitants s'enfuirent et allèrent camper sous des tentes dans les environs de la ville.

Cinquante-six villes et villages ont été grièvement atteints par le fléau; en moins de dix secondes, une vingtaine de ces localités ont été entièrement détruites. Dans la soirée du 25 décembre, dès les premières secousses, 1320 maisons s'écroulaient dans la ville d'Alhama; depuis lors 280 se sont effondrées, et l'on a retrouvé 576 cadavres sous les décombres de cette petite cité, naguère si animée. Elle n'existe plus; et l'on se propose de bâtir une nouvelle ville non loin de celle que le fléau est venu détruire.

Bien souvent les Espagnols ont dû procéder ainsi dans le nouveau monde, dans l'Amérique centrale surtout, où ils ont changé trois et quatre fois l'emplacement de la ville de Guatémala, que les tremblements de terre détruisaient dès qu'elle était reconstruite.

Parmi les localités anéanties par la récente commotion se trouve aussi Abumélas, qui était une des plus florissantes et pittoresques bourgades de la province. De ses 477 maisons, 463 se sont effondrées, et 517 de ses habitants ont péri sous les décombres.

Pendant plus d'un mois, des secousses incessantes ont continué d'ébranler l'Andalousie et la province de Grenade ; elles ont renversé plus de 3 000 maisons, et ont fait périr plusieurs milliers d'êtres humains. Le fléau a produit çà et là des effets secondaires étranges et curieux. Une zone de territoire dans laquelle se trouve compris le village de Guevéjar a glissé sur la pente de la montagne lentement, pendant plusieurs jours. Des crevasses profondes, semblables à celles qui se produisirent en 1783 pendant le terrible tremblement de terre de Calabre, se sont ouvertes dans le roc près de Torax et ailleurs ; dans les environs de Periana, quelques maisons ont disparu, englouties tout à coup dans les entrailles de la terre. La plus grande crevasse est celle de Guevéjar, village adossé au Cerro de Gogollos, à 10 kilomètres de la ville de Grenade ; elle a près de 3 kilomètres de longueur, et sa profondeur n'a pu être déterminée. Les maisons qui occupaient l'espace même où le sol s'est ouvert ont été subitement englouties. L'église a disparu dans le gouffre béant ; et aujourd'hui, on ne voit plus que le sommet de son clocher qui dépasse à peine la

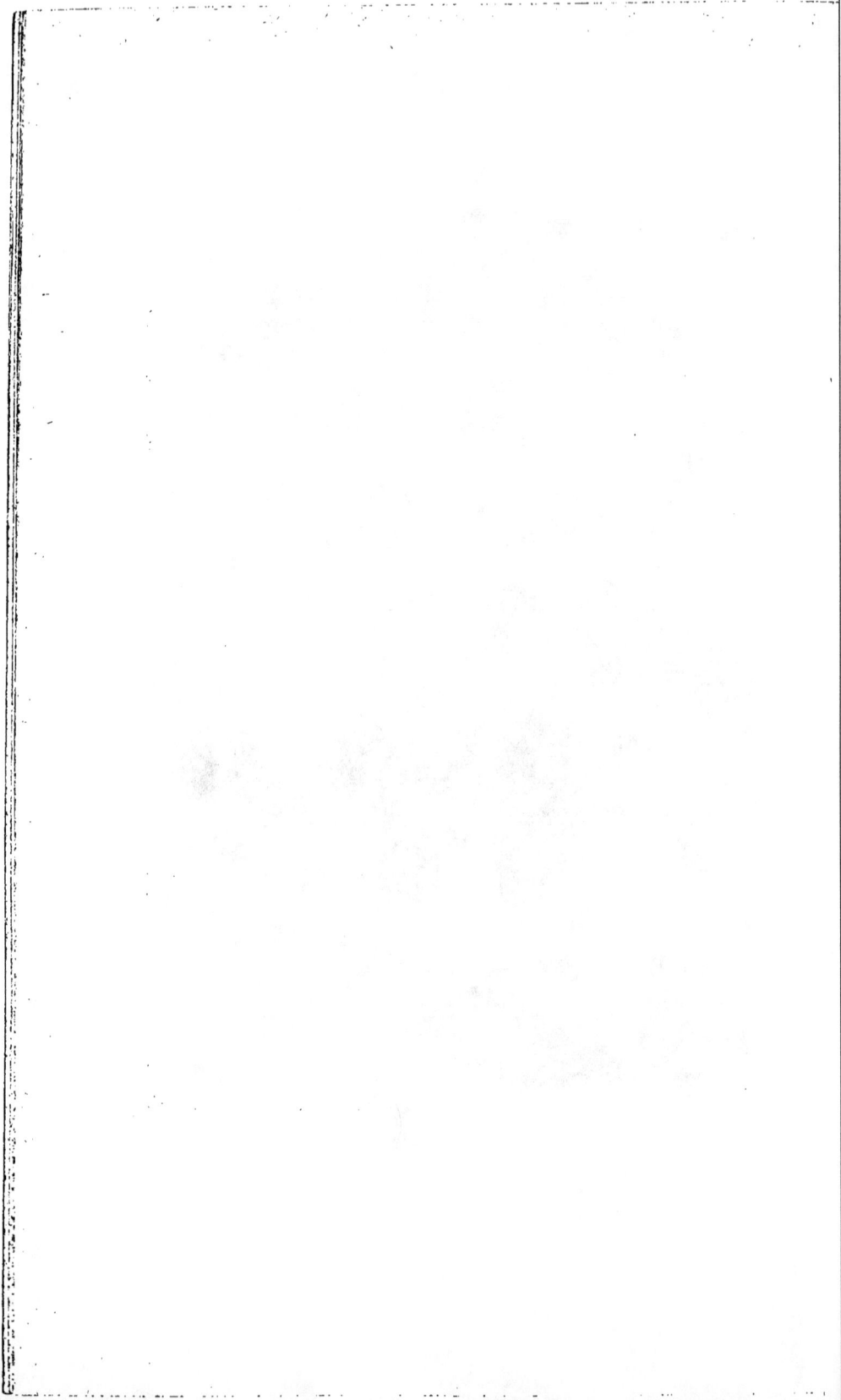

surface du sol. En maints endroits, les flancs des montagnes ont été déchirés; et de ces énormes fissures, ont jailli des flots d'eau bouillante. On affirme aussi que la rivière de Gogollos a changé son cours; et l'on penche à croire qu'il y a eu un exhaussement du sol dans certaines régions de la zone ébranlée. De toutes parts, les touristes et les géologues sont venus contempler ces étonnantes manifestations des forces souterraines.

Le spectacle a été navrant et horrible dans les campagnes, où s'était réfugiée la population affolée des localités détruites ou menacées. Et pendant que les habitants étaient campés en plein air; pendant qu'ils erraient sans abri, exposés aux rigueurs d'un froid subit, et aux atteintes de la faim, on désinfectait leurs bourgades anéanties; on couvrait avec de la chaux vive les cadavres de leurs amis et de leurs proches, ensevelis sous les décombres.

Le roi d'Espagne, en visitant le théâtre de la catastrophe, a eu sous les yeux des scènes lugubres; malgré les acclamations qui l'accueillaient partout, il a entendu, partout aussi, monter vers lui les cris déchirants des blessés et les sanglots des populations éprouvées.

Quelle a été la cause de l'épouvantable catastrophe? Quelles sont les forces qui ont fait ainsi trembler la terre? A cette question, on ne saurait répondre sans hésiter. Le problème est complexe; et pour le résoudre, de nombreuses hypothèses ont été proposées. On y a vu les effets du calorique souterrain et du feu central; d'autres observateurs, frappés de l'état morcelé des masses rocheuses, qui constituent le sol andalou, ont affirmé que le phénomène s'est produit par des éboulements souterrains;

d'autres, enfin, ont pensé qu'il était dû au rétrécissement du sol, par suite du refroidissement lent et continu de la surface terrestre. Si je devais dire quelle a été la cause immédiate du tremblement de terre de l'Andalousie, je dirais que, dans ma pensée, cette cause est le calorique souterrain qui enfante aussi les volcans.

Toute cette région de l'Espagne appartient au bassin volcanique de la Méditerranée, où se dressent et le Vésuve et l'Etna et le Stromboli ; bassin incessamment agité par le feu intérieur qui depuis trente siècles travaille à se faire jour dans l'île de Santorin, et soulève du fond de la mer des îlots enflammés. Il y a là un immense foyer d'activité souterraine, foyer qui se révèle dans les montagnes de feu de l'Asie centrale, côtoie la mer Caspienne, touche aux rivages africains, traverse la Méditerranée, et s'étend jusqu'aux îles Açores où le volcan de Ténériffe élève sa cime couverte de neige et de fumée. Aussi, chaque fois que la terre a tremblé sur un point quelconque de ce vaste système, la secousse a été ressentie sur quelque autre point de la zone. Lors du grand tremblement de terre de Lisbonne, en 1755, toute la zone volcanique a été ébranlée, et tandis que le sol tremblait en Espagne, le fond de la mer était secoué. De même, cette fois, au moment où le fléau allait ravager l'Andalousie, le fond de la Méditerranée, aussi bien que celui de l'océan, fut ébranlé ; et non loin des Açores, on ressentit à bord des navires de violentes secousses, accompagnées de terribles grondements sous-marins. Le feu est en plein travail dans cet immense foyer, comme s'il faisait des efforts pour échapper de la mince écorce qui le tient captif, qu'il ébranle et qu'il ne peut briser. Ce travail est tellement apparent, qu'au plus fort de la récente commotion, la population andalouse

s'attendait à voir s'ouvrir un cratère enflammé, et qu'on avait
même signalé, comme un fait certain, l'apparition d'un volcan
dans la Sierra Elora, près de Grenade. Bien que le fait n'ait pas
été confirmé, je ne serais pas surpris de voir un jour, après de
violentes secousses, éclater dans la péninsule ibérique un volcan
nouveau, comme on a vu surgir le Monte Nuovo sur la plage
napolitaine, ou le volcan de Jorullo sur les hautes terrasses du
Mexique.

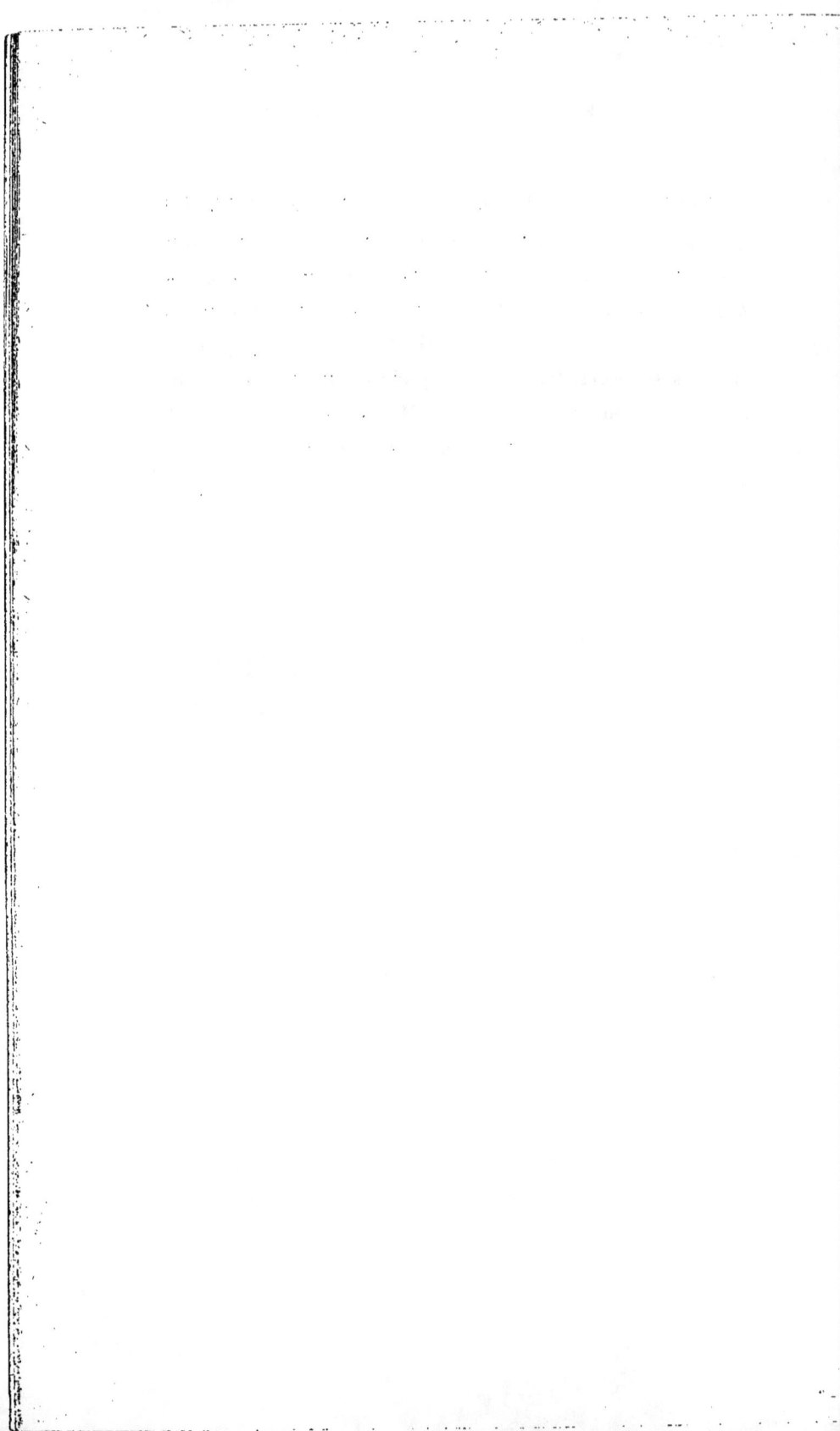

GROUPEMENT

DES

TREMBLEMENTS DE TERRE

GROUPEMENT DES TREMBLEMENTS
DE TERRE

I

Les faits nombreux qu'on a exposés prouvent jusqu'à l'évidence qu'il existe entre les feux des volcans et les commotions souterraines plus qu'une vague relation; mais si l'on en concluait que la crise des volcans est toujours la cause des tremblements de terre, ou que ceux-ci déterminent le phénomène volcanique, on aurait, je crois, également tort. Par contre, on aurait raison, ce semble, de voir, dans l'ensemble de ces faits la preuve que bien souvent, sinon toujours, les deux phénomènes ont une commune origine, et apparaissent comme les manifestations inégales d'une seule et même force souterraine, qui est la chaleur intérieure de la Terre.

Toutefois les tremblements de terre se produisent souvent aussi dans des circonstances qui font hésiter à leur reconnaître une commune origine avec les phénomènes volcaniques. En effet, si, d'une part, on voit souvent les volcans entrer en fureur ou s'apaiser soudainement quand la terre commence à trembler près d'eux et même à une grande distance, on voit non moins souvent de violentes secousses ébranler de vastes régions où se dressent des volcans, sans que l'action de ceux-ci en soit modifiée. Nous avons déjà signalé ce fait dans la Cordillère des Andes où, fréquemment, la terre tremble entre des massifs d'énormes volcans, tandis que ceux-ci demeurent impassibles.

L'observation de ces faits permet de distinguer deux groupes de vibrations souterraines : un groupe de tremblements de terre appelés volcaniques, parce qu'ils sont produits directement par le feu des volcans ; et un second groupe de tremblements de terre appelés plutoniens, qui ne sont pas étroitement liés à l'action des cratères embrasés.

Le premier groupe comprend non seulement les trépidations du sol dans le voisinage immédiat des volcans, mais toutes les commotions qui se produisent dans des terrains volcaniques et que l'on peut, sans difficulté aucune, rattacher à l'action du feu des volcans, même lorsque ces commotions se produisent à distance des montagnes de feu.

Le second groupe comprend, par conséquent, les secousses dont le centre, ou le point de départ, se trouve à grande distance de tout volcan actif. Il est vrai que, même dans ce cas, on pourrait considérer la vibration du sol comme un effet du calorique souterrain, et rattacher ainsi, quoique d'une manière indirecte, tout le groupe de tremblements de terre plutoniens aux phénomènes des volcans.

Il y a une vingtaine d'années, c'était même ainsi que, dans le monde des sciences, on envisageait ces phénomènes, puisque, à l'exception de Darwin, de Charles Lyell, de Boussingault et de quelques-uns de leurs disciples, on était alors d'accord pour attribuer tous les tremblements de terre à l'action du feu central, qu'on regardait également comme l'auteur des phénomènes volcaniques. Et même de nos jours, bon nombre d'observateurs indépendants, habiles et sagaces, après avoir pesé dans leur esprit le pour et le contre, estiment que les tremblements de terre sont produits, sinon par le feu central, dont l'existence est une hypothèse, du moins par le calorique souterrain, qui existe certainement, et dont l'action se manifeste avec puissance à la surface du globe.

II

Cependant, quand le centre d'ébranlement se trouve dans une région où l'on ne voit ni volcans actifs, ni cratères éteints, ni roches volcaniques, ni traces du feu souterrain, on est en droit de rechercher si la cause du phénomène n'est pas plus locale, plus immédiate que ne serait le feu intérieur. C'est ainsi qu'à la suite de nombreuses et patientes recherches, on se montre aujourd'hui disposé non seulement à distinguer les deux groupes de tremblements de terre que l'on vient d'indiquer, mais à leur joindre un troisième groupe de commotions. Indépendantes des volcans, ces commotions auraient pour causes non pas le calorique souterrain ou les gaz et les fluides qu'il dilate, mais uniquement certains mouvements mécaniques du globe, tels que la chute de cavernes souterraines, le tassement des montagnes, les glissements des couches rocheuses, les ruptures d'équilibre dans les assises profondes. Tout ce qui peut donner naissance à de tels changements pouvant aussi, — on le suppose, — provoquer des vibrations à la surface, voici comment l'on explique le tremblement de terre par ce travail mécanique : Dès que dans l'intérieur de la terre une couche rocheuse recouverte par une autre couche s'affaisse subitement, cette soudaine rupture d'équilibre produit dans la masse minérale un mouvement qui se transmet à travers les couches supérieures, et se traduit par un choc à la surface de la terre.

Dans cette théorie, l'on admet qu'une grotte s'écroulant sous l'action érosive des eaux souterraines, qu'un éboulement se produisant dans l'intérieur de la terre, qu'un simple plissement de terrain s'effectuant à la base d'une montagne, par suite du refroidissement graduel de l'écorce terrestre, suffisent pour produire à la surface de violentes secousses et des vibrations qui dureront aussi longtemps que les roches ébranlées n'auront pas achevé leur travail de tassement et recouvré leur équilibre.

Le tremblement de terre de 1855, dans le canton du Valais, en Suisse, a été une de ces commotions souterraines que bien des savants attribuent à une soudaine rupture d'équilibre au sein des roches profondes. A leurs yeux, cette grande commotion avait été produite uniquement par le tassement des hautes montagnes qui dominent la vallée de Viège. Comme toutes celles du superbe massif des Alpes bernoises, les montagnes du Valais sont composées de substances facilement dissoutes et délayées par des eaux qui filtrent à travers les couches rocheuses, et, en s'amassant, forment des sources ou de véritables rivières souterraines; or, lorsque ces eaux, après avoir circulé dans l'intérieur de la terre, s'élancent des profondeurs obscures en murmurant gaiement comme des captives heureuses de revoir la lumière, elles entraînent avec elles une quantité de substances minérales tellement énorme, qu'on a peine à y croire.

Une seule des nombreuses sources minérales de Leuk (Louèche), au pied de la Gemmi, au centre même du Valais, la source de Saint-Laurent, entraîne, chaque année, 4 000 000 de kilogrammes de substances gypseuses, c'est-à-dire 1 620 mètres cubes des matières composant les assises de la montagne. En un siècle, cette source pourrait ainsi creuser un vide ou une grotte de deux mètres de hauteur à travers une couche de gypse d'un kilomètre carré. Or, comme il y a dans le Valais des centaines de sources de ce genre qui minent sans répit, et de siècle en siècle, les assises des massifs, on comprend que le travail perpétuel de ces eaux finisse par creuser des vides immenses dans les profondeurs et que la masse énorme de la montagne puisse un jour s'abaisser tout à coup. On comprend aussi combien terrible doit être le choc au moment où toute cette masse, — il s'agit de massifs de 3 000 mètres de hauteur, — se pose et se tasse sur ses nouvelles assises. Il se peut qu'un semblable événement souterrain ait été la cause du grand tremblement de terre de Viège.

« Ce n'est pas là une simple hypothèse, c'est une certitude, »
disait à ce propos Otto Volger, le savant professeur de Zurich,
qui a suivi de près et fort attentivement les phases de la commotion. Mais d'autres géologues, non moins éminents, ont fait
observer que l'année 1855 avait été particulièrement féconde
en tremblements de terre ; que la catastrophe de Viège avait été
précédée et suivie de violents tremblements de terre qui ébranlèrent une vaste région et détruisirent plusieurs villes et villages;
que ces commotions, qui se renouvelèrent pendant plusieurs mois,
avaient eu lieu parfois simultanément en Asie, en Europe, en
Amérique, et enfin que plusieurs des nombreuses secousses du
tremblement de terre de la vallée de Viège avaient coïncidé,
heure pour heure, avec des secousses à Brousse et à Constantinople. Ces géologues en ont conclu que toutes ces secousses, y
compris le tremblement de terre de Viège, ont été les effets d'une
même cause : à leurs yeux, l'ébranlement de la vallée de Viège
a été produit par les feux souterrains, et non par le tassement
des Alpes.

LE TREMBLEMENT DE TERRE

DU VALAIS

LE TREMBLEMENT DE TERRE DU VALAIS

Le canton du Valais, pris dans son ensemble, a pour frontière naturelle un rempart de montagnes et de glaciers qui l'encercle étroitement. Ce territoire, avec ses vertes cultures et ses vallons ombreux, fait l'impression d'une île ou d'une oasis, bien qu'il soit situé au cœur du continent européen : les fleuves de glace qui l'enveloppent en font une île ; les névés, les moraines, les hauts déserts qui l'isolent et dont le vent soulève en tourbillons poudreux la neige éternelle, en font une oasis. Vers l'ouest, entre la Dent du Midi et la Dent de Morcles, l'énorme massif qui se dresse à une altitude de 3000 mètres est coupé, de haut en bas, par une échancrure unique : cette gorge étroite, abrupte, sombre et d'une

16

profondeur de 2,600 mètres, est la seule voie par laquelle on puisse,
en toutes saisons, pénétrer dans le Valais. Un essaim de petites
villes, de villages et de hameaux, avec leurs rustiques et fiers
chalets, couvrent le pays ; on les aperçoit cachés dans les touffes
de verdure, ou semés, çà et là, dans les vallons, au bord des
rivelets, et sur les flancs gazonneux de la montagne.

Une des plus pittoresques vallées du canton est celle de
Viège, au fond de laquelle est la jolie petite ville de Visp ou Viège.
En 1855, cette paisible et délicieuse contrée a été visitée par le
fléau souterrain. Depuis plusieurs jours la chaleur était in-
tolérable et les habitants de la vallée attendaient avec impatience
l'orage qui devait amener la fraîcheur, lorsque le 25 juillet, à
une heure de l'après-midi, au moment où la pluie d'orage commençait à tomber, une épouvantable et soudaine commotion
ébranla toute la contrée. A ce premier choc vertical et saccadé,
qui était accompagné de détonations souterraines effroyables
et d'une inconcevable puissance, succédèrent aussitôt des mouvements ondulatoires du sol. Les habitants, qui dès le premier
choc s'étaient précipités hors des maisons, furent renversés et
roulés sur le sol comme des objets inertes. De tous les côtés aussi,
les maisons s'effondrèrent. Les chalets construits en bois tombaient tout entiers, et volaient en éclats, en frappant contre le sol ;
tandis que les constructions en maçonnerie s'écroulaient avec
fracas partout, au haut de la montagne aussi bien qu'au fond
de la vallée. Les deux belles églises de Visp, avec leurs hauts clochers, s'affaissèrent au premier choc, et la ville fut réduite en un
monceau de ruines.

Dans les vallées de Viège et de Saint-Nicolas, les villages

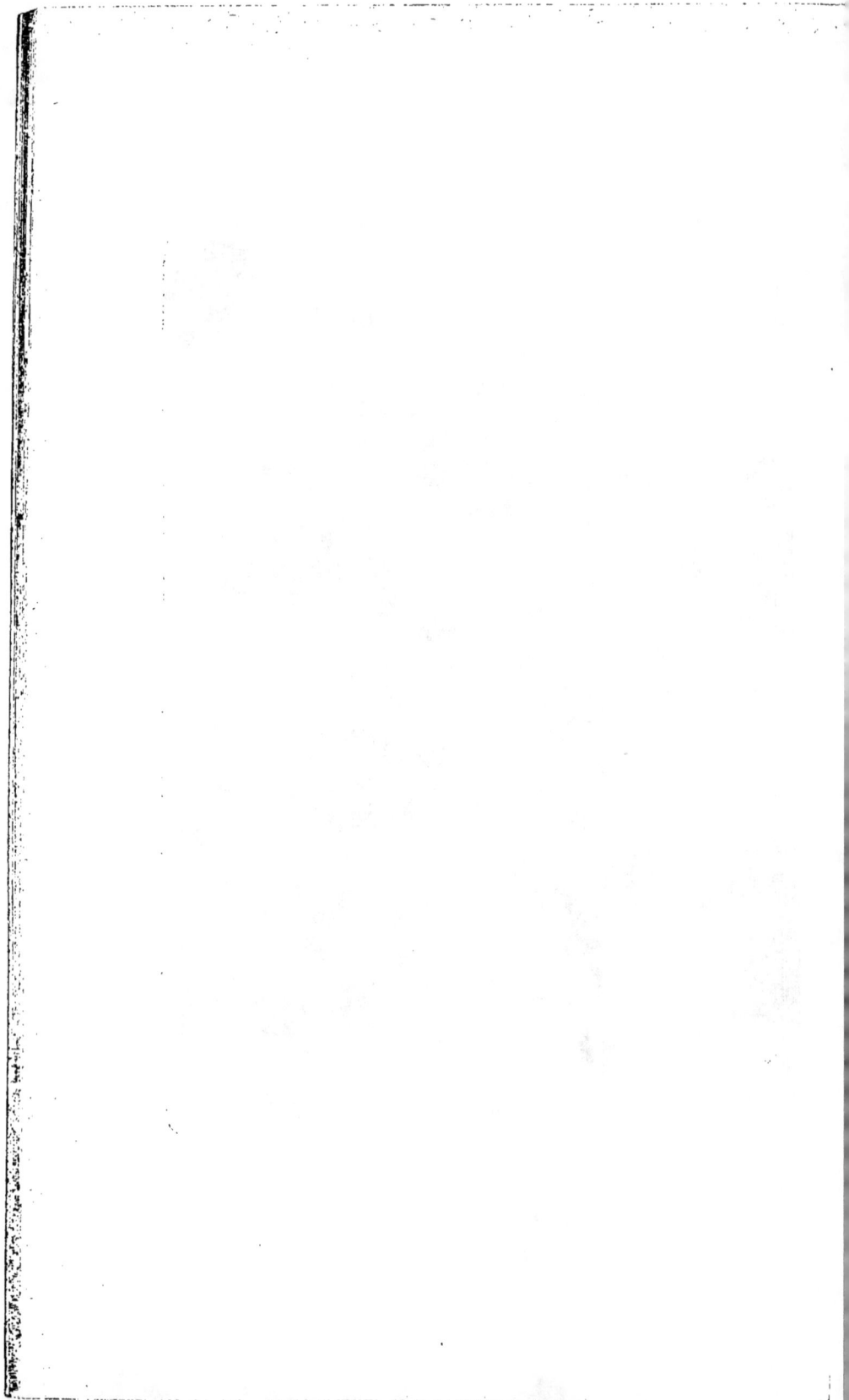

furent presque tous détruits, et un grand nombre d'autres localités, situées sur la pente des montagnes et sur les plateaux, furent également atteintes par le fléau. Il anéantit complètement la jolie petite ville de Grechen, qui florissait sur les hauteurs, à proximité des champs de neige. Au reste, tout le massif, haut de trois kilomètres, fut secoué à tel point qu'on vit les montagnes s'élever, s'abaisser, et ensuite balancer leurs hautes cimes dans les airs. D'immenses éboulis suivirent l'ébranlement de ces monts superbes; des quartiers de rochers tombèrent sur les villages; des blocs de glace énormes se détachèrent des grands glaciers; et des hauts sommets, la neige se précipita en avalanche dans la vallée.

Les détonations souterraines, les éclats de la foudre, le fracas des éboulements, le tonnerre des avalanches, tous ces bruits terribles qui se répercutaient d'écho en écho, semaient l'épouvante au sein de la population. Éperdue au milieu de ce vacarme infernal, affolée à la vue des ruines qui s'amoncelaient, et des montagnes qui oscillaient, elle crut que le massif des Alpes s'écroulait tout entier. On peut, du reste, se faire une idée de la violence de ce tremblement de terre en songeant que les secousses parties de la vallée de Viège s'étendirent sur un espace de 282,000 kilomètres carrés à travers les massifs énormes des Alpes et du Jura, et furent ressenties, en France, depuis Grenoble, Valence et Lyon, jusqu'à Troyes et Paris; en Allemagne, jusqu'à Wetzlar et Heidelberg; en Italie, jusqu'à Milan. Parme, Turin et Gênes. Et, chose prodigieuse, ce tremblement de terre dont les secousses dans la vallée de Viège furent, dit-on, aussi violentes que celles de la commotion de Lisbonne; ce fléau

qui souleva les plus hautes montagnes de l'Europe, qui ruina
tant de villes et de villages, qui ébranla un si vaste territoire, ne
fit qu'une seule victime : à Grechen, au haut de la montagne, près
des neiges éternelles, un pan de mur écrasa un enfant qui jouait
devant la porte d'une maison.

FRÉQUENCE DES SECOUSSES

ET

LEUR DISTRIBUTION GÉOGRAPHIQUE

FRÉQUENCE DES SECOUSSES
ET LEUR DISTRIBUTION GÉOGRAPHIQUE

I

Le tremblement de terre est un phénomène beaucoup moins
rare qu'on ne croit ; aux yeux de l'observateur attentif, il se présente comme une manifestation fréquente de la vie planétaire.
De 1850 à 1857, on a signalé 4,620 tremblements de terre, ré-
partis en 1,810 journées pour l'hémisphère boréal, et 637 pour
l'hémisphère austral. Il n'y a pas de jour qu'on ne signale deux
ou trois tremblements de terre ; et comme beaucoup de secousses
se produisent en des lieux inconnus, ou ne sont pas signalées,

on peut admettre qu'il y a, chaque année, plusieurs milliers de tremblements de terre ; il est même probable que si l'on pouvait observer l'état journalier de la surface terrestre tout entière, on constaterait que cette surface est toujours agitée par des secousses en quelques-uns de ses points. Si l'île d'Ischia n'avait pas été habitée, on aurait à peine parlé des secousses si peu importantes et si restreintes qui l'ont agitée récemment, et que, peut-être, personne n'aurait songé à signaler. Des secousses de ce genre ont lieu perpétuellement en Asie et en Amérique, et elles passent inaperçues. Ce qui donne un si grand retentissement parmi les hommes à des secousses aussi restreintes que celles de l'île d'Ischia en 1880, ou de l'île de Chio en 1881, ce n'est pas la grandeur du phénomène, ce sont les malheurs que la commotion produit dans les villes et les villages, fourmilières humaines qui, hélas ! dans l'ensemble des choses, ne comptent pas plus que celles construites par les fourmis avec non moins de soin et de patience.

Il y a des régions qui sont presque toujours agitées par des commotions souterraines, tandis que d'autres restent des années, et même des siècles sans en éprouver.

Dans les contrées soumises à l'action immédiate des feux volcaniques, le sol vibre presque sans répit, ainsi qu'on peut l'observer sur le versant occidental de la Cordillère des Andes dans l'Amérique du Sud et du Centre. La vallée de San-Salvador, par exemple, que domine un des puissants volcans de l'Amérique centrale, est sujette à des agitations si continuelles, que les habitants lui ont donné le nom de « Couscoutlan » qui signifie le hamac. Quoique le sol frémisse surtout dans le voisinage immédiat des volcans, il tremble néanmoins fréquemment aussi, fort loin de ces grandes fournaises ; et ces commotions, nous l'avons déjà dit, sont même parfois beaucoup plus violentes que celles qui se produisent au pied des volcans. De même que, dans les régions où les volcans se livrent à leur fureur, on croit que leurs grandes crises ont lieu à des époques régulières, de même aussi, dans les contrées que ravagent souvent les tremblements de terre, on croit à un retour périodique des commotions. Les grands tremblements de terre qui interrompent la longue série de petites secousses sont-ils périodiques? On ne peut l'affirmer. Cependant, au Pérou, l'opinion est répandue qu'il n'y a que deux secousses désastreuses à craindre par siècle.

Il est curieux d'observer que quelques-uns des plus violents tremblements de terre y ont eu lieu après un intervalle d'un siècle. A Lima, par exemple, il y eut une violente commotion le 17 juin 1578, et le terrible phénomène se renouvela le même jour de l'année 1678. Dans le Chili, à Copiapo surtout, on avait cru pendant longtemps à un retour périodique après vingt-trois ans, parce que des tremblements de terre y eurent lieu en 1773, 1796 et 1819 ; mais cette croyance a été détruite depuis que des secousses violentes s'y sont produites à des intervalles plus rapprochés, notamment en 1822 et 1835.

On peut, je crois, affirmer qu'aucune région de la terre n'est complètement protégée contre l'action souterraine, et qu'il n'existe aucune contrée, dont la nature du sol puisse exclure la possibilité d'une catastrophe. Que ce soit le feu souterrain qui les produise, ou le tassement des assises profondes, les tremblements de terre ont lieu aussi bien dans la zone torride que dans les régions polaires ; dans le voisinage immédiat des montagnes de feu comme loin d'elles ; sur les hauts sommets aussi bien que dans les plaines, les steppes et les profondeurs de l'océan.

II

Dans les pays où, comme en France, en Allemagne, en Angleterre, les tremblements de terre sont assez rares, on se fait difficilement une idée de la fréquence de ces phénomènes dans les régions équinoxiales du nouveau monde, où les habitants ne comptent pas plus les secousses souterraines qu'en Europe on ne compte les averses, et où l'on est parfois forcé, par l'inquiétude des chevaux, de mettre pied à terre pendant que le sol frémit, ainsi que l'éprouvèrent Humboldt et Bonpland, au milieu d'une forêt, un jour que le sol avait tremblé quinze ou dix-huit minutes sans discontinuer.

Dans la ville de Quito, on ne pense pas à se lever la nuit, lorsque des mugissements souterrains (*bramidos*), qui semblent toujours venir du volcan de Pichincha, annoncent, deux ou trois, quelquefois même sept ou huit minutes d'avance, des secousses dont la force est rarement en rapport avec l'intensité du bruit souterrain. L'insouciance des habitants qui se rappellent que, depuis trois siècles, leur ville n'a pas été ruinée, se communique facilement à l'étranger. Dans ces contrées, sur le versant occidental des Andes, sur les côtes d'Équateur, du Pérou, de la Nouvelle-Grenade, on finit par s'accoutumer aux incessantes on-

dulations du sol, comme le marin aux secousses du navire cau-
sées par le choc des vagues.

Depuis le commencement de ce siècle, époque à laquelle Humboldt étudiait les tremblements de terre de l'Amérique équinoxiale, le sol n'a pas cessé de vibrer dans cette vaste région du
globe; les violentes secousses s'y sont suivies d'année en année
sans interruption.

Nous ne mentionnerons pas les épouvantables catastrophes du
19 novembre 1822, du 16 novembre 1827 et du 20 février 1835,
qui ravagèrent tant de villes et de belles provinces, depuis les plateaux de Bogota jusqu'au sud du Chili; mais, pour rappeler quelques-unes des plus récentes secousses, nous signalerons les commotions terribles qui en 1868 et en 1877 ruinèrent la plupart des villes
du littoral péruvien, notamment les villes d'Iquique et de Pabellon.
Le 8 septembre 1882, de violentes secousses agitèrent le Venezuela, la Nouvelle-Grenade, l'Équateur, le Pérou. Deux fois, il
y eut des trépidations continuelles, quoique moins violentes que
la première secousse de septembre. Ensuite, il y eut quelques semaines de répit; mais le 27 mars 1883, à 9 heures 25 minutes
du soir, un long et sourd grondement souterrain fut entendu à
Iquique, dernier port sud du Pérou. Bientôt après, une secousse
de tremblement de terre mit toute la ville en émoi. Déjà d'autres
oscillations terrestres avaient eu lieu, le 7 mars à 11 heures
25 minutes du soir, à Andes (Chili) ainsi que dans la ville de
Copiapo, le 8 mars à 3 heures de l'après-midi. D'autre part, le
volcan d'Ometepa, dans le lac de Nicaragua, entra le même jour en
pleine éruption, pour la première fois depuis bien des siècles, bien
qu'il ait dû, à une époque reculée, être fréquemment en activité.

Le 8 mars, le tremblement ressenti à Copiapo a été également éprouvé un peu partout dans la Colombie. A Carthagène et à Turlio, à l'embouchure de l'Atrato, la secousse a été violente mais peu dangereuse, bien que l'effet s'en soit fait ressentir jusque sur le haut plateau des Andes. A Huda, sur la rivière Magdalena, l'oscillation a duré plus d'une minute. Dans l'État d'Antioquia, il y a eu divers dégâts, mais fort peu à Madellin, capitale de l'État, où la cathédrale a néanmoins souffert, ce qui a causé dans la ville une certaine alarme. Dans la ville d'Antioquia, la façade de la cathédrale s'est trouvée subitement projetée dans une direction oblique, plusieurs colonnes ont été renversées et toutes les maisons ont plus ou moins souffert. A Garumal, la prison et trente-cinq maisons ont été complètement détruites. A Aquadas, l'hôtel de ville a été détruit, tandis qu'à Abejirral l'église et bon nombre de maisons étaient violemment secouées et en partie démolies. A Pinagana, principal village du territoire de Darien, les maisonnettes en branches de palmier ont été renversées, et les rivières ont monté puis baissé, avec une rapidité alarmante.

A la même époque, les Indiens de Taya, dans le même district, ont été effrayés de la fréquence des tremblements de terre et des changements topographiques qui, selon eux, ont complètement modifié la physionomie du pays. Ils affirment qu'on entendit constamment de sourds grondements dans les régions du sud-est encore peu explorées par les blancs, d'où l'on peut conclure qu'il y a eu quelque travail volcanique à l'œuvre dans le district d'Atrato. Une grande île qui se trouvait à l'embouchure de l'Atrato et dont un steamer des États-Unis avait relevé les conditions hydrographiques, en 1862, aurait complètement disparu.

Les îles de la mer des Antilles et les bords du golfe du Mexique sont également agités par de fréquentes et terribles secousses. On se rappelle qu'en 1797 les Antilles furent ébranlées à peu près en même temps que la ville de Riobamba, située au milieu des volcans d'Équateur, s'écroulait; elles frémirent ensuite sans discontinuer, pendant huit mois; et depuis cette époque il ne s'est guère écoulé de semaine sans que l'une ou l'autre de ces îles ait été agitée. Indépendamment d'innombrables secousses plus légères, il y aurait eu, d'après l'*American Journal of science*, soixante-douze grands tremblements en Amérique pendant l'année 1882, dont trente-huit sur la côte du Pacifique, depuis la Californie jusqu'au sud du Chili, et six dans les îles de la mer des Antilles.

III

En Europe, les secousses sont fréquentes en Islande et en Italie, autour des volcans; elles le sont également loin de ceux-ci, sur les côtes méridionales de l'Espagne, en Grèce et en Suisse, surtout dans le canton du Valais et dans les Alpes bernoises. On a compté en Suisse, depuis le dixième siècle jusqu'à nos jours, plus de 1,600 tremblements de terre, dont quelques-uns ont été d'une extrême violence. Après celui qui détruisit la ville de Bâle, en 1356, les secousses, ainsi que nous l'avons déjà dit, continuèrent d'agiter le canton pendant un an; il en fut de même dans le canton du Valais après le tremblement de terre de Viège, en 1855. L'Italie méridionale et la Sicile ont éprouvé, de 1850 à 1857, 509 tremblements de terre en seize jours, et l'Italie centrale 196 en cent soixante-quinze jours. D'après une statistique officielle, 2,225 maisons ont été détruites en Italie par des tremblements de terre pendant l'année 1870, quoique cette année ait été exempte de grandes secousses. Elles furent peu violentes, mais très nombreuses.

La Grèce a souffert des tremblements de terre peut-être plus souvent qu'aucune autre contrée de l'Europe. La fréquence des commotions souterraines a détruit de bonne heure les monuments de la plus brillante époque de l'art, non seulement à Corinthe, Athènes, Thèbes et tant d'autres cités, mais également dans cet essaim de grandes et de petites îles qui animent la Méditerranée et que les Hellènes ont peuplées : le colosse de Rhodes, les temples de Chypre, de Milo et de Crète, avec leurs dieux marmoréens, ont été brisés et réduits en poussière par le fléau souterrain.

IV

On ne sait quelle est la région de l'Afrique le plus fréquemment visitée par le fléau ; ce vaste, cet étrange et merveilleux continent est à peine connu ; même après les mémorables voyages de découverte des modernes explorateurs, il est encore plein de problèmes et de surprises. Toutefois, c'est sur le littoral africain regardant la Méditerranée et sur celui de la mer Rouge, qu'on a, jusqu'ici, observé les tremblements de terre les plus fréquents et les plus violents.

Les monuments d'Égypte ont beaucoup souffert des commotions

souterraines, moins rares dans la vallée du Nil qu'on ne l'a pensé. Le colosse de Memnon, brisé l'an 27 de l'ère chrétienne, est un exemple de ces désastres. En 365, un épouvantable tremblement de terre qui s'étendit dans toute l'Égypte causa la ruine d'Alexan-

drie, où 50,000 personnes périrent sous les décombres et sous les flots qui envahirent la cité durant la terrible commotion souter-raine. Tous les ans, à la même date, des solennités religieuses rappelaient à la ville d'Alexandrie la mémoire de ce jour funeste.

V

Les tremblements de terre d'Europe et d'Afrique ne sont ni fréquents, ni violents, comme ceux de certaines régions de l'Asie. Les montagnes de la Perse et celles du Caucase, le bassin de la

mer Caspienne, l'Asie Mineure et la Syrie éprouvent souvent d'é-
pouvantables secousses. Toute cette immense zone d'ébranlement
paraît se relier au grand foyer volcanique de la chaîne Thian
Chan ou monts Célestes, dans l'Asie centrale, foyer dont la puissance se manifeste toujours avec une extrême violence.

Cette zone d'activité souterraine s'étend de l'est à l'ouest, non
seulement jusqu'aux abords de la mer Caspienne, à Bakou, et de
là jusqu'à l'Asie Mineure ; mais on croit pouvoir la suivre presque
vers Lisbonne et les Açores, à travers le bassin volcanique de la
Méditerranée. Dans cette vaste région, l'Asie Mineure et la Syrie
surtout appellent l'attention par le grand nombre et la violence
de leurs tremblements de terre.

On a, en effet, la preuve que toute l'Asie Mineure a subi constamment les effets de violentes secousses. Dans le grand tremblement de terre de la dix-septième année de l'ère chrétienne, les
douze principales villes de cette province furent anéanties. Tibère
les fit rebâtir à ses frais ; et l'on se rappelle que ces villes, par re-
connaissance, offrirent un superbe piédestal à cet empereur, qui
le fit placer au forum de la ville de Puteoli, aujourd'hui Pouzzoles.

En l'an 33, le jour de la crucifixion de Jésus, au moment même
où le Christ mourait sur la croix, eut lieu la violente secousse qui
déchira le voile du temple de Jérusalem et détruisit entièrement
la ville de Nicée, en Bithynie. La secousse fut ressentie dans
toute l'Asie Mineure ; elle s'étendit à travers la Méditerranée jusqu'à la Grèce, la Sicile et au continent italien. Un grand rocher
surplombe le rivage de Gaëte, et ce rocher est sillonné, de haut
en bas, par une profonde déchirure. Or, une très ancienne tradition porte que cette énorme fissure se produisit au moment où la

secousse ébranlait la Palestine ; et jusqu'en ces derniers temps, les navires qui passaient à proximité de cet endroit avaient coutume de saluer le rocher, en souvenir du mémorable événement.

Sous le règne des empereurs Valens et Valentin, le 22 juillet de l'an 365, un épouvantable tremblement de terre agita le vaste territoire de l'empire romain, et surtout l'Asie Mineure et la Syrie. Les flots de la Méditerranée se retirèrent subitement du rivage ; mais revenant aussitôt, écumants et furieux, ils inondèrent tous les rivages de cette mer, et les côtes de l'Asie Mineure furent ravagées par la secousse souterraine ainsi que par l'irruption de la mer. Cette catastrophe frappa de stupeur le monde romain ; car elle suivait de près les grandes commotions qui avaient détruit les villes de la Palestine. Dans toutes les provinces de l'empire, on s'entretenait des étonnants prodiges dont avait été accompagné le dernier fléau, envoyé par Dieu, disait-on, pour punir ceux qui, grands et petits, en Orient et en Occident, avaient accueilli les doctrines hérétiques. Aussi, ajoutait-on, seuls les prêtres et les saints de l'Église avaient pu apaiser la colère divine au moment du désastre ; et si la ville d'Épidaure n'avait pas été, comme toutes les autres villes du littoral, engloutie par les vagues qui se ruaient sur elle, c'était, disait-on encore, parce que les habitants de cette ville avaient placé sur le rivage saint Hilaire, le moine égyptien. Celui-ci fit le signe de la croix. Aussitôt la montagne d'eau s'arrêta, s'inclina devant le saint, et se retira.

Il y a peu de villes qui aient été aussi maltraitées qu'Antioche, la somptueuse capitale de la Syrie. Elle fut frappée, une première fois, dans la cent quinzième année de notre ère ; et la catastrophe eut lieu en présence de l'empereur Trajan. Ensuite,

17

cette ville fut réduite en un monceau de décombres au mois de
septembre 458; et l'on croit qu'il y périt plus de 80,000 personnes.
A peine cette ville se relevait-elle de ses ruines que, sous l'empereur Justin, en 525, elle fut, encore une fois, entièrement détruite.
Gibbon, l'historien anglais, en rappelant ce désastre, évalue à
250,000 le nombre de ceux qui périrent, et qui, presque tous,

étaient venus assister à Antioche à la fête solennelle de l'Ascension.

En 1169, puis en 1202, des secousses innombrables anéantirent
Baïrout, Saïde, en même temps que plusieurs autres villes, et
bouleversèrent de fond en comble les vallées du Liban. Après une
longue série d'autres catastrophes, survint la commotion de 1759,
une des plus terribles que l'on connaisse ; les secousses durèrent
quarante-cinq jours ; mais la première secousse, la plus violente
de toutes, avait, en quelques secondes, détruit de nouveau Antioche.
Les villes de Balbeck, Saïde, Acre, Foussa, Nazareth, Safit, Tri-

poli et beaucoup d'autres localités de cette belle contrée furent
également détruites. Plus terrible encore a été le tremblement
de terre de 1822, qui, dans la nuit funeste du 13 août, et dans
l'espace de dix à douze secondes, fit périr 30,000 personnes, et
renversa une foule de villes ; Aleppo, Antioche, Djollib, Riha,
Gisser, Chougre, Deiskouch, Armenas, furent transformées en
des monceaux de ruines, et dans tout le pachalik d'Aleppo, il n'y
eut pas un village, pas une cabane qui restât debout.

Le 28 février et le 11 avril 1855, deux terribles tremblements de
terre ruinèrent la ville de Brousse et détruisirent une foule de localités de l'Asie Mineure. Dans les environs de Brousse, il y eut des
endroits sur lesquels les maisons ne furent pas seulement renversées,
mais broyées et triturées de façon qu'il ne resta de ces localités
qu'une épaisse couche de chaux.

En avril 1881, l'Asie Mineure fut violemment secouée, et l'île
de Chio, qu'un étroit bras de mer sépare du littoral, fut bouleversée, et la ville entièrement détruite. En 1883, le 15 octobre,
Smyrne et tout le bord de la mer, dans le détroit de Chio, ont été
ébranlés de nouveau ; les maisons de la ville de Tchesmé, sur le
littoral, furent endommagées ; et la ville de Lasejata fut entièrement détruite.

Plus loin, en Asie, dans l'extrême Orient, c'est l'archipel de
l'Océan Indien qui éprouve les plus terribles secousses. Elles sont
épouvantables, ces secousses qui ébranlent les îles de la Sonde, les
îles Moluques, les Philippines, et plus loin encore, le Japon. Si, au
Japon, les maisons sont construites en bois et en bambous, et ne
dépassent pas la hauteur d'un étage, c'est qu'on a voulu les soustraire à l'action du fléau souterrain, qui sévit avec une fureur et

une fréquence extrêmes dans ces îles de l'archipel japonais, où se dressent de nombreuses et superbes montagnes de feu.

Telles sont les régions du globe où les tremblements de terre sont fréquents. Ailleurs, en Allemagne, en Angleterre, en France, dans une grande partie de l'Amérique du Nord, sur le versant oriental des Andes, au Brésil, dans la Confédération argentine, au centre de la Chine et en Australie, le fléau ne s'est, jusqu'ici, montré ni violent ni fréquent.

Néanmoins, à la suite d'une longue période de tranquillité dans ces pays, il peut survenir à l'improviste une période de tremblements de terre violents qui durent parfois plusieurs jours et plusieurs semaines.

En 1861, par exemple, le versant oriental de la Cordillère des Andes, qui de mémoire d'homme n'avait été visité par les tremblements de terre, fut violemment ébranlé; et, à Mendoza, eut lieu l'affreuse catastrophe que nous signalons dans les pages qui suivent.

LA CATASTROPHE DE MENDOZA

LA CATASTROPHE DE MENDOZA

Depuis la conquête du Pérou par les Espagnols, on n'avait pas observé de violents tremblements de terre dans les vallées et les plaines du versant oriental des Cordillères ; fort rarement seulement, des secousses très légères avaient agité quelques points isolés, dans la plaine immense qui s'étend le long des Andes, depuis le Chili jusqu'à Buenos Ayres. Aussi les florissantes cités, disséminées dans cette région, se croyaient-elles à l'abri du fléau souterrain qui causait de si fréquents désastres sur le versant occidental des Cordillères. Les habitants de la belle et prospère ville de Mendoza surtout vivaient dans une sécurité absolue. De la ville, située au pied des Andes, sur le chemin qui conduit de Valparaiso à

Buenos Ayres, ils pouvaient voir le dôme superbe du volcan de Toupoungato, la crête fantastique du Maïpou, et, aussi, la grande montagne embrasée d'Aconcagua, qui élève sa cime couverte de neiges éternelles à plus de 6,000 mètres d'altitude. Il semble que la vue de ces redoutables volcans aurait dû inspirer de l'inquiétude aux habitants de Mendoza. Mais, habitués depuis leur enfance à considérer ces géants comme d'inoffensifs voisins, ils les contemplaient avec l'abandon d'une entière confiance, sans jamais songer que le feu de ces monts, dont ils admiraient les contours superbes, pouvait, d'un moment à l'autre, ébranler le pays et causer la ruine de leur belle cité.

Elle avait environ 20,000 habitants et comptait 1,500 maisons, presque toutes d'une remarquable élégance ; elle renfermait deux vastes hôpitaux, de nombreuses écoles, une magnifique cathédrale et plusieurs autres églises ; son industrie était florissante, et plus de cent grands magasins témoignaient de l'importance de son commerce ; sa bibliothèque n'avait pas d'égale dans la Confédération argentine ; son théâtre était somptueux, et l'Alméda, sa promenade publique, était regardée comme la plus belle de toute l'Amérique du Sud.

Un soir, un immense météore rouge et bleu traversa lentement le ciel en se dirigeant d'Orient en Occident ; et aussitôt le volcan d'Aconcagua entra en fureur. Le lendemain, dans la nuit du 20 mars 1861, sans bruit, sans aucun signe précurseur, la terre trembla violemment, et en moins d'une minute la ville de Mendoza avait disparu : elle était transformée en un vaste champ de ruines dont les plus hautes s'élevaient à peine d'un mètre au-dessus du sol. Jamais, de mémoire d'homme, dit avec raison Ernest Char-

ton, une ville n'avait été surprise avec une telle violence, et sans
que le tremblement de terre eût été précédé, au moins pendant
quelques secondes, de ces grondements lointains et souterrains qui
laissent le temps ou de fuir ou de se jeter dans les bras de ceux
qu'on aime, et de se faire un suprême adieu. Cette nuit-là, en
moins de quatre secondes quinze mille personnes furent ensevelies sous les décombres. Des bruits épouvantables, des cris ter-
rifiants, des hurlements affreux d'hommes et d'animaux écrasés
retentirent, et une poussière épaisse s'étendit dans l'atmosphère.

Le choc initial est venu probablement du volcan d'Aconcagua;
et le terrible ébranlement se propagea sur un vaste espace. La
ville de San Juan, située à 40 lieues au nord de Mendoza, fut
renversée au même instant, et plus de trois mille personnes y
périrent. A 140 lieues plus loin, les maisons de Cordova s'écroulèrent, et jusqu'à Buenos Ayres l'on ressentit les effets de l'é-
branlement souterrain.

Comme toujours, à la suite de ces terribles catastrophes, il y eut
des épisodes touchants. Ernest Charton raconte, par exemple,
que pendant ce désastre, un Français, M. Tesser, riche hôtelier
établi avec sa famille à Mendoza, était enseveli sous les décombres [1]. Un de ses amis intimes errait parmi les ruines; ses yeux
étaient secs, il en avait versé toutes les larmes; il s'arrêta sur
l'emplacement de l'hôtel. Après avoir cherché en vain à en reconnaître l'ancienne distribution, il se retirait le cœur gonflé,
songeant à cet homme de bien et à cette famille qu'il avait tant
aimés, quand il aperçut, à travers des masses informes de solives

1. On trouvera le récit de M. Ernest Charton dans le *Magasin pittoresque*,
t. XXXIII.

et de pierres calcinées, le chien de Tesser qui remuait; il s'approcha; le pauvre animal, dont les deux jambes de derrière et une partie du corps avaient été écrasées, s'efforçait, malgré ses souffrances et sa faiblesse, de fouiller les décombres avec ses pattes de devant; il poussait de temps en temps un hurlement plaintif; dès qu'il vit cet ami de son maître venir près de lui, il s'agita et gémit plus vivement. L'ami comprit que Tesser devait être sous ces décombres, et conçut l'espoir qu'il n'était pas mort. Il courut chercher quelques personnes, et avec leur aide, après beaucoup de travail, il parvint à découvrir en effet le corps de Tesser : son bras et sa jambe gauche, pris sous les poutres, étaient brisés; sa bouche et ses yeux étaient pleins de terre, mais il respirait encore. Avant d'être parvenu à dégager ses membres, on lui lava la figure : alors il parut soulagé, et sans mot dire, instinctivement, il allongea le bras droit vers son chien, qui se traîna jusqu'à lui et expira quelques moments après.

A peine Tesser fut-il en état de prononcer quelques paroles, qu'il demanda où était sa famille. Hélas! tous avaient péri dans le grand désastre. En entendant cette réponse, il ferma les yeux avec désespoir; puis, faisant un nouvel effort, il prononça le nom de sa petite fille, et indiqua du doigt un endroit séparé où il avait été la coucher. Quelques-unes des personnes qui venaient de le sauver voulurent bien, par compassion pour sa douleur, quoique sans aucun espoir, faire encore quelques recherches; les autres s'occupèrent de panser ses membres cassés. Quelques minutes après, ceux qui lui rendaient ce service le voient tout à coup se dresser; il poussa un cri : on lui rapportait sa fille encore vivante. Une poutre était tombée en travers

du lit de l'enfant et l'avait protégée ; mais elle était assez gravement blessée à la tête ; elle avait les yeux et la bouche aussi
remplis de terre ; elle était épuisée de faim. On les étendit l'un
et l'autre sous une tente contre un arbre, et ils restèrent là plus
de deux mois, moins près de la vie, semblait-il, que de la mort.
Tesser pressait de son bras valide sa petite fille, son seul bien
sur la terre, son seul espoir après tant de calamités.

Des témoins oculaires de la catastrophe m'ont souvent raconté
que, pendant une huitaine de jours avant le désastre, il n'était
bruit dans la ville que de la possibilité d'un pareil événement.
Bien qu'aucun phénomène précurseur n'eût alarmé la population, et que jamais on n'eût ressenti la moindre secousse de
tremblement de terre dans le district de Mendoza, on était in-
quiet, parce qu'un géologue français, M. Bravard, avait annoncé
l'imminence d'une catastrophe.

Chargé d'une mission scientifique par le gouvernement russe,
Bravard venait de faire un voyage dans les hautes régions de
la Cordillère des Andes ; et là, au milieu des volcans superbes
qui dominent les plaines argentines, il avait été frappé du grand
travail souterrain dont, à ce moment, toute la contrée était le
théâtre. Il avait entendu les volcans mugir furieusement, sans
qu'il eût vu sortir de leurs bouches énormes le moindre jet de
vapeur ou de feu ; mais plus près de la vallée de Mendoza, au
pied des volcans, il avait senti le sol trembler violemment. Il en
avait conclu que les secousses deviendraient encore plus violentes, et s'étendraient encore plus loin dans la plaine, si les
fluides, les gaz et les vapeurs, alors en travail dans les profondeurs, ne parvenaient pas à trouver une issue et à s'épan-

cher au dehors par la bouche des volcans. Lorsqu'il eut atteint
la plaine et la ville de Mendoza, le voyageur ne put s'empêcher
de communiquer ses appréhensions à ceux qui l'interrogeaient.
On en fut très ému, car Bravard, fort aimé dans le pays, était
un homme d'un grand savoir.

Comme il venait d'être nommé directeur du musée de la ville
de Parana, à cette époque capitale de la Confédération argentine, il ne devait séjourner que peu de temps à Mendoza, où il
comptait de nombreux amis. Le 20 mars, il avait passé la soirée
dans la famille d'un de ses compatriotes, notable négociant de
l'endroit; et en faisant une partie de domino, il s'était entretenu du péril qu'il pressentait, et dont il ne pouvait détacher sa
pensée. Un peu plus tard, alors que, debout sur le seuil de la
maison, il prenait congé de ses amis, il avait ramené la conver-
sation sur le sujet qui obsédait son esprit; mais il n'eut pas
le temps d'achever : la terre trembla; la ville s'effondra, et il
périt.

A ce moment, l'ami chez qui Bravard avait passé la soirée,
M. Matussière, se trouvait dans les Cordillères, à 5 lieues de la
ville de Mendoza. Il revenait d'un long voyage, ayant été faire ses
achats à Valparaiso, la métropole commerciale du Chili. Tout à
coup, il entendit un bruit souterrain, plus retentissant, plus formidable que le bruit du tonnerre; et subitement, il eut le pres-
sentiment qu'un grand malheur venait de le frapper. Pourtant,
il n'avait ressenti aucune secousse de tremblement de terre, et
du haut de la montagne, tout lui semblait tranquille dans la
plaine que la lune inondait de lumière.

Saisi de crainte, en proie à une émotion profonde, il continua son chemin sans s'arrêter un instant; et dès l'aube, il était au milieu des décombres de la ville, mêlant ses pleurs et ses cris à ceux de ses concitoyens.

Il chercha longtemps en vain l'endroit où fut sa maison; et il désespérait de le retrouver, lorsque tout à coup il vit sortir des ruines et s'élancer vers lui son grand chien. L'intelligente et fidèle créature posa ses pattes sur les épaules de son maître comme pour l'étreindre; puis, aboyant, allant, venant, se retournant sans cesse vers lui, elle l'engageait si visiblement à la suivre, qu'il ne put s'y méprendre.

Conduit ainsi par son chien, Matussière ne tarda pas à atteindre l'emplacement qu'avait occupé sa maison. Plusieurs personnes s'y trouvaient déjà; le chien les y avait conduites, comme il venait d'y conduire son maître. Des plaintes, de sourds gémissements sortaient des décombres. On se mit à déblayer le terrain avec une ardeur extrême. Le chien, penché sur l'endroit même d'où venaient les plaintes, grattait la terre et aboyait bruyamment; tandis que son maître, tout en travaillant, tout en sanglotant, appelait par leurs noms ceux qui étaient ensevelis et leur disait qu'il était là, que bientôt il les reverrait. Et en effet, il retira des décombres, vivants et à peine meurtris, sa femme et un de ses enfants; les autres étaient morts.

Après l'effondrement de la ville, pendant toute la nuit, les blessés et les mourants restèrent sans secours; toutes les autorités avaient disparu; des milliers de bons citoyens se mouraient sous les décombres de leur cité, et les survivants, tout affolés, tout à leur désespoir, ne pouvaient rien protéger, rien secourir. Dans

cette nuit horrible, les brigands des environs vinrent s'abattre sur
la ville en ruines ; et de nombreux forfaits signalèrent la présence
de ces sinistres oiseaux de proie. Achevant ce que le fléau avait
épargné, ils étranglaient les blessés, et aux victimes dont les mains
ou les bras sortaient des décombres, ils tranchaient les doigts ou
coupaient les poignets pour s'emparer des bagues et des bra-
celets. Ce ne fut qu'au lendemain du désastre qu'on put secourir
les victimes, et chasser les scélérats qui violaient les morts.

Ce terrible événement a laissé une indélébile empreinte dans
l'esprit de ceux qui en ont été les témoins. La plupart de ceux
que j'ai interrogés, même plusieurs années après la catastrophe,
répondaient avec un certain effarement aux questions que je leur
adressais. Et lorsque je leur ai demandé d'où provenait l'émotion
que j'observais chez eux, ils m'ont presque toujours affirmé qu'en
songeant à la terrible secousse ils croyaient sentir le sol trembler,
et voir la terre s'ouvrir de nouveau sous leurs pieds.

La ville de Mendoza est de nouveau une des plus agréables cités
de l'Amérique du Sud. Bien que la plupart des anciens habitants
eussent émigré, ne voulant plus, disaient-ils, résider en un endroit
où ils avaient éprouvé les plus grands malheurs qui puissent
frapper le cœur humain, ils y sont presque tous revenus, attirés
par le souvenir de ceux-là mêmes qu'ils pleuraient.

Dans la ville nouvelle, les rues sont larges et plantées d'arbres ;
les places publiques sont grandes et nombreuses ; les maisons

n'ont qu'un étage et sont construites en bois. On se croit en
sûreté dans la nouvelle cité. Et comme le sol n'avait pas tremblé
depuis la grande catastrophe, on s'était habitué à penser que le
fléau souterrain ne désolerait plus la contrée ; mais tout récemment, des secousses sont venues jeter l'alarme au sein de la
population. Elles ont eu lieu le 30 mars 1885, à 10 heures et
demie du soir ; le temps était splendide et la lune brillait à peu
près au zénith.

« Je venais de rentrer, raconte un témoin oculaire [1], et selon
ma coutume, je lisais en fumant une pipe avant de m'aller coucher. Nous étions aux derniers beaux jours de l'été.

« J'étais en train de lire un compte rendu de l'Académie sur les
satellites de Mars, lorsqu'une des fenêtres s'ouvrit brusquement
et se ferma de suite avec fracas. C'était la première secousse.
Je crus qu'un chien était entré par la fenêtre. Je me penchai vers
ma gauche pour voir au bas de mon bureau. La fenêtre s'ouvrit
à nouveau et je fus forcé de me retenir à mon bureau, ma chaise
venant avec moi ; tout surpris, je me redressai vivement, et au
même moment, je fus jeté à ma droite. J'eus un serrement
brusque et inconscient des mâchoires, car je coupai avec les
dents le tuyau de ma pipe qui se brisa à terre, le petit bout me
restant aux dents ; au même moment j'eus une douleur au creux
de l'estomac, en tout point comparable au début du mal de mer.
Alors, je pensai au tremblement de terre. Je me retrouve assis.
Je prends vivement ma montre, lâche l'aiguille à secondes,
regarde l'heure, et fixe l'angle du plafond situé en face de moi.

1. *La Nature*, livraison de juin 1885.

Six secondes après, j'entendis comme le bruit lointain d'une loco-
motive d'où s'échappe la vapeur quand on purge ses tuyaux ;
puis le hurlement des chiens ; puis le vent dans les platanes du
boulevard où est construite ma maison ; enfin je vis l'angle de
la muraille s'incliner lentement vers ma gauche pendant une seconde, puis revenir brusquement en place ; seulement, ce retour fut
si brusque que je pris peur à la fin, et me précipitai vers la porte
pour fuir. Impossible d'ouvrir la porte. Les chiens hurlaient de
plus en plus fort. J'enfonçai ma porte, je gagnai le vestibule, puis
le boulevard, où je me trouvai avec toute la population ; la plupart des habitants étaient en chemise. Le ciel était couvert, et il
ne tarda pas à tomber une petite pluie fine. Les chiens hurlèrent
toute la nuit, et la moitié des habitants passèrent la nuit dans les
rues. Le bruit souterrain continua bien encore pendant une minute.
Il paraît que le tremblement de terre qui détruisit Mendoza, il
y a vingt-quatre ans, eut lieu dans des circonstances analogues.
En résumé, il y eut successivement trois secousses ; s'il y en avait
eu une quatrième, je crois bien que c'en était fait de Mendoza. »

Depuis cette alerte, il n'y a pas eu de tremblement de terre ; et
il est probable qu'on ne songe plus guère à Mendoza aux forces
souterraines. Cependant elles sont de nouveau en plein travail
non loin de la ville. La haute contrée des Cordillères est de
nouveau le théâtre de phénomènes absolument semblables à ceux
qui, en 1861, peu de temps avant la grande catastrophe, avaient
si fortement impressionné Bravard, le voyageur français : ce
sont les mêmes bruits dans la montagne ; les mêmes secousses
sur les hauts plateaux ; les mêmes orages souterrains dans la
région des volcans.

LE TREMBLEMENT DE TERRE

DE

L'ILE DE CHIO

LE TREMBLEMENT DE TERRE DE L'ILE
DE CHIO

On se rappelle encore l'épouvantable catastrophe qui frappa
Chio, l'île fleurie et verdoyante, à l'atmosphère embaumée
par les parfums des roses et des orangers, et qui est considérée comme la perle de l'archipel grec. Les habitants indus-
trieux et intelligents, qui sont au premier rang parmi les com-
merçants et les banquiers grecs, étaient parvenus à effacer les
traces de la dévastation sauvage que le patriotisme de l'île de
Chio avait attirée sur elle de la part des Turcs, lors de l'insur-
rection grecque. Par les efforts, l'activité et la générosité des
Chiotes, arrivés à la fortune, la capitale de l'île avait atteint un
haut degré de prospérité. Elle avait de nombreuses écoles, des

18

hôpitaux, des bibliothèques, des chantiers importants de construction maritime, et le mouvement de son port était de 600 vapeurs environ par an. Les Chiotes étaient fiers, à juste titre, de la prospérité de leur île, qu'ils chérissaient, et dont le ciel est si clément que les pauvres mêmes y vivaient heureux. Le 3 avril 1881, toute cette prospérité fut détruite en quelques secondes par un violent tremblement de terre, et plusieurs milliers de personnes furent ensevelies sous les décombres de cette ville, tout à l'heure encore si prospère et si florissante.

Un grand nombre de villages furent détruits en même temps que la capitale. Après la terrible catastrophe, presque tous les habitants de l'île restèrent sans asile et sans pain. Mais aussitôt, la charité se mit à l'œuvre, et la solidarité qui unit aujourd'hui tous les peuples s'affirma. De toutes parts, arrivèrent les secours ; et quoique le tremblement de terre eût été fortement ressenti sur la côte d'Asie, en face de l'île, c'est de là que vinrent les premiers bateaux chargés de vivres, de tentes et de bois de construction.

Plus de cinq mille personnes périrent dans cette catastrophe ; et lorsque, après bien des jours de généreux efforts, on eut retiré des décombres ceux qui respiraient encore, on compta dans l'île environ dix mille personnes mutilées ou grièvement blessées.

Le déblaiement de tant de ruines accumulées étant impossible, on dut se résoudre à abattre les pans des murs restés debout, et, dans la crainte d'une épidémie, de répandre des désinfectants sur toute cette couche de pierre et de chaux sous laquelle se trouvaient encore plus d'un millier de cadavres.

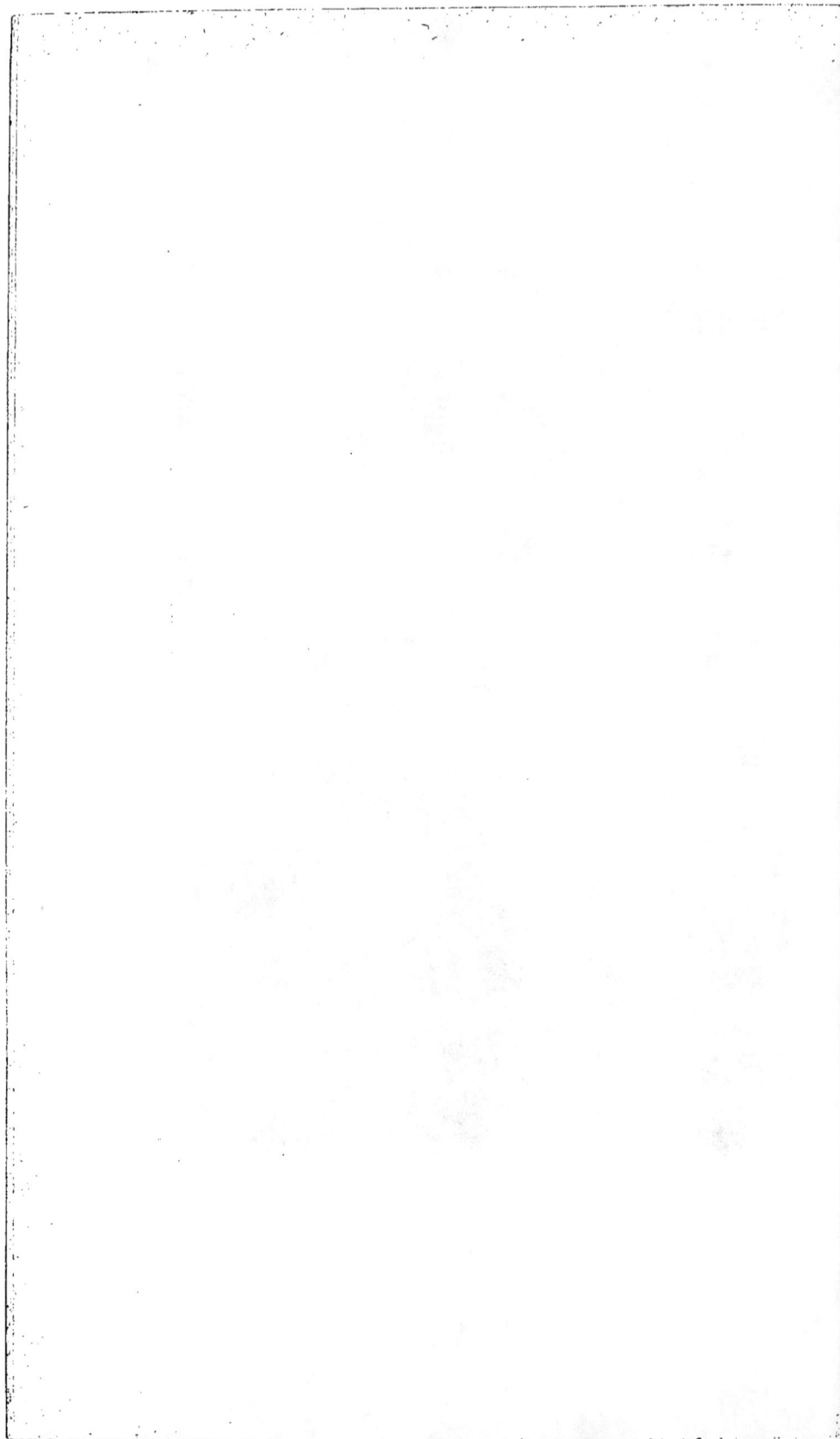

Tout le littoral de l'Asie Mineure fut violemment ébranlé ; dans la ville de Tschesmé, sur le continent asiatique, il y eut une centaine de victimes.

Les secousses de tremblement de terre continuèrent pendant plusieurs jours, et chaque secousse était accompagnée d'un bruit souterrain effroyable.

Deux ans plus tard, en 1883, le 15 octobre, l'île de Chio a été agitée de nouveau par des secousses, moins violentes il est vrai, mais qui ne causèrent pas moins de vives alarmes. En même temps le littoral de l'Asie Mineure fut ébranlé ; la ville de Smyrne souffrit beaucoup ; toutes les maisons de Tchesmé, à peine réparées ou reconstruites depuis le désastre de 1881, furent gravement endommagées ; et la ville de Latéjata fut détruite de fond en comble.

LE TREMBLEMENT DE TERRE

ET

LES SAISONS

LE TREMBLEMENT DE TERRE
ET LES SAISONS

Tous ceux qui ont étudié attentivement la nature, depuis Aris-
tote, Strabon et Pline jusqu'aux grands naturalistes du siècle
dernier, avaient pensé qu'un lien sympathique relie les tremblements de terre aux phénomènes climatériques, notamment aux
différentes saisons de l'année. Mais pendant la première moitié
du dix-neuvième siècle, les géologues et les physiciens ont, au
contraire, enseigné que cette liaison n'existe pas. Les savants qui
admettaient, même timidement, la possibilité de cette coïncidence,
étaient encore peu nombreux, il y a une vingtaine d'années.

Et cependant, la croyance que le nombre ou la force des trem-

blements de terre dépend des saisons est non seulement très ancienne, elle est aussi très répandue. On la rencontre chez les
habitants de la côte occidentale de l'Amérique du Sud ; elle existe
en Italie, aux Antilles, dans l'Asie centrale, au Japon et dans
l'archipel de la Sonde.

Les habitants du Kamtchatka, des îles Kouriles et du Japon
affirment qu'au moment des équinoxes, les tremblements de terre
sont plus fréquents et plus désastreux. Dans les régions équa-
toriales de l'Amérique, où dix mois entiers se passent quelquefois
sans qu'il tombe une goutte d'eau, les indigènes regardent les
tremblements de terre qui se répètent souvent, comme d'heureux
présages de pluies fécondantes.

Par contre, dans les îles Moluques, Européens et indigènes
passent la saison des pluies dans des huttes légères, parce qu'on
est persuadé, dans cette région du globe, que les tremblements
de terre sont causés par les grandes averses ; et près de nous, les
habitants du Dauphiné considèrent ces fléaux comme les effets
des avalanches. Cette opinion provient de ce que les secousses ont
lieu ordinairement au commencement de la belle saison, lors de
la fonte des neiges, époque qui est aussi la saison des pluies. A
Pignerol, par exemple, dans la vallée de Clusone, des secousses
se produisent tous les ans, au début du printemps.

Dans toute l'Amérique centrale, on est unanime pour reconnaître que les tremblements de terre sont nombreux et violents
au commencement et à la fin de la saison des sécheresses et de la
saison des pluies, c'est-à-dire, vers la fin d'octobre et le commencement de novembre, d'une part, et de l'autre vers la fin d'avril
et le commencement de mai. On les a trouvés plus forts et plus

fréquents surtout après les grandes pluies, dans les derniers jours d'octobre.

Tout cela établit suffisamment, ce semble, que dans les régions sujettes aux tremblements de terre, on penche à croire que ces terribles fléaux sont plus ou moins fréquents selon les saisons.

Une si parfaite concordance des faits sollicitait de sérieuses recherches ; et à une croyance populaire répandue dans toutes les régions du globe, on ne pouvait se borner à opposer une fin de non-recevoir. Aussi, des relevés ont-ils été faits avec beaucoup de soin par Hoff et Mérian, et plus récemment par les professeurs Alexis Perrey, Otto Volger et Émile Kluge. Ces patientes investigations ont établi victorieusement que les anciens étaient dans le vrai, et que la croyance populaire était bien fondée en affirmant qu'il y a un rapport étroit entre le phénomène souterrain et le cycle des saisons.

Grande fut la surprise du monde savant lorsque, en 1834, le professeur Mérian, de Zurich, ayant groupé, suivant l'ordre de leur répartition dans les différentes saisons de l'année, 118 tremblements de terre survenus à Bâle et dans les environs, constata que ces phénomènes avaient été beaucoup plus fréquents en hiver qu'en été.

Le fait, ainsi qu'on devait s'y attendre, fut tout d'abord contesté ; mais, une quinzaine d'années plus tard, il fut de nouveau démontré et confirmé par les consciencieuses et difficiles recherches des savants que nous venons de nommer.

D'après les recherches de Volger, des 1 230 secousses qui ont agité les Alpes, 456 ont eu lieu au printemps et en été, et 774 en automne et en hiver. Le nombre en est à peu près égal pour l'automne et le printemps; mais les tremblements de terre ont été trois fois plus nombreux en hiver qu'en été.

La différence est sensible, surtout quand on distribue les 1 230 secousses entre les mois pendant lesquels elles ont été observées. On obtient alors le tableau suivant :

JANVIER.	FÉVRIER.	MARS.
150	143	138
AVRIL.	MAI.	JUIN.
119	38	54
JUILLET.	AOUT.	SEPTEMBRE.
40	47	117
OCTOBRE.	NOVEMBRE.	DÉCEMBRE.
111	85	168

On voit par ce tableau que l'écart entre les tremblements de terre de l'hiver et ceux de l'été est énorme, puisque, en comparant les quatre mois de mai, juin, juillet et août, à ceux de décembre, janvier, février et mars, on constate que les secousses sont trois fois plus nombreuses dans la deuxième période, qui est celle d'hiver, que dans la première, qui est la saison d'été.

En étudiant le problème de plus près, c'est-à-dire sur un centre d'ébranlement restreint et bien limité, on obtient des écarts encore plus considérables entre le nombre des commotions souterraines de l'été et de l'hiver. Ainsi, pour ne citer qu'un exemple, Otto Volger a trouvé que, dans le Valais, sur 98 grands tremblements de terre connus jusqu'en 1856, 72 ont eu lieu en hiver et un seul en été

On connaît 539 grands tremblements de terre survenus dans le bassin du Rhin depuis le neuvième siècle jusqu'en 1860 : ils se répartissent comme suit entre les diverses saisons : 103 au printemps, 101 en été, 165 en automne, 170 en hiver; il y a eu, par conséquent, 335 chocs souterrains pendant le semestre d'hiver et 204 pendant celui d'été.

Pour les petites Antilles, les tremblements de terre que l'on a pu étudier dans le siècle dernier et la première moitié du dix-dix-neuvième siècle se répartissent de la manière suivante entre les différents mois de l'année :

	JANVIER.	FÉVRIER.	MARS.
DIX-HUITIÈME SIÈCLE	3	3	4
DIX-NEUVIÈME —	9	6	10
	AVRIL.	MAI.	JUIN.
DIX-HUITIÈME —	2	1	2
DIX-NEUVIÈME —	9	9	7
	JUILLET.	AOUT.	SEPTEMBRE.
DIX-HUITIÈME —	3	4	5
DIX-NEUVIÈME —	4	11	11
	OCTOBRE.	NOVEMBRE.	DÉCEMBRE.
DIX-HUITIÈME —	8	3	3
DIX-NEUVIÈME —	9	11	7

Nous comptons, par conséquent, 41 tremblements de terre au dix-huitième siècle, et 103 dans la première moitié du nôtre, ensemble 144. Sur ce nombre total, 176 ont eu lieu pendant les mois d'octobre, novembre, décembre, janvier, février, mars, c'est-à-dire pendant le semestre d'hiver, et 68 seulement pendant le semestre d'été.

Des travaux de Volger ressort aussi le fait curieux que les tremblements de terre sont moins fréquents le jour que la nuit. En Suisse, sur 502 secousses, dont on connaît l'heure et la date précise, 182 eurent lieu pendant le jour, et 320 pendant la nuit, à savoir :

De minuit à 6 heures du matin.................. 180
De 6 heures du matin à midi....... 101
De midi à 6 heures du soir...................... 81
De 6 heures du soir à minuit.................... 140

Pendant les années 1855 et 1856, les secousses de tremblements de terre furent nombreuses et violentes dans les deux
hémisphères. On sait l'heure à laquelle 472 de ces commotions
ont eu lieu. Si l'on classe ces 472 secousses selon les heures signalées, on obtient le tableau suivant :

Matin,	6 à 7 heures.	8 secousses.	Soir,	12 à 1 heure.	16 secousses.
—	7 à 8 —	8 —	—	1 à 2 heures.	10 —
—	8 à 9 —	24 —	—	2 à 3 —	18 —
—	9 à 10 —	11 —	—	3 à 4 —	18 —
—	10 à 11 —	13 —	—	4 à 5 —	14 —
—	11 à 12 —	17 —	—	5 à 6 —	15 —
Matin,	6 à 12 heures.	81 secousses.	Soir,	12 à 6 heures.	91 secousses.

Secousses de jour : de 6 h. du matin à 6 h. du soir,   81 + 91 = 172 secousses.

Soir,	6 à 7 heures.	18 secousses.	Matin,	12 à 1 heure.	22 secousses.
—	7 à 8 —	9 —	—	1 à 2 heures.	44 —
—	8 à 9 —	18 —	—	2 à 3 —	32 —
—	9 à 10 —	16 —	—	3 à 4 —	38 —
—	10 à 11 —	25 —	—	4 à 5 —	18 —
—	11 à 12 —	33 —	—	5 à 6 —	27 —
Soir,	6 à 12 heures.	119 secousses.	Matin,	12 à 6 heures.	181 secousses.

Secousses de nuit : de 6 h. du soir à 6 h. du matin,   119 + 181 = 300 secousses.

Il faut encore ajouter aux secousses de nuit des années 1855
et 1856 au moins 157 autres secousses signalées pendant cette
période comme ayant eu lieu la nuit, mais sans indication d'heure.
C'est à cause de cette omission qu'elles n'ont pu figurer dans le
tableau. En les ajoutant aux 300 secousses du tableau, l'on a,
pour cette période de deux années, 457 secousses de nuit, contre
172 secousses de jour.

M. Squier, le célèbre voyageur américain, pendant un séjour de plusieurs années dans le Nicaragua, le Guatémala et les autres pays de l'Amérique centrale, a constaté que, dans cette région aussi, les chocs sont beaucoup plus fréquents la nuit que le jour. « Il est certain, dit-il, que les seuls chocs que j'ai ressentis se sont produits aux époques désignées, c'est-à-dire au commencement et à la fin de la saison sèche et de la saison des pluies ; et il est certain aussi que presque toutes les secousses surviennent pendant la nuit. »

En présence de ces faits si bien constatés, et auxquels viennent s'ajouter une foule d'observations beaucoup plus récentes, il n'est pas possible de révoquer en doute que les tremblements de terre offrent, dans leur fréquence, une série d'alternatives non seulement pour chaque période de l'année, mais aussi pour chaque période journalière.

Au reste, il n'y a là rien de surprenant : dès que l'on eut constaté ces alternances régulières pour les saisons de l'année, surtout pour l'hiver et l'été, on devait, en effet, s'attendre à les retrouver également pour le jour et la nuit ; car chaque jour, avec ses heures de pluie, de sécheresse, de chaleur et de fraîcheur, peut être considéré comme un résumé de l'année entière.

Le matin est le printemps ; l'heure de midi est l'été ; la soirée est l'automne ; et la nuit l'hiver de la révolution diurne.

Après avoir ainsi constaté, par de nombreuses observations, que la fréquence des tremblements de terre oscille avec les heures et les saisons, on serait tenté de conclure, avec Otto Volger, qu'il ne faut pas chercher la cause première de ces phénomènes au sein de la terre, mais dans l'ensemble des lois qui règlent le retour des saisons ; dans l'ensemble des causes qui font alterner sur tous les points du globe la lumière avec les ténèbres, la chaleur avec le froid, la sécheresse avec la pluie ou la neige.

FORCES SOUTERRAINES

ET

ATMOSPHÈRE

LES FORCES SOUTERRAINES
ET L'ATMOSPHÈRE

I

LA TEMPÉRATURE.

Le fléau souterrain qui ébranle l'Amérique équatoriale, le littoral de la mer Rouge, les archipels de l'Océan Indien, visite aussi, le lecteur ne l'ignore pas, la Sibérie, le Groenland, l'Islande.

Le tremblement de terre se produit dans toutes les régions de la planète, dans la zone torride aussi bien que dans les régions glaciales. C'est là le fait capital, la loi générale. Mais les faits particuliers que nous avons signalés et groupés dans les pages précédentes prouvent que, dans toutes les régions du globe, le phénomène souterrain est plus fréquent pendant les saisons fraîches ou froides : c'est-à-dire pendant l'hiver dans les latitudes élevées, et, dans la région équatoriale, pendant la période des pluies.

Cela suffirait, ce semble, pour montrer que la température ambiante n'est pas sans action sur les forces souterraines; mais ce n'est pas tout. D'autres faits non moins dignes de remarque tendent à prouver que le tremblement de terre exerce à son tour une influence considérable sur la température.

Il y aurait, par conséquent, entre l'énergie ou la fréquence des secousses et le degré de chaleur atmosphérique, une action réciproque, un rapport dont on ne connaît pas encore suffisamment la nature.

Cette action s'est maintes fois révélée par de brusques variations de température pendant le tremblement de terre. Ainsi, dans les pays chauds, immédiatement après les grandes secousses de tremblement de terre, on éprouve toujours une sensation de fraîcheur. Je ne connais aucune exception à cette règle; et j'ajoute que la fraîcheur qui, dans ces pays, succède aux tremblements de terre est tellement sensible, que, pour la constater, pas n'est besoin de thermomètre, bien que dans ces régions, comme ailleurs, le thermomètre ait varié brusquement pendant les commotions.

Voici, par exemple, le tremblement de terre de décembre 1856 qui, le même jour, agita le littoral de l'Asie Mineure et une partie de la Suède. Dans la ville de Lecksand, en Suède, à trois heures de l'après-midi, on éprouva sept terribles secousses. C'était le moment précis où des secousses non moins violentes ébranlaient la ville de Smyrne. Or, jusqu'à cet instant, la température avait été, à Lecksand et dans toute cette région de la Suède, tellement élevée pour la saison, que de mémoire d'homme on n'y avait vu un hiver aussi doux. Mais pendant la commotion, le froid survint brusquement.

En peu d'heures, la température varia d'une trentaine de degrés; et, aussitôt après les secousses, le thermomètre marqua 20 degrés de froid à Lecksand, ainsi que dans la ville d'Upsala.

A l'autre extrémité de l'ondulation souterraine, à Smyrne, le même phénomène se produisait à la même heure. En effet, quelques instants avant la commotion, le thermomètre y marquait 22 degrés centigrades; mais deux heures après les secousses souterraines, il marquait 5 degrés à peine. Cette soirée fut du reste la plus froide de tout l'hiver, à Smyrne.

Lors du grand tremblement de terre du 12 octobre 1856, on vit au Caire le thermomètre baisser de deux degrés au moment même où se produisait la première secousse.

Le 29 décembre 1854, un tremblement de terre agita les régions méditerranéennes. Il y faisait un temps superbe, notamment sur le littoral français, où la température était d'une remarquable douceur. Or, après les premières secousses, le thermomètre marqua subitement à Nice 1 degré au-dessous de zéro, et à Marseille 2 degrés.

On pourrait citer un grand nombre de faits analogues; mais nous n'en ajouterons qu'un seul à ceux que nous venons de signaler. A Kiachta, en Sibérie, le thermomètre marquait 15 degrés de

19

froid le 27 décembre 1856, lorsque survint un tremblement de terre très violent. Au même instant, le froid devint plus intense; et il augmenta si brusquement, qu'une demi-heure après la première secousse, le thermomètre marquait 32 degrés au-dessous de zéro.

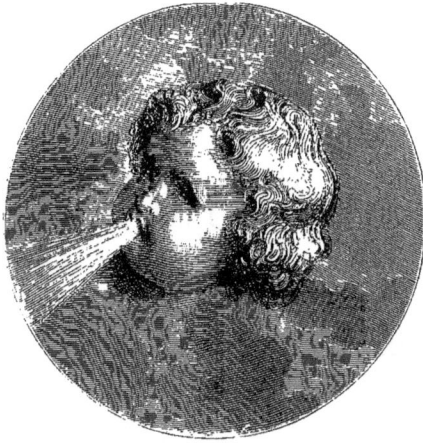

II

Les commotions souterraines étant fréquentes surtout pendant la saison d'hiver, pendant l'équinoxe d'automne et pendant la nuit, on est amené, sans effort, à penser qu'il y a un rapport entre ces commotions et la pression atmosphérique ; car c'est en hiver, c'est à l'époque des équinoxes, c'est la nuit que la pression atmosphérique varie le plus et que, par suite, les oscillations du baromètre sont le plus accentuées.

A l'époque du tremblement de terre de la Calabre, en 1783, on avait remarqué avec surprise que, malgré un temps très beau, le baromètre indiquait toujours une violente tempête. Ce fait, qui

venait s'ajouter à des faits analogues observés à l'époque du tremblement de terre de Lisbonne, avait déjà éveillé l'attention des
savants, qui, dès lors, entrevirent une liaison entre le phénomène souterrain et les phénomènes de l'atmosphère.

Bien que ni Humboldt, dans l'Amérique du Sud, ni Ehrmann
dans l'Asie centrale, n'aient pu constater un rapport entre la
pression atmosphérique et les secousses souterraines, des observations plus récentes tendent à prouver que cette liaison existe.

Ainsi, pendant l'épouvantable tremblement de terre du 20 février 1835 au Chili, Caldeleugh observa que le baromètre bais-
sait avant chaque secousse.

Après le terrible choc du 25 juillet 1855, dans la vallée de
Viège, le sol, on s'en souvient, continua de vibrer pendant six
mois. Or, Otto Volger a trouvé que pendant toute cette période
d'agitation souterraine, les secousses les plus fortes avaient eu
lieu la nuit, aux heures des fortes oscillations du baromètre.

Le 27 décembre 1856, la terre trembla simultanément en Autriche, en Asie Mineure, en France et au Pérou ; or, jamais en
Autriche, notamment à Vienne, le baromètre n'avait encore
marqué une baisse aussi considérable que ce jour-là.

On ne saurait guère douter, après tant d'observations faites
avec le plus grand soin dans les deux hémisphères, qu'il n'y ait
un rapport, une liaison entre la pression de l'atmosphère et le
tremblement de terre. Mais quel est ce lien ? Parfois la pression
atmosphérique précède le tremblement de terre et semble alors
le favoriser, ou le provoquer. Comment, dans ce cas, la pression
de l'atmosphère exerce-t-elle une action sur les agents souterrains ? on ne le sait.

Bien plus souvent encore, c'est le tremblement de terre qui précède la pression atmosphérique et semble en être la cause. Comment la secousse souterraine agit-elle ainsi sur l'atmosphère? on l'ignore également. Tout ce que l'on peut affirmer, en rapprochant les faits observés, c'est qu'il y a entre le phénomène aérien et le phénomène souterrain une action réciproque.

Humboldt pensait que les fluides élastiques, c'est-à-dire les gaz et les vapeurs versés dans l'atmosphère pendant les commotions, peuvent agir sur le baromètre, sinon par leur masse qui est très petite comparativement à la masse atmosphérique ; mais parce qu'au moment des grandes commotions il se forme un courant ascendant qui diminue la pression de l'atmosphère. Cette circonstance offrirait, selon le grand naturaliste, l'explication d'un fait qui paraît indubitable et que j'ai déjà signalé, je veux dire de cette influence mystérieuse qu'ont, dans l'Amérique méridionale, les tremblements de terre sur le climat et sur l'ordre des saisons de pluie et de sécheresse. Les tremblements de terre ont souvent occasionné, dans la Nouvelle-Grenade et dans la république d'Équateur, l'invasion subite des pluies avant l'époque où elles arrivent ordinairement dans ces contrées. Ce phénomène qu'on a observé également dans les Indes orientales est, peut-être, produit par une perturbation que les secousses apportent dans l'état électrique des couches aériennes. Mais, à vrai dire, on n'en connaît pas la cause.

De même que les grands tremblements de terre produisent les grandes ondes marines dont on a entretenu le lecteur, de même aussi ils provoquent des ondulations immenses dans ce vaste océan atmosphérique au fond duquel nous vivons.

On se rappelle que, lors de la catastrophe du détroit de la
Sonde, en 1883, les ondulations suscitées par la grande secousse
dans les eaux de l'océan Indien et de l'océan Atlantique se propagèrent jusque sur les côtes d'Europe, et qu'elles furent ressenties deux jours encore après le tremblement de terre. Mais cette
grande et principale secousse qui eut lieu le 27 août, vers 7 heures
du matin, au moment où le volcan de Krakatoa s'effondrait
dans les abîmes de la mer, provoqua aussi une onde atmosphérique, constatée dans le monde entier par des oscillations barométriques insolites. D'après la distance directe de son lieu de départ, la première onde, arrivée à Berlin environ dix heures après
sa naissance, se serait propagée avec une vitesse de 1,000 kilomètres à l'heure, à peu près la vitesse du son. D'après le professeur Fœrster[1], directeur de l'Observatoire de Berlin, environ
seize heures plus tard, il y eut une seconde et semblable oscillation barométrique, due, sans doute, à la même onde atmosphérique arrivant, cette fois, d'une direction opposée, c'est-à-dire
après avoir traversé l'Amérique. Cette onde aurait donc fait le tour
de la Terre en trente-six heures; et en effet, on observa à Berlin,
trente-six heures après la première, une nouvelle oscillation
barométrique, quoique de moindre amplitude. Une troisième
onde directe se fit encore sentir au bout de trente-sept heures.
En résumé, on peut affirmer que la convulsion du détroit de la
Sonde a déterminé des mouvements ondulatoires dans l'air assez
violents pour faire trois à quatre fois le tour de la Terre. Comment douter, dès lors, qu'il y ait entre les phénomènes souter-

1. Note communiquée au *Moniteur de l'Empire allemand*.

rains et les agents atmosphériques une liaison, une action réciproque que des instruments perfectionnés permettront un jour
de mieux connaître?

Au reste, les appareils dont on dispose aujourd'hui permettent
déjà d'affirmer que les forces souterraines et celles du monde
aérien communiquent entre elles toujours et sans interruption
et non pas seulement au moment où les grands tremblements de
terre survenant, l'action réciproque de ces forces se révèle subitement à tous les yeux.

On a déjà eu l'occasion de signaler au lecteur les ingénieux
appareils qui ont permis de prédire, en temps utile, les tremblements de terre survenant à la suite d'éruptions volcaniques[1].

Ces appareils, appelés sismographes ou sismomètres, sont, le
plus souvent, composés de pendules et d'aiguilles mobiles qui, par
leurs mouvements combinés, indiquent la direction et même la
violence des secousses.

Un des plus anciens sismomètres est une petite cuvette ronde,
pleine de mercure et reposant sur huit petits gobelets disposés à
distances égales. Au-dessus de ces gobelets, autour de la cuvette
et à niveau du mercure, sont aménagés huit orifices avec des rainures conduisant au gobelet. On place l'appareil horizontalement
sur le sol, et on l'oriente de façon que les orifices correspondent
exactement aux huit points principaux de la boussole, c'est-à-dire
au nord, au nord-ouest, à l'ouest, au sud-ouest, au sud, au sud-est,
à l'est et au nord-est. Lorsque le sol vient à onduler, le mercure
sort par un des orifices et tombe dans un des gobelets. Par la

1. Voir plus haut, le chapitre Les présages, page 7.

quantité de mercure rejetée et par la position de l'orifice, on
peut ensuite juger de la force et de la direction des secousses.

Grâce à l'initiative d'un groupe de savants, la plupart des sta-
tions météorologiques, en Suisse et en Italie, sont pourvues de
sismographes autrement délicats. Partant d'une idée émise, il y a
déjà bien des années, par M. d'Abbadie, on construit aujour-
d'hui un appareil qu'affectent les moindres vibrations du sol, et qui
permet d'examiner au microscope des secousses tellement légères
qu'elles passeraient inaperçues pour nous, si elles n'étaient signalées par ce sismographe ; aussi les appelle-t-on des microsismes
pour les distinguer des secousses plus accentuées, que nos sens
perçoivent directement.

Dans sa propriété située près d'Hendaye, au pied des Pyrénées,
M. d'Abbadie poursuit depuis bientôt trente ans ses observations
sismiques. Il y a fait creuser dans le roc une cavité en forme de
cône, de quatorze mètres environ de profondeur. Dans la partie
inférieure de cette cavité, on a disposé un bain de mercure,
dont la surface est agitée et ondule au moindre frémissement
du sol. Au-dessus du mercure, est placée une lentille à long
foyer, servant à renvoyer à la surface du sol l'image des mouvements du mercure ; et c'est cette image qui est observée au
moyen du microscope. Par cet appareil, les mouvements microscopiques de la surface terrestre sont mis en évidence comme les
oscillations de l'atmosphère sont manifestées par le baromètre.

Depuis quatre ou cinq ans, les Italiens ont appliqué le microphone à l'étude des tremblements de terre, et plus particulièrement à celle des microsismes. Rien de plus simple qu'un
microphone. Deux morceaux de charbon se touchant légèrement

et traversés par un courant électrique qui passe dans un téléphone : tel est, en résumé, ce merveilleux instrument, d'invention toute récente et dont la sensibilité dépasse tout ce que l'esprit le plus fantaisiste peut rêver. Amplifiant avec une intensité surprenante le moindre mouvement, le moindre son qui se produit dans l'air ou dans le voisinage, il permet de saisir même le bruit que fait une mouche avec ses pattes en marchant sur une planchette.

L'étude des tremblements de terre, au moyen d'appareils aussi variés qu'ingénieux, se poursuit activement ; et cette étude a déjà donné des résultats étonnants. On a trouvé, par exemple, que les microsismes, beaucoup plus fréquents que les fortes secousses, sont, comme celles-ci, accompagnés de bruits souterrains, et que ces bruits, transmis et amplifiés par le microphone, ressemblent au fracas des grands tremblements de terre. Ce sont, à un degré infiniment moindre, les mêmes murmures, les mêmes bourdonnements, les mêmes tonnerres et les mêmes sifflements : bruits étranges qui, sans l'aide du microphone, échapperaient à l'oreille humaine. Tout cela susurre, bourdonne, soupire, gémit, gronde, éclate et souffle plus ou moins distinctement, selon les oscillations de l'atmosphère ambiante. Le passage d'un coup de vent se fait sentir au loin par des microsismes, de sorte que la bourrasque atmosphérique est toujours accompagnée d'une bourrasque souterraine non moins intense.

Tous ces bruits microscopiques, tous ces mouvements perpétuels et infiniment petits, ne montrent-ils pas que l'intérieur de la Terre est le théâtre d'une vaste météorologie, dont les orages sont de grands tremblements de terre?

III

Au commencement de cet ouvrage, nous avons interrogé les faits pour savoir quels sont les présages des tremblements de terre; et les faits, on s'en souvient, nous ont appris que ni les orages, ni les trombes, ni les tempêtes, ni les aurores polaires, ni les pluies, ni les bolides, ne peuvent être considérés comme d'infaillibles présages.

Mais, si la plupart des tremblements de terre surviennent sans être annoncés par aucun de ces phénomènes, il n'est pas moins vrai que des troubles atmosphériques, notamment des orages et des tempêtes, précèdent parfois la secousse. Dans l'Amérique

centrale, par exemple, ainsi que dans les régions du Mississipi et
de l'Ohio, le tremblement de terre est presque toujours précédé
d'un coup de vent ou d'un orage électrique qui, d'ordinaire, cessent
l'un et l'autre au moment où se produit la commotion.

Cependant, la tempête et la foudre accompagnent, ou suivent
le tremblement de terre, bien plus souvent qu'elles ne le précèdent.
Et lorsqu'elles surviennent ainsi, au moment où le phénomène
souterrain se produit, on ne saurait décider si la commotion est la
cause ou l'effet des troubles atmosphériques.

On pourrait citer à l'appui une foule de faits anciens et récents ;
mais ceux qui suivent suffiront, peut-être.

Dans la nuit du 11 au 12 octobre 1737, un terrible cyclone sévit
à l'embouchure du Gange. Au moment où l'ouragan s'apaisait,
on ressentit de violentes secousses de tremblement de terre. Elles
renversèrent un grand nombre d'édifices le long du fleuve sacré.
Plus de deux cents maisons s'écroulèrent à Calcutta ; les eaux du
Gange s'élevèrent à 10 mètres au-dessus de leur niveau ordinaire ;
et l'on estime à trois cent mille le nombre des personnes qui périrent, victimes du cyclone et du tremblement de terre.

Le lecteur se rappelle qu'un violent tremblement de terre
ébranla l'île de Saint-Thomas des Antilles dans la nuit du
2 août 1837, alors que le cyclone, qui avait sévi toute la journée
avec fureur, commençait à faiblir. En 1855, cette île fut de
nouveau agitée par une violente secousse au plus fort d'un
ouragan qui, du reste, désola toutes les petites Antilles. Le
même fait se renouvela dans cette île pendant l'ouragan du mois
d'octobre de l'année 1867 ; cette secousse fut légère. Mais le
19 novembre, vingt et un jours après cet ouragan, eut lieu le

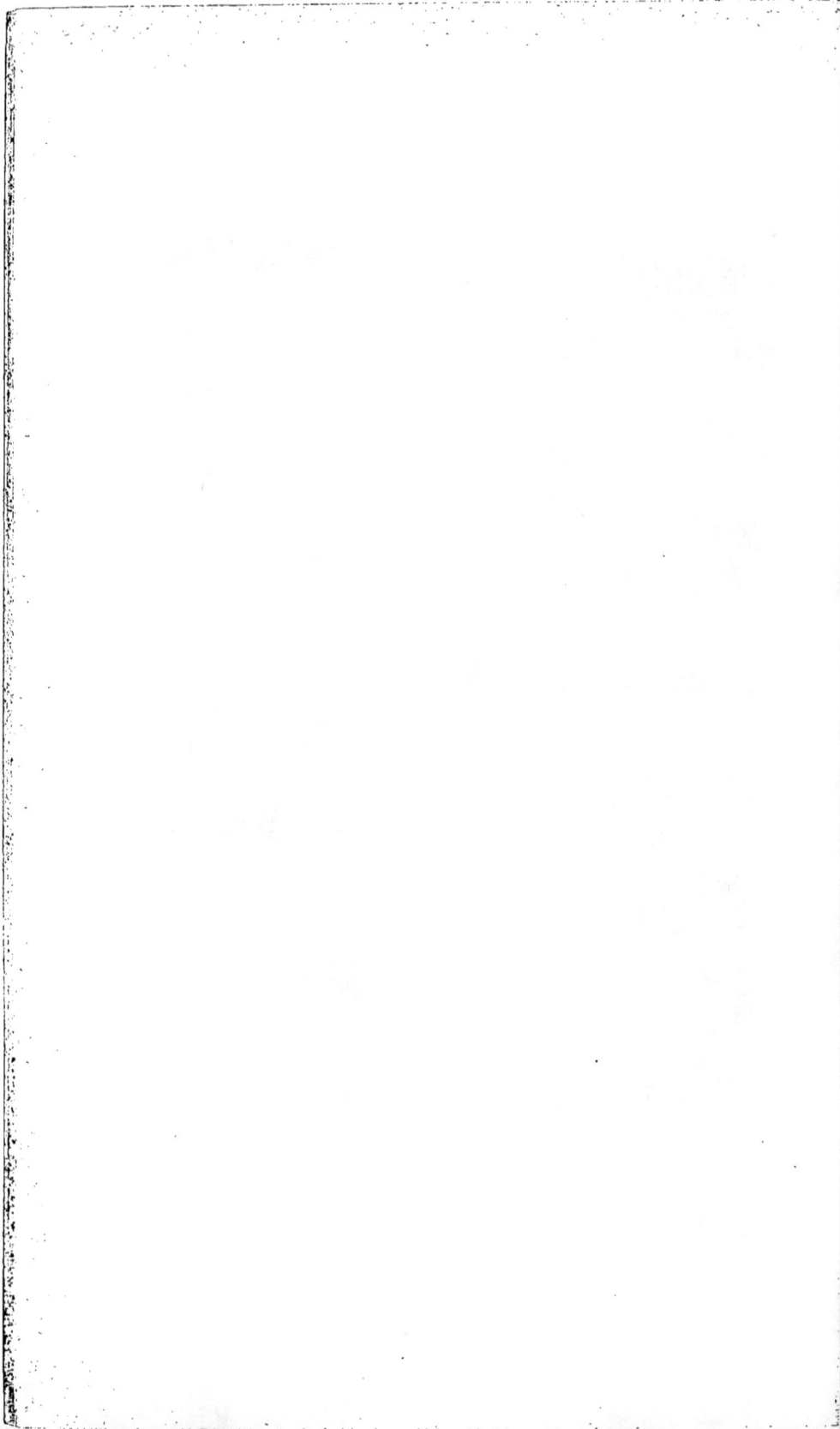

tremblement de terre dont nous avons fait le récit, et qui est le plus terrible qu'on ait ressenti jusqu'ici dans cette île.

Lors du grand tremblement de terre du 21 août 1856, le temps était superbe sur toute la côte algérienne ; à Bougie le ciel était du plus beau bleu d'azur, et la mer absolument calme ; mais au moment où la première secousse se fit sentir, un coup de vent d'une extrême violence passa sur la ville, et l'on vit briller sur les sommets des éclairs qui semblaient sortir du flanc de la montagne.

Le tremblement de terre de Cumana du 4 novembre 1799 fut précédé, accompagné et suivi de phénomènes atmosphériques extraordinaires. Une lueur rougeâtre s'était montrée dans le ciel pendant toute la nuit précédente ; un grand coup de vent, suivi d'orage électrique, survint au moment de la première secousse souterraine qui, dirigée de bas en haut, effraya la population. Après cette première commotion, la lueur rouge se montra de nouveau pendant plusieurs nuits ; et chaque jour, à la même heure, il y eut des secousses aussi violentes que celles du premier jour. Enfin, dans la septième nuit, des météores, des bolides, en nombre infini, sillonnèrent l'espace. A partir de cette nuit, la lueur mystérieuse disparut, et il n'y eut plus de secousses.

La terrible secousse de la vallée de Viège, en 1855, se produisit au moment même où survenait le plus terrible orage électrique qu'il y ait jamais eu dans le Valais. Et, plus récemment, lors de la catastrophe de l'Andalousie, en 1884, de grands orages éclatèrent aussitôt après les premières secousses : ils furent violents dans toute la région ébranlée, mais surtout à Grenade, qui était le centre de la commotion. En même temps une immense quantité d'ozone se répandit dans l'atmosphère.

L'ozone est la plus étrange des substances. On ne connaît bien ni l'origine ni les propriétés physiques de ce gaz; toutefois on le considère comme une transformation de l'oxygène, opérée sous l'influence d'effluves électriques; grâce à des recherches toutes récentes et fort ingénieuses, on sait aussi qu'il est d'un beau bleu d'azur, rappelant tout à fait la couleur du ciel. Bien qu'on eût déjà signalé la soudaine naissance de l'ozone pendant les tremblements de terre, le fait avait toujours été regardé comme invraisemblable. Mais cette fois, on ne pouvait le révoquer en doute; car à peine les secousses s'étaient-elles fait sentir dans l'Andalousie, que l'ozone se répandait au-dessus du vaste théâtre de la catastrophe, et s'épanchait au loin dans l'atmosphère. A 75 lieues de Grenade, au milieu des hauts plateaux de la Nouvelle-Castille, on constatait au monastère d'Uclès que jamais, depuis qu'on y fait des observations météorologiques, il n'y avait eu dans l'air une si prodigieuse quantité de ce gaz.

D'où provenaient ces flots d'ozone? Ont-ils été produits en Andalousie sous l'action des éclairs, et de là se sont-ils répandus jusque dans le ciel de la Nouvelle-Castille? ou bien, la région d'Uclès se trouvait-elle dans un grand centre d'électricité se manifestant à Grenade par des effluves lumineux, et au-dessus d'Uclès par des décharges obscures qui auraient produit l'ozone? On ne sait.

Des recherches assez nombreuses portent à croire que l'ozone, quand il se trouve en abondance dans l'air, exerce une influence soudaine et nuisible sur la santé. Il n'est donc pas impossible que l'ozone, formé au moment des secousses et se répandant à profusion dans l'air, soit la cause principale de ces vagues souffrances et de ces troubles nerveux qui, pendant l'orage souterrain, se produisent quelquefois au sein des populations, même en des endroits éloignés du centre de la commotion.

En 1855, par exemple, la violente secousse de la vallée de Viège, en Suisse, a été ressentie à Besançon. Or, pendant toute la journée, la population de cette ville et de ses environs fut en proie à un indéfinissable malaise; on éprouvait des élancements dans la tête, on frissonnait comme si l'on était sous l'influence d'une fièvre subite, et ce jour-là, presque toutes les naissances furent prématurées.

Ces météores, ces tempêtes, ces violents orages, accompagnent trop souvent les tremblements de terre pour qu'on ne reconnaisse pas qu'il y a entre ceux-ci et ceux-là un lien sympathique. Parfois, c'est le phénomène aérien qui semble provoquer la vibration du sol; le plus souvent, c'est, au contraire, celle-ci qui semble produire les météores aériens, déchaîner l'ouragan et appeler l'orage.

IV

L'orage que l'on voit si souvent éclater en même temps que la crise souterraine, l'orage avec ses éclairs et son fracas, c'est l'électricité même, ou, pour être plus précis, c'est le phénomène électrique le plus grand qu'il y ait.

Il est certain que les fortes secousses de tremblement de terre produisent une perturbation de l'état électrique de l'atmosphère, même lorsqu'il n'y a ni orage ni éclairs.

Lors des violentes secousses qui du 4 au 10 novembre 1799 se produisirent chaque jour à la même heure à Cumana, Humboldt avait constaté qu'au moment des secousses l'électromètre était influencé. Depuis cette époque, des faits analogues ont été signalés dans toutes les parties du monde, en si grand nombre, qu'il serait difficile de choisir un exemple parmi toutes ces observations également intéressantes. Nous citerons, cependant, le tremblement de terre de Murcie, lequel dura du 11 novembre 1855 jusqu'au mois de janvier 1856. Or, pendant toute cette période de cinquante-cinq jours, l'aiguille de l'électromètre était dans une agitation perpétuelle, et elle ne reprit son orientation normale que le 5 janvier 1856, après la dernière secousse de cette longue commotion.

On sait que les phénomènes électriques et les phénomènes magnétiques sont liés si étroitement les uns aux autres, qu'on peut les considérer comme les manifestations d'une seule et même force. L'électricité appelle le magnétisme, et les phénomènes attribués à celui-ci se transforment aisément en phénomènes électriques sous les yeux, ou dans la pensée de l'observateur. Aussi n'est-il pas étonnant qu'après avoir signalé la présence de l'électricité dans les grands phénomènes souterrains, on ait constaté en même temps l'influence exercée par ces phénomènes sur l'aiguille aimantée.

Pendant la grande secousse de 1835 au Chili, on constata sur tout le littoral l'interruption du courant magnétique.

Lors du tremblement de terre dans les îles de la Méditerranée, le 12 octobre 1856, le commandant de la frégate turque stationnant à la Canée, en Crète, constata que l'aiguille de sa boussole avait dévié quelques instants avant la première secousse, et avait repris sa direction ordinaire aussitôt après le tremblement de terre. La même observation a été faite à bord de beaucoup d'autres bâtiments naviguant dans ces parages, le jour de la commotion. Ainsi, l'aiguille aimantée d'un navire qui était à 9 lieues au large de l'île de Crète tourna huit fois autour de son axe.

Il est également digne de remarque que pendant ce tremblement de terre qui, du reste, se propagea jusque sur le littoral autrichien, toutes les aiguilles aimantées de l'institut central météorologique de Vienne subirent de brusques et violentes déviations.

Le tremblement de terre de Vénézuéla, du 4 novembre 1799, exerça une influence sensible sur les phénomènes de magnétisme terrestre. A Cumana, l'action du choc souterrain sur l'aiguille aimantée fut décisive et permanente. Alexandre de Humboldt avait trouvé, peu de temps après son arrivée sur les côtes de Cumana, l'inclinaison de l'aiguille aimantée de 43 degrés 65 minutes; et le 1er novembre, trois jours avant la commotion, il vérifia avec le plus grand soin ce résultat premier au moyen de la grande boussole de Bordes. Il avait examiné cet appareil à l'approche d'une éclipse du soleil qu'il voulait observer. Or, le 7 novembre, trois jours après les fortes secousses, ayant recommencé la même série d'observations, il reconnut à son grand étonnement que l'inclinaison était devenue plus petite de 90 minutes : elle n'était plus que de 42 degrés 15 minutes. Humboldt crut que, peut-être, elle augmenterait de nouveau en revenant progressivement à son premier état; mais l'illustre physicien fut trompé dans son attente; car lorsque, après une absence de plus d'un an, il revint à Cumana, il retrouva la même inclinaison de l'aiguille aimantée qu'immédiatement après le tremblement de terre.

Quelle est cette lueur rougeâtre qui accompagne souvent les tremblements de terre dans l'Amérique du Sud? Est-ce une brume, une vapeur, une poussière météorique, un nuage reflétant je ne sais quelle lumière diffuse de l'espace? Mais ce nuage, ce voile phosphorescent, on l'observe bien souvent aussi dans l'archipel de la Sonde lors des grandes convulsions souterraines; et on l'a quelquefois aperçu également lors des tremblements de terre en Syrie et dans la Méditerranée. Il y fut observé avec soin surtout pendant la grande secousse du 12 octobre 1856, qui se propagea sur le littoral et dans toutes les îles de la Méditerranée.

Dans un rapport sur cette secousse de tremblement de terre, rédigé à Candie, je trouve, par exemple, le passage suivant : « D'après le témoignage de marins naviguant au large de l'île de Crète, témoignage confirmé par les habitants de l'île, on aperçut avant et pendant le tremblement de terre une lueur qui s'étendait sur une grande partie du ciel. On eût dit un voile phosphorescent; et ce voile, d'un rouge brillant, était animé d'un vif mouvement intérieur, de sorte que tout le phénomène semblait vibrer et frémir dans le ciel. Cet étrange météore ne ressemblait pas à l'éclair, et personne du reste ne prit pour des éclairs les rayons qui le traversaient. Le phénomène aérien disparut au moment où cessait la dernière secousse du tremblement de terre. »

Ce curieux météore, par son étendue, par sa transparence, par le scintillement et la mobilité de sa lumière, semble se rattacher aux phénomènes d'électricité et de magnétisme terrestre, parmi lesquels les aurores polaires sont les plus magnifiques.

L'apparition des aurores polaires est généralement précédée de grandes perturbations magnétiques. Avant et pendant que ces aurores illuminent le ciel, l'aiguille aimantée est tout affolée; on la voit tressaillir et trembler, s'incliner, se redresser et tourner autour de son axe. Les perturbations de la boussole précèdent de plusieurs heures et, quelquefois, d'un jour entier l'apparition du phénomène auroraire. Depuis la création des télégraphes électriques, on a vu bien souvent ces perturbations se manifester par des effets extraordinaires : des courants parcourent subitement les fils ; les dépêches sont interrompues et les sonnettes agitées par l'action anormale du magnétisme terrestre. L'équilibre rompu entre les forces vitales de la planète tend à se rétablir par ces orages qui, au lieu d'éclater dans un espace limité comme les orages ordinaires, s'étendent à toute la surface et peut-être même jusque dans les profondeurs de la Terre. Or, les splendeurs de ces orages magnétiques accompagnent le tremblement de terre si fréquemment que bien des savants ont pensé que, dans ces cas, le météore céleste et le météore souterrain étaient les effets d'une même cause.

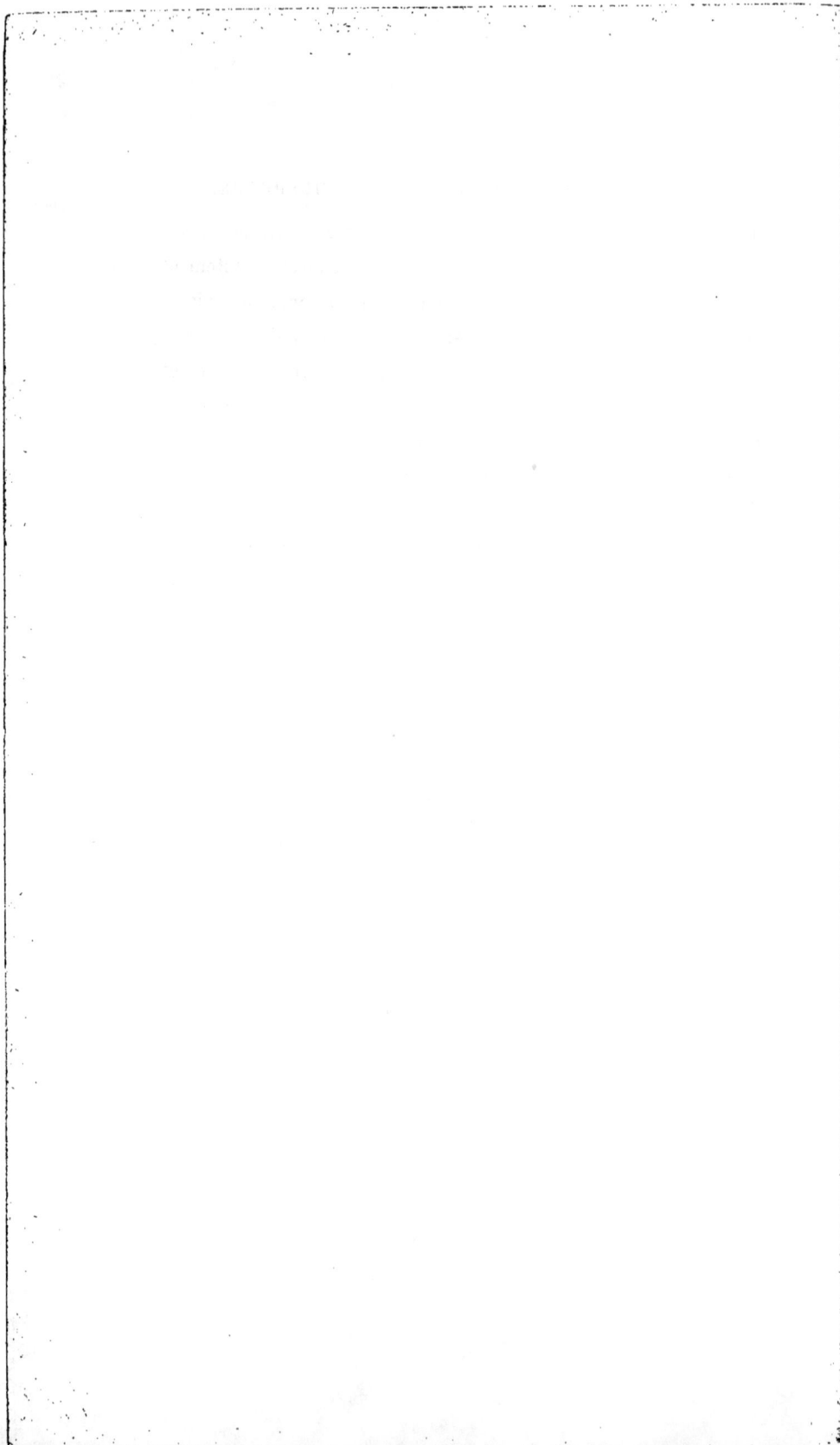

TREMBLEMENTS DE TERRE

A

CUMANA

TREMBLEMENTS DE TERRE A CUMANA

Comme il n'existe aucune chronique de Cumana, et que ses archives, à cause des dévastations continuelles des termites ou fourmis blanches, ne renferment aucun document qui remonte à plus de deux siècles, on ne connaît pas de dates précises d'autres tremblements de terre. On sait seulement que, dans les temps les plus rapprochés de nous, l'année 1766 a été à la fois la plus funeste pour les habitants et la plus remarquable pour l'histoire physique du pays.

Humboldt [1], pendant son mémorable voyage dans ces contrées

1. Alexandre de Humboldt, *Récit d'un voyage aux régions équinoxiales du nouveau monde*.

encore à peine explorées à cette époque, nous a transmis de précieux renseignements sur ces grands phénomènes.

Une sécheresse semblable à celle que l'on éprouve de temps en temps aux îles du Cap-Vert avait régné depuis quinze mois, lorsque, le 21 octobre 1766, la ville de Cumana fut détruite entièrement. La mémoire de ce jour est renouvelée tous les ans par une fête religieuse accompagnée d'une procession solennelle. Toutes les maisons s'écroulèrent dans l'espace d'une minute, et les secousses se répétèrent pendant quatorze mois d'heure en heure; dans plusieurs parties du Vénézuéla, la terre s'entr'ouvrit et vomit des eaux sulfureuses.

La tradition porte que dans le tremblement de terre de 1766, comme dans un autre de 1794, les secousses étaient de simples secousses horizontales : ce ne fut que le jour malheureux du 14 décembre 1797, que pour la première fois, à Cumana, le mouvement se fit sentir par soulèvement de bas en haut. Ce jour-là, les quatre cinquièmes de la ville furent entièrement détruits; et le choc, accompagné d'un bruit souterrain très fort, ressemblait, comme à Riobamba, à l'explosion d'une mine placée à grande profondeur. Heureusement, la secousse la plus violente fut précédée d'un léger mouvement ondulatoire, de sorte qu'une partie de la population put fuir avant la catastrophe.

Pendant les années 1766 et 1767 les habitants de Cumana campèrent dans les rues, et ils commencèrent à reconstruire leurs maisons lorsque les tremblements de terre ne se succédèrent plus que de mois en mois.

Il arriva alors sur les côtes ce que l'on a éprouvé en Équateur, immédiatement après la grande catastrophe du 4 février 1797.

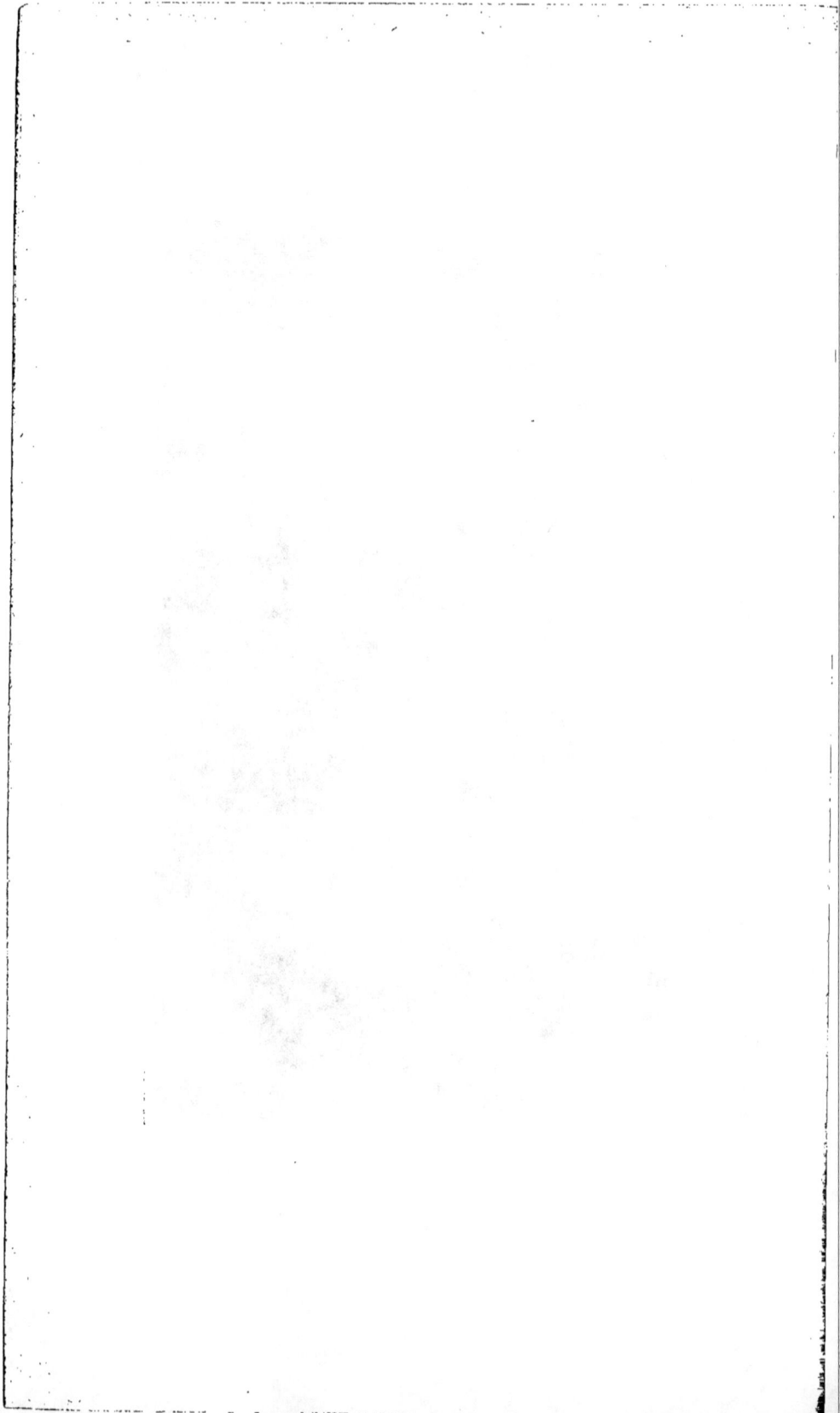

Tandis que le sol oscillait continuellement, l'atmosphère semblait se résoudre en eau. De fortes ondées firent gonfler les rivières ; l'année fut particulièrement fertile, et les Indiens, dont les frêles cabanes résistent facilement aux secousses les plus fortes, célébraient, d'après les idées d'une antique superstition, en des fêtes et des danses, la destruction du monde et l'époque prochaine de sa régénération.

Le tremblement de terre du 4 novembre 1799 fut également suivi de phénomènes atmosphériques très remarquables. Depuis plusieurs jours des vapeurs roussâtres apparaissaient à la même heure de la nuit, et couvraient en peu de minutes, comme d'un voile plus ou moins épais, la voûte azurée du ciel. Ce phénomène était d'autant plus extraordinaire, que dans ces parages il arrive souvent que, pendant quatre ou cinq mois, on ne voit pas dans le ciel la moindre trace de nuages ou de vapeur.

Dans la nuit du 3 au 4 novembre, la brume roussâtre fut plus épaisse qu'elle ne l'eût encore été : la chaleur paraissait étouffante, quoique le thermomètre ne s'élevât pas à 25 degrés. La brise, qui généralement rafraîchit l'air dès les huit ou neuf heures du soir, ne se fit pas sentir du tout. L'atmosphère paraissait comme embrasée ; la terre poudreuse et crevassée se fendillait de toute part.

Le 4 novembre, vers les deux heures de l'après-midi, de gros nuages d'une noirceur extraordinaire enveloppèrent les hautes montagnes du Brigantin et du Tataraqual. Ils s'étendirent peu à peu jusqu'au zénith. Vers les quatre heures, le tonnerre se fit entendre, mais à une immense hauteur, sans roulement, d'un bruit sec et souvent interrompu. Au moment de l'explosion électrique

la plus forte, à quatre heures quinze minutes, il y eut deux secousses de tremblement de terre qui se succédèrent à quinze secondes d'intervalle l'une de l'autre.

Le peuple jetait les hauts cris dans la rue. Bonpland, le
célèbre botaniste, qui était penché au-dessus d'une table pour
examiner des plantes, fut renversé, et Humboldt sentit la secousse très fortement, quoiqu'il fût étendu dans un hamac. Des
personnes qui tiraient de l'eau d'un puits de plus de 6 mètres de
profondeur entendirent un grand bruit, semblable à l'explosion
d'une forte charge de poudre. Le bruit paraissait venir du fond
du puits, phénomène curieux, quoique bien commun dans la
plupart des pays de l'Amérique exposés aux tremblements
de terre.

Quelques minutes avant la première secousse, il y eut un coup
de vent violent, suivi d'une pluie électrique à grosses gouttes.
Humboldt essaya sur-le-champ l'électricité atmosphérique par
l'électromètre de Volta : les petites boules s'écartaient de quatre
lignes ; l'électricité passa souvent du positif au négatif, comme
c'est le cas pendant les orages et, dans le nord de l'Europe,
même pendant la chute des neiges. Le ciel resta couvert, et le
coup de vent fut suivi d'un calme plat qui dura toute la nuit.
Le coucher du soleil présenta un spectacle d'une magnificence
extraordinaire. Le voile épais des nuages se déchira tout près de
l'horizon : le soleil parut à douze degrés de hauteur, sur un fond
bleu indigo. Son disque était énormément élargi, défiguré et
ondoyant vers le bord. Les nuages étaient dorés, et des faisceaux
de rayons divergents, qui reflétaient les plus belles couleurs de
l'arc-en-ciel, s'étendaient jusqu'au milieu de la voûte céleste. Il

y eut un grand attroupement sur la place publique. Ce phénomène, le tremblement de terre, le coup de tonnerre qui l'avait
accompagné, la vapeur roussâtre vue depuis tant de jours, tout
cela impressionnait la population, et elle y voyait l'effet de la
récente éclipse.

Vers les 9 heures du soir, il y eut une troisième secousse,
accompagnée d'un grand bruit souterrain. Toute la soirée, le baromètre était plus bas qu'à l'ordinaire, et se trouvait précisément
au minimum de hauteur au moment du tremblement de terre.

Il y avait à peine vingt-deux mois que la ville de Cumana avait
été presque totalement détruite par un tremblement de terre.
Les habitants regardent les vapeurs qui embrument l'horizon et
le manque de brise pendant la nuit comme des pronostics infailliblement sinistres. L'inquiétude fut surtout très grande et très
générale, lorsque, le 5 novembre, exactement à la même heure que
la veille, il y eut un coup de vent violent, accompagné de tonnerre
et de quelques gouttes de pluie. Le vent et l'orage se répétèrent
pendant cinq ou six jours à la même heure, on aurait presque
dit, à la même minute.

Le tremblement de terre du 4 novembre exerça, nous l'avons
déjà dit, une influence sensible et permanente sur l'aiguille
aimantée. Quelques jours avant les secousses, Humboldt, se pro-
posant d'observer une éclipse de soleil, avait vérifié avec soin
l'inclinaison de l'aiguille. Or, le 7 novembre, trois jours après la
commotion, il trouva que l'inclinaison était devenue beaucoup
plus petite.

La nuit du 11 au 12 novembre était fraîche et de la plus grande
beauté. Vers le matin, depuis deux heures et demie, on vit à

l'est les météores lumineux les plus extraordinaires. Bonpland, l'ami et le compagnon de voyage de Humboldt, venait de se lever pour jouir du frais sur la galerie de la maison. Il les aperçut le premier et réveilla son ami. Des milliers de bolides et d'étoiles filantes se succédèrent pendant quatre heures. Presque tous les habitants de Cumana furent témoins de ce phénomène, parce que, à cette époque, ils quittaient leurs maisons avant quatre heures pour assister à la première messe du matin. Ils ne voyaient pas ces météores sans inquiétude; les plus anciens se souvenaient que les grands tremblements de terre de 1766 avaient été précédés par un phénomène tout semblable. Le 12 novembre, la vapeur roussâtre se montra pour la dernière fois, et à partir de ce jour tout resta tranquille sous la terre et dans le ciel.

Ce tremblement de terre fit sur Humboldt une vive impression; car c'était le premier auquel il assistait, et ce phénomène souterrain était accompagné de variations météorologiques tout à fait extraordinaires. C'était, en plus, un véritable soulèvement de bas en haut, et non pas une simple secousse par ondulation. « Je n'aurais pas cru alors, dit le grand voyageur, que plus tard, après un long séjour sur les plateaux de Quito et les côtes du Pérou, je deviendrais presque aussi familier avec les mouvements un peu brusques du sol, que nous le sommes en Europe avec le bruit du tonnerre. »

LES TREMBLEMENTS DE TERRE

ET

LES ASTRES

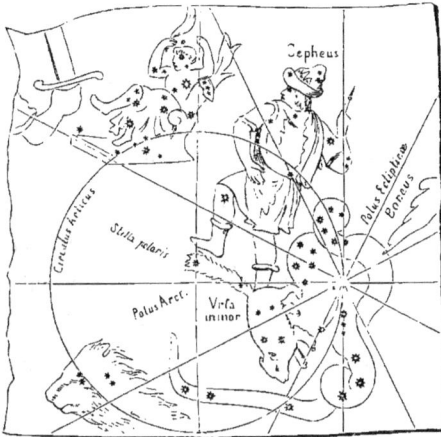

LES TREMBLEMENTS DE TERRE
ET LES ASTRES

De tout temps, l'esprit humain a recherché avec curiosité si les astres exercent une influence réelle sur la Terre et les êtres qu'elle abrite.

L'action du Soleil est visible et manifeste comme sa lumière même; aussi, bien des peuples, frappés de cette grande et bienfaisante influence, ont-ils adoré comme le plus beau, le plus actif et le meilleur des dieux, l'astre sublime qui, par sa chaleur et son éclat, féconde la Terre et charme l'univers.

Dans ces derniers temps, on s'est demandé si le Soleil, qui transforme en vapeur les eaux de l'océan, et, par cela même,

21

suscite la rosée, la pluie, les sources, les fleuves et la vie organique, n'étend pas son action jusqu'aux profondeurs de notre
planète.

Des faits étonnants se passent à la surface du Soleil : on y voit
constamment surgir et disparaître des lueurs éclatantes et des
taches obscures. Une tache débute par une petite surface noire,
circulaire, qui s'élargit peu à peu, et finit, souvent, par devenir
plus grande que toute la surface de la Terre. Les taches durent
assez longtemps : quinze jours, vingt jours, souvent des mois entiers. Mais, pendant leur durée, elles subissent de perpétuels
changements; elles grandissent, elles se décomposent, et l'on voit
même, parfois, une grande tache se dissoudre en plusieurs petites
taches. Il y a des périodes alternantes, pendant lesquelles les
taches du Soleil sont plus ou moins nombreuses; et ces périodes
forment des cycles réguliers de onze années environ.

Herschell, le grand astronome, expliquait la formation des
taches solaires par des phénomènes comparables aux impétueux
mouvements de notre atmosphère, dans les régions de la surface
terrestre où règnent les cyclones et les trombes tournoyantes. Il
pensait que trois atmosphères enveloppent la surface solide et non
lumineuse du Soleil; et que celui-ci a, comme la Terre, ses montagnes et ses vallées. La couche supérieure de la triple atmosphère, violemment entraînée vers le noyau du Soleil par des
courants orageux, déplacerait les deux autres couches atmosphériques, dont chaque déchirure laisserait apercevoir la surface
opaque de l'astre comme autant de taches obscures.

Bien que l'ingénieuse théorie de Herschell serre de fort près
les faits observés, on a dû l'abandonner, depuis qu'on a appli-

qué à l'étude du Soleil le spectroscope, délicat instrument qu'affectent les moindres traces de matière incandescente. Dans les mains de l'astronome, ce merveilleux appareil est devenu une sonde qu'il promène dans les abîmes lumineux du ciel, et qui lui signale aussitôt la nature des objets célestes qu'il explore.

Comment expliquerai-je, en quelques mots, ce fait étrange? Signaler la nature d'un astre, n'est-ce pas en signaler aussi la composition chimique? Or, a-t-on jamais tenu en main la moindre parcelle d'une étoile, pour la soumettre aux procédés d'analyse? Non; mais depuis une vingtaine d'années, depuis les mémorables recherches de deux physiciens allemands, Kirchhoff et Bunsen, il n'est plus nécessaire de tenir un corps pour en découvrir la nature chimique. On se borne à porter à une température suffisante pour la rendre lumineuse la substance que l'on veut étudier, et à bien observer à travers un prisme de verre la lumière qu'elle produit.

Tout le monde sait qu'en traversant le prisme, un rayon s'y décompose en une bande colorée, qui est appelée le spectre lumineux. Ce spectre varie selon les substances qui le produisent : tantôt il est parfaitement homogène, tantôt il est interrompu par des raies obscures plus ou moins fines et plus ou moins nombreuses; tantôt, enfin, il est caractérisé par la présence de raies vivement et différemment colorées.

Ce sont ces particularités, constantes pour une même espèce de lumière, qui permettent aux physiciens de conclure, avec certitude, à la présence ou bien à l'absence d'une matière quelconque dans une flamme dont les rayons traversent le prisme.

Or, l'appareil qui permet d'observer exactement ces raies

obscures et ces rayons colorés, c'est le spectroscope. Quand on trouve dans le spectre des raies qui ne correspondent à aucune substance déjà connue, on en conclut naturellement à l'existence d'un nouveau corps. C'est ainsi, qu'avant d'avoir vu la substance nouvelle, ou de l'avoir touchée, on peut affirmer qu'elle existe, signalée qu'elle est par le spectroscope. Et quel en est le signal infaillible? Une lueur faible, indécise, vacillante comme une ombre.

Que le corps lumineux, analysé de cette manière par le prisme, soit à quelques centimètres de celui-ci, ou qu'il en soit éloigné de plusieurs millions de lieues, les résultats seront identiques. Dans ce dernier cas, il ne s'agira que de vaincre quelques difficultés d'instrumentation pour concentrer la lumière et rendre visible le spectre du corps lointain.

Ce procédé d'investigation a donné déjà de magnifiques résultats : il a permis aux chimistes de découvrir plusieurs corps simples, que leur rareté et leur diffusion dans les roches ou dans les eaux, avaient dissimulés jusqu'alors à la sagacité des analystes; d'autre part, il a permis aux astronomes d'aborder directement et résolument l'étude physique des astres. On comprend avec quel entrain et quelle curiosité, ils doivent exposer leurs prismes aux rayons du Soleil, afin d'étudier toujours de plus près les sublimes beautés de cet astre, et de puiser ainsi, chaque jour, de nouvelles lumières à la source de toute clarté.

Grâce au spectroscope, on a appris que les substances terrestres, nos gaz, nos métaux et aussi des substances étrangères là notre planète sont, dans le Soleil, à l'état incandescent, et que le corps de cet astre n'est pas opaque, comme on le croyait naguère encore.

Le Soleil est un astre embrasé. Tout, en lui, est mouvement, lumière et chaleur; tout y est prodigieux et magnifique. Il nous apparaît comme un disque parfaitement rond. Sa surface éblouissante, vue à l'aide d'une lunette ordinaire, et avec les précautions nécessaires pour éviter d'être frappé de cécité, est d'un blanc de neige uniforme [1]. Mais un instrument plus puissant montre que cette neige se compose d'une foule de petits flocons de matière incandescente, de petits nuages arrondis, baignés dans un fluide d'une blancheur moins éclatante : fluide igné, formé d'hydrogène, d'oxygène et de tous les éléments chimiques du Soleil; mer ardente, sans cesse battue par la tempête, sans cesse bouleversée par des courants de gaz enflammés; océan de feu où règne une chaleur dont rien ne peut donner l'idée; où des flocons et des nuages de vapeurs métalliques voguent, flottent et tourbillonnent comme font dans notre atmosphère les nuages de vapeur d'eau, les flocons de neige et les fines aiguilles de glace. Cette mer ardente et orageuse, ce vaste incendie, ce foyer de toute chaleur et de toute lumière, c'est la photosphère : le corps, le noyau de l'astre. Autour de la photosphère règne une couche d'hydrogène incandescent de couleur rosée, et cette atmosphère, d'une épaisseur de 1,800 lieues, se nomme la chromosphère. Au-dessus de celle-ci brille l'enveloppe coronale : couronne immense, auréole splendide que sillonnent, par jets rapides, des bouffées enflammées d'hydrogène et d'autres gaz de nature inconnue; jets de feu qui s'élancent du sein même du Soleil, traversent impétueusement la chromosphère, et s'épan-

1. *Le Soleil*, par M. Faye, de l'Institut.

chent dans l'espace éthéré en nuages capricieux, en gerbes empourprées, en panaches argentés.

Le spectroscope ayant montré que le Soleil est un globe de vapeurs et de gaz incandescents, on ne pouvait continuer de regarder les taches solaires comme des parties du corps obscur de l'astre. Aussi M. Faye, l'éminent astronome, a-t-il pu soutenir avec autorité qu'elles sont des trouées dans la photosphère. Les immenses courants qui la sillonnent produiraient des tourbillons infiniment plus puissants que les trombes et les effroyables cyclones de la Terre. Des régions supérieures de la photosphère, les trombes et les cyclones solaires descendraient tumultueusement vers le centre de l'astre, entraînant avec eux l'hydrogène de la chromosphère, et produisant partout sur leur passage de l'obscurité et un abaissement de température. En descendant, le tourbillon solaire se rétrécirait en forme d'entonnoir, comme font les tourbillons terrestres; et ce serait cette partie inférieure, ce serait le fond de l'entonnoir qui se projetterait comme une tache noire au milieu de l'éblouissante photosphère.

On voit que, dans la nouvelle théorie comme dans celle de Herschell, les taches sont les indices d'orages, de trombes et de cyclones solaires d'une incomparable grandeur.

Le père Secchi, l'illustre astronome romain, et M. Trouvelot, le sagace observateur du Soleil, rattachent l'origine des taches à de violentes éruptions de matières enflammées. Des régions centrales de l'astre, ces matières incandescentes s'élanceraient au travers de la photosphère, où elles formeraient d'immenses taches obscures. A cette théorie que le père Secchi et M. Trouvelot ont étayée d'une foule d'observations curieuses, s'est, je crois, rallié

M. Janssen, le savant astronome de l'observatoire de Meudon.
En 1883, après avoir observé dans l'île Caroline le passage de
Vénus sur le disque solaire, il relâcha dans l'île d'Hawaï, où il
passa une nuit dans le cratère de Kilauéa, gouffre énorme, au
fond duquel s'agitent des flots de roches en fusion. Là, au bord
de cette mer de feu, l'infatigable astronome, en étudiant avec
soin le grand spectacle qui s'offrait à ses regards, fut frappé
des curieuses analogies entre ces beaux phénomènes volcaniques
et ceux que venait de lui présenter la surface agitée du Soleil.

D'autres savants, parmi lesquels figurent le professeur Young,
de New-Jersey, pensent que les taches solaires sont produites
par des essaims de petits astres qui, après avoir tourbillonné
autour du Soleil comme les moucherons tournoient autour
d'une flamme, pénètrent dans son enveloppe incandescente,
d'où ils nous apparaissent sous forme de taches obscures, jusqu'à
ce qu'ils soient entièrement dissous dans le foyer central. Ils
tomberaient sur la surface solaire, comme les gouttes d'une pluie
d'orage; et cette pluie serait plus ou moins abondante, plus ou
moins orageuse, selon la grandeur et le nombre des astres qui,
par essaims et en périodes régulières, viendraient ainsi mourir
sur le sein brûlant du Soleil.

On voit que, malgré de belles et nombreuses recherches, on ne
connaît pas encore exactement l'origine et la nature des taches
solaires. Un fait paraît cependant se dégager assez nettement
de ces recherches : c'est que les taches sont produites par de
violentes perturbations à la surface du Soleil. Or, ce violent
travail, ces orageux et perpétuels mouvements au sein de l'immense atmosphère de feu, doivent produire des torrents d'élec-

tricité capables d'agir sur le système solaire tout entier. Et, en effet, aux prodigieux orages du Soleil, répondent, sur notre planète, des courants électriques, des effluves subtils qui affolent l'aiguille aimantée, et produisent les orages magnétiques avec leurs splendides aurores polaires.

Lorsque les taches sont grandes et nombreuses, c'est-à-dire lorsque les orages du Soleil sont fréquents et furieux, alors éclatent sur la Terre les orages magnétiques : sur toute la surface de la planète l'aiguille aimantée oscille et tremble nerveusement; d'un pôle à l'autre, s'agite une marée électrique dont l'onde orageuse produit dans les fils télégraphiques un flux et un reflux semblables à ceux de l'océan ; des flots d'électricité circulent impétueusement autour du globe terrestre, et se déversent dans le ciel arctique, qui s'illumine spontanément. La voûte céleste tout entière, au milieu d'un majestueux silence, se revêt d'une immense lueur; des nuages rosés, légers, lumineux, planent dans l'espace, comme de grands oiseaux fantastiques; des rayons d'azur et des traits de feu jaillissent sans interruption de toutes parts, et s'élancent, comme en une course effrénée, de l'horizon vers le zénith, où ils se croisent, se rencontrent, s'unissent en frémissant, et forment une aurore agitée et diaphane, une couronne scintillante et superbe.

Pour les destinées de notre planète et des êtres qu'elle enfante, un pareil événement magnétique est probablement d'une importance suprême, bien que nos entreprises fiévreuses, nos travaux et nos luttes violentes puissent nous sembler des événements plus grands; ignorants que nous sommes de l'universelle portée des influences astrales qui pénètrent la Terre, et suscitent en elle les prodigieux phénomènes au sein desquels s'allume, s'agite et s'éteint la flamme éphémère de notre existence.

Pendant que l'orage magnétique émeut ainsi la Terre et la couronne des splendeurs de l'aurore boréale, il arrive, bien souvent, que des volcans entrent en fureur; que des bruits souterrains retentissent, et que le sol tremble violemment, çà et là, sur une vaste étendue. L'orage souterrain et l'orage magnétique se suivent alors de si près, le lien qui les unit est alors si étroit, qu'on ne saurait dire quel est, des deux orages, celui qui provoque l'autre. Aussi, de nos jours, on les regarde volontiers comme les effets d'une seule et même cause, et l'on penche à croire qu'ils sont produits, l'un et l'autre, par les formidables cyclones, ou les éruptions non moins effroyables du Soleil, éruptions et cyclones dont les deux grands phénomènes terrestres seraient comme les échos lointains et les derniers reflets.

Bien des savants, en Europe et aux États-Unis, se sont attachés à montrer la relation qu'il y a entre ces phénomènes terrestres et ceux du Soleil. Le père Secchi, de l'observatoire de Rome, et M. Wolf, de l'observatoire de Paris, ont mis en évidence surtout le lien qui existe entre les taches solaires et les orages magnétiques; tandis que, dans un remarquable travail, communiqué à l'Académie des sciences de Vienne, Ami Boué a signalé les nombreux tremblements de terre survenus lorsque le Soleil était agité par des ouragans ou des éruptions. Plus récemment, M. Naumann, qui a fort bien étudié les phénomènes volcaniques au Japon, a montré d'une manière frappante que, dans ce pays, les grandes fureurs des volcans et les forts tremblements de terre ont eu lieu toujours pendant la période des grands orages du Soleil.

Mais ce n'est pas seulement le Soleil qui, par ses tourbillons de feu, ou par ses immenses éruptions, provoque les tremblements de terre : des recherches toutes récentes tendent à prouver qu'à certaines époques, la Lune, les planètes, les essaims d'astéroïdes et même les comètes stimulent l'activité des forces souterraines.

Voici comment et pourquoi : ces astres innombrables font cortège au Soleil, qui les attire, les soutient, les éclaire, les réchauffe et les entraîne avec lui dans l'espace inconnu. Pendant ce voyage immense, éternel, les astres du cortège tournent, se balancent et gravitent autour du Soleil en une ronde à la fois rapide et majestueuse, variée et rythmée : ils s'éloignent et se rapprochent en périodes mesurées ; les uns gravitent épars et solitaires ; les autres circulent par groupes harmonieux, ou passent rapides comme des éclairs et nombreux comme des essaims ; les uns, modérant leur allure, s'éloignent lentement et comme à regret du Soleil ; tandis que d'autres s'élancent vers lui en une course échevelée, vertigineuse et de plus en plus accélérée. Et toutes ces étoiles qui forment autour du Soleil, leur commun souverain, cette chaîne animée, harmonieuse et mouvementée, exercent les unes sur les autres une action profonde.

Variable à l'infini, cette action réciproque dépend de la grandeur des astres, de leur distance et de leur groupement dans l'espace. Une planète comme la Terre subit d'un autre astre du cortège solaire des effets d'attraction d'autant plus profonds qu'elle s'en approche davantage ; et, si cet astre est puissant, ou

s'il combine un instant son action avec celle d'un astre voisin
pour influencer la Terre, celle-ci pourra en être affectée d'une
façon extraordinaire.

Sollicité par cette vue, on a recherché si, aux époques mar-
quantes de ces influences astrales, il y a eu de grandes commotions souterraines.

Dès le siècle dernier, un astronome, professeur à l'université
de Lima, publiait un ouvrage fort curieux, qu'on pourrait appeler une horloge astronomique des tremblements de terre; car
les années et même les heures fatales pendant lesquelles il y avait
à craindre, s'y trouvent indiquées avec précision. Cinq ans plus
tard, en 1734, le même auteur faisait paraître un autre livre dans
lequel il indiquait une période tragique devant servir à distinguer
les années sujettes au fléau souterrain. Dans ce livre, il fait observer que son horloge astronomique, publiée en 1729, avait déjà
été confirmée par plus de deux cents tremblements de terre
survenus aux heures indiquées.

Des recherches plus récentes et plus méthodiques sont venues
appuyer plutôt qu'infirmer les vues du mathématicien de Lima.
Toutes les années à grands tremblements de terre semblent, en
effet, concorder avec certaines périodes astronomiques; et l'on a
fait remarquer qu'elles se reproduisent surtout au bout du cycle
de Saros, période de dix-huit ans et onze jours, après laquelle le
Soleil et la Lune se retrouvent à peu près dans les mêmes posi-
tions. C'est la période que les Chaldéens employaient pour prédire les éclipses de Lune, et que les modernes emploient encore
pour trouver, avant le calcul définitif, les époques des éclipses.
Or, dans la période tragique de l'astronome péruvien, les années

fatales forment un cycle qui concorde à peu près avec celui de
Saros.

Mais il y a plus : d'après les investigations de M. Falbe, en Allemagne, et de M. Delauney, en France, chaque fois que la Terre,
dans sa course autour du Soleil, s'est trouvée sous l'influence
d'une grande planète comme Jupiter, ou d'un groupe de nombreux astéroïdes, elle aurait tremblé, et pour bien des contrées,
son frissonnement aurait été une épouvantable catastrophe.

Aussi M. Delauney, après avoir établi, pour un certain nombre
d'années, les époques auxquelles la Terre serait de nouveau exposée à de fortes influences sidérales, a-t-il voulu se risquer à
prévoir et à prédire les tremblements de terre. En mars 1877, il
annonçait pour cette même année de violentes commotions souterraines, et dès le mois de mai, des secousses épouvantables bouleversèrent la côte occidentale de l'Amérique du Sud ; on vit alors
d'énormes vagues marines osciller des plages du nouveau monde
jusqu'aux rivages de l'extrême Orient.

Pour l'année 1883, M. Delauney avait également annoncé de
grands tremblements de terre ; or, à l'époque marquée, eut lieu
la terrible commotion qui ravagea les îles de la Sonde et fit périr,
en quelques instants, plus de 50,000 êtres humains. En même
temps que les secousses agitaient ces îles, ébranlaient le lit de
l'océan et soulevaient des vagues monstrueuses, les redoutables
volcans de l'archipel de la Sonde se couvraient de feu ; des terres
nouvelles surgissaient du fond de la mer ; et toute une île s'abîmait
dans les flots avec son cratère enflammé. L'effroyable commotion,
qui dura plusieurs jours, s'étendit jusqu'à Ceylan et jusqu'en
Australie, c'est-à-dire sur une zone de 3,300 kilomètres de rayon,

formant un cercle qui représente la quinzième partie de la surface du globe terrestre.

Cet épouvantable orage souterrain, par l'étendue de sa sphère d'action, a été un phénomène assez grand pour qu'on y puisse voir l'effet d'une cause universelle, comme l'attraction sidérale. Mais, quelque grande qu'ait été cette commotion, M. Delauney a prédit, pour l'année 1886, des tremblements de terre encore plus formidables; et ses prévisions ont causé une assez vive émotion dans les contrées sujettes au fléau souterrain.

Quoique l'Académie des sciences n'ait point fait, jusqu'ici, bon accueil aux recherches et aux prédictions de M. Delauney, on ne doit pas, ce semble, repousser la théorie qui a provoqué ces recherches. Les tremblements de terre n'ont pas tous une commune origine; bien des causes peuvent se combiner pour les susciter, et parmi ces causes, une puissante action sidérale pourrait fort bien, par moments, devenir la cause essentielle du phénomène souterrain. Puisque les astres, la Lune et le Soleil surtout, produisent les marées dans l'océan, il semble naturel, en effet, qu'ils puissent exercer une action analogue sur la mer de feu qui, on le croit, existe dans l'intérieur de la Terre.

Le professeur Mérian, de Zurich, Alexis Perrey, de la faculté des sciences de Dijon, et plusieurs autres observateurs non moins habiles, ont tenté de résoudre le problème. Alexis Perrey a porté ses investigations sur 5,388 secousses de tremblements de terre, dont il a pu recueillir la date précise; or, de ces recherches, conduites avec un soin et une patience qu'on ne saurait assez apprécier, il résulte que la plupart des commotions ont eu lieu pendant les nouvelles et pleines Lunes, et surtout pendant le périgée, c'est-à-dire lorsque la Lune et le Soleil ont été le plus rapprochés de la Terre. Ces recherches ont conduit aussi à ce curieux résultat, que les tremblements de terre ont été plus violents quand la Lune s'est trouvée au méridien des endroits où ils se produisaient; de même que dans nos ports, les marées de l'océan sont plus agitées et plus puissantes lorsque la Lune est proche de la Terre, et passe au méridien de ces ports.

Il est donc possible qu'il y ait une marée souterraine, avec ses flots changeants, avec son flux et son reflux, et soumise aux mêmes influences astrales que la marée de l'océan. Et, lorsque, sous l'action des astres qui gravitent dans le ciel, la grande vague de feu ondulerait çà et là dans les profondeurs de la Terre, alors les volcans mugiraient plus fortement, le sol tremblerait plus violemment, et l'homme sentirait qu'un indéfinissable danger menace son existence.

LES TREMBLEMENTS DE TERRE

DANS

L'ARCHIPEL DE LA SONDE

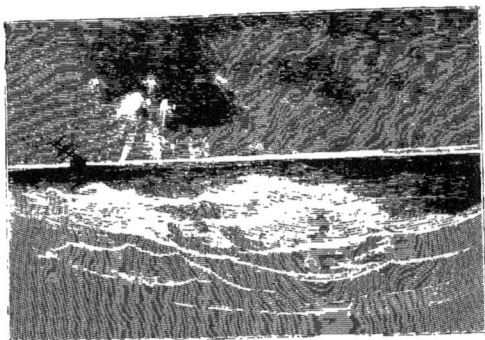

LES TREMBLEMENTS DE TERRE
DANS L'ARCHIPEL DE LA SONDE

Il n'y a point de contrées plus fréquemment visitées par le fléau souterrain que ces belles terres de l'océan Indien qui, échelonnées en arc, depuis la Nouvelle-Guinée jusqu'au superbe golfe de Bengale, forment une immense grappe d'îles, toutes couvertes de fleurs et toutes hérissées de montagnes brûlantes. Situé au centre même de ce grand essaim d'îles constamment ébranlées, l'archipel de la Sonde se distingue, entre toutes, par l'effroyable puissance de ses volcans et la violence extrême de ses tremblements de terre.

Le détroit de la Sonde est l'important passage qui sépare l'île de Java de celle Sumatra. Il a son entrée dans la mer des Indes à peu près par le sixième degré de latitude sud. C'est la plus fréquentée de toutes les voies maritimes de l'Orient. Les bâtiments à voiles suivent toujours cette route pour passer de l'océan Indien dans la mer de Chine; c'est également la route que prennent les navires venant de l'Amérique du Sud et ceux qui ont doublé le cap de Bonne-Espérance, à destination de l'extrême Orient.

Les navires à vapeur venant d'Europe, passent en général par le détroit de Malacca, entre Sumatra et la presqu'île indo-chinoise; mais dans la mousson du sud-ouest, beaucoup d'entre eux rentrent dans l'océan Indien par le détroit de la Sonde, de façon à profiter des brises favorables qui les conduisent jusqu'à l'entrée de la mer Rouge. Par la route directe, ils auraient à lutter, dans cette saison, contre des vents debout très violents et une mer très forte. On prend une route plus longue; mais on fait une traversée plus courte, en suivant la route dite des détroits, qui fait débouquer dans l'océan Indien, au sud de l'équateur, et permet aux bâtiments de naviguer avec des vents favorables.

Quand on sort du détroit de la Sonde pour se rendre aux Philippines, en Chine ou au Japon, on trouve devant soi trois passages : le détroit de Banca sur la côte de Sumatra, le détroit de Gaspar, entre l'île de Banca et l'île Billiton, et le détroit de Kamarita, sur la côte de Bornéo.

Tous ces passages sont parfaitement reconnus, balisés et éclairés par le gouvernement des Indes néerlandaises avec le soin le plus intelligent.

Autrefois, Java et Sumatra formaient une seule terre; mais en l'an 1115, à la suite d'un épouvantable tremblement de terre, le grand isthme qui les reliait se rompit, disparut dans les abîmes avec ses forêts et ses cultures, et la mer envahissant l'espace forma le détroit qui sépare aujourd'hui les deux îles [1].

Java et Sumatra sont les plus belles et, après Bornéo, les plus grandes îles de l'archipel de la Sonde. Leur sol est d'une fertilité sans égale, et dans leurs vastes forêts s'agite un monde prodigieux. Là s'épanouit l'Arnoldie, la plus grande des fleurs; chantent les plus beaux oiseaux du monde; rampe et siffle le plus monstrueux des serpents; vivent heureux et à l'abri du chasseur, le singe, le tigre, le rhinocéros et le lion. Au sein de cette merveilleuse végétation, se déroulent, dans les deux îles, des chaînes de montagnes, dont les cimes brûlantes s'élèvent à plus de 3,000 mètres au-dessus des grands ports et des villes opulentes du littoral.

Il y a dans les deux terres plus de 100 volcans, dont on ne connaît bien qu'une cinquantaine; mais on sait que chaque fois que l'un ou l'autre de ces monstres est entré en fureur, l'une ou l'autre des deux îles a tremblé violemment.

Au reste, dans tout l'archipel de la Sonde, les tremblements de terre sont tellement fréquents et terribles, que les plus marquants y servent de date, de points de repère à la mémoire, comme, en Europe, les guerres et autres grands événements historiques. Il se passe rarement un mois sans que le sol y soit remué par des secousses, à la suite desquelles on constate la disparition d'un village, ou de quelque autre agglomération humaine, située à proximité d'un volcan.

En 1822, le tremblement de terre qui accompagna l'éruption du volcan javanais de Galung-Gung détruisit de fond en comble cent quarante-quatre villes et villages. En 1772, au moment

---

1. Raffles, *History of Java.*

22

où le Papandayang avait un épouvantable accès de fureur, l'île de Java fut violemment agitée, et une contrée de près de 25 lieues carrées, où l'on voyait, la veille encore, une foule de localités florissantes, fut transformée en un amas de ruines. En 1815, un tremblement de terre et l'éruption simultanée du volcan de Timboro, dans l'île de Sambava, firent périr plus de 20,000 êtres humains.

Outre leurs funestes et immédiates conséquences, des désastres de ce genre exercent, le plus souvent, pendant de longues années une influence néfaste sur les contrées qui en ont été le théâtre.

Ainsi, en 1869, immédiatement après un violent tremblement de terre, le grand volcan javanais de Gounong-Salak, émit une telle quantité de cendre et de boue, que tous les cours d'eau avoisinants, déjà bouleversés par le tremblement de terre, furent complètement obstrués. La région devint si malsaine, qu'en vingt-deux ans des maladies épidémiques enlevèrent, dans la seule ville de Batavia, plus d'un million de personnes, c'est-à-dire près de 45,000 personnes par an; un cinquième de la population !

Il est rare cependant, même dans l'archipel de la Sonde, de voir se produire des cataclysmes aussi épouvantables que celui qui eut lieu en 1883, à la suite de l'éruption du volcan de Krakatoa, et de tout un groupe de volcans.

Krakatoa, où s'est produite l'éruption première, celle qui fut en quelque sorte le signal pour faire entrer en fureur les volcans de Java et de Sumatra, est, ou plutôt était une île située au milieu du détroit de la Sonde, c'est-à-dire au centre de la plus ardente fournaise souterraine qu'il y ait.

Les perturbations dans l'île de Krakatoa commencèrent le samedi 25 août, par des grondements souterrains qui se faisaient distinctement entendre jusqu'à Suraperta et Batavia.

On ne s'en inquiéta guère tout d'abord. Mais au bout de quelques heures, une avalanche de pierres commença à tomber, et pendant toute la nuit, ce fut une pluie continuelle de cendres et de pierres brûlantes.

Le matin, toutes les communications avec Anjer, sur le détroit de la Sonde, étaient détruites ; les ponts s'étaient écroulés, les routes étaient devenues impraticables.

Des perturbations se produisaient sous les eaux du détroit qui sifflaient et bouillonnaient avec violence, tandis que des vagues énormes venaient se briser contre les rives de Java. La température de la mer avait haussé de près de 20 degrés. Au loin, à Madura, c'est-à-dire à plus de 500 milles (plus de 200 lieues) de Krakatoa, les vagues furieuses se transformaient en montagnes d'écume, au moment d'envahir le rivage.

Peu à peu, les grondements souterrains devinrent de plus en plus distincts ; et dès midi, le même jour, Maha-Mérou, le plus grand, sinon le plus actif, des volcans javanais, vomissait des flammes à des intervalles très courts.

L'éruption ne tarda pas à s'étendre au Gounoung Gountour et à beaucoup d'autres volcans, jusqu'à ce qu'un tiers des quarante-cinq grands cratères de Java fussent devenus actifs ou donnassent signe d'une activité prochaine.

Quelques instants avant la tombée de la nuit, un immense nuage lumineux se forma au-dessus de Gounoung Gountour, et le cratère de ce volcan commença à émettre d'énormes flots de lave

et de boue sulfureuse ; après quoi, de formidables explosions retentirent, et des torrents de cendres se répandirent dans l'espace,
se mêlant à d'énormes fragments de rocher qui volaient de tous
côtés, lancés à de vertigineuses hauteurs et portant, partout où
ils s'abattaient, la destruction et la mort.

Au moment où ces terribles éruptions se produisaient, la mer
était en proie à des convulsions épouvantables.

Les nuages suspendus au-dessus de l'eau étaient chargés
d'électricité, et il y eut un moment où l'on put distinguer à la
fois quinze gigantesques trombes.

Hommes, femmes, enfants s'enfuyaient épouvantés de leurs
chancelantes habitations, emplissant l'air de cris de détresse.
Des centaines d'entre eux, qui n'avaient pu s'échapper avant
l'écroulement de leurs maisons, ont été ensevelis sous des masses
de rochers et de boue.

Le dimanche soir, la violence des secousses et des éruptions
augmenta, et l'île de Java parut menacée d'une submersion
totale. En même temps, des vagues gigantesques se ruaient
contre le rivage, pénétrant çà et là, jusque dans l'intérieur ; et des
abîmes énormes s'ouvraient dans le sol, menaçant d'engloutir
d'un seul coup tous les habitants et tout ce qui était habité.

Vers minuit, la plus horrible scène qui se puisse imaginer se
produisit. Un nuage lumineux, d'aspect semblable à celui qui
avait apparu au-dessus du Gounoung Gountour, mais de dimensions plus colossales encore, se forma au-dessus de la chaîne des
monts Kandang qui bordent la côte de l'île de Java au sud-est.
Ce nuage s'élargit de minute en minute, jusqu'à ce qu'il en
vînt à former une sorte de dôme, couleur grisâtre et rouge

sang, qui surplombait la terre sur un périmètre considérable.

A mesure que cette nue grossissait, les éruptions gagnaient en intensité, et les flots de lave se précipitaient, sans un instant de répit, sur les flancs des montagnes, et se répandaient dans les vallées où elles balayaient tout devant elles.

Le lundi matin, vers 2 heures, le gros nuage se fractionna subitement et finit par s'évanouir; mais, quand le soleil se leva, on put constater qu'un territoire, s'étendant de la Pointe Capucine au sud, jusqu'à Negery Passoerang au nord et à l'ouest, et couvrant environ 50 milles, plus de 20 lieues carrées, avait entièrement disparu.

C'est là qu'étaient situés, la veille, les villages de Negery et Negery Babawang. Aucun des habitants de ces localités n'avait échappé à la mort. La terre avait tremblé et la mer avait tout englouti.

La population était moins dense dans cette partie de l'île qu'ailleurs; aussi le nombre des victimes était-il relativement restreint, bien qu'il dût atteindre 15,000!

La chaîne des monts Kandang, qui se développe le long de la côte javanaise en forme de demi-cercle, sur une distance d'environ 65 milles (environ 26 lieues), avait également disparu.

Les eaux de Welcome Bay (baie de la Bienvenue) dans le détroit de la Sonde, celles de Pepper Bay (baie du Poivre), à l'est, et celles de l'Océan Indien au sud, avaient fait irruption dans la contrée où elles formaient un torrent tumultueux.

Dans la nuit du lundi, le volcan javanais de Papandayang se signala par des éruptions des plus violentes, accompagnées de

détonations qui, dit-on, ont été entendues à plus de 20 lieues
de distance.

A Sumatra trois colonnes de feu jaillirent séparément, à une
très grande hauteur, d'une montagne dont les flancs se couvrirent instantanément de torrents de lave. Des pierres tombaient
en même temps à plusieurs kilomètres du volcan, et l'espace
s'emplissait d'une poussière noire qui produisit une obscurité
complète. Le phénomène était accompagné d'une trombe qui
soulevait dans les airs toits, arbres, hommes et chevaux. La
quantité de cendres qui retombait était tellement considérable,
qu'elle couvrit d'une couche de plusieurs pouces d'épaisseur le
sol et les toits des maisons de Denamo.

Tout à coup, la scène changea, dans l'île de Java. Le volcan
de Papandayang (la Forge) se fendit en sept parties sans qu'aucun bruit annonçât sa dislocation, et à l'endroit où, un moment
auparavant, avait existé le Papandayang, on n'apercevait plus
maintenant que sept pics roulant dans leurs gouffres béants des
tas de matières liquides qui projetaient des bouffées de vapeur
et des torrents de lave. Et la lave, en descendant les pentes des
montagnes, formait au loin des dépôts sur une étendue de plusieurs kilomètres.

Un des accidents les plus singuliers de la terrible catastrophe
fut celui-ci : tout à coup, dans le détroit de la Sonde, et presque
à l'endroit où se trouvait l'île de Merak que la mer avait engloutie
la veille, apparurent quatorze nouvelles montagnes volcaniques,
formant une chaîne complète en ligne droite entre la pointe de
Saint-Nicolas, sur la côte de Java, et la pointe Hoga, sur la côte
de Sumatra.

Des 3,500 Européens et Américains qui se trouvaient à Batavia et dans le port d'Anjer, 800 périrent. Le quartier qu'ils habitaient dans la ville d'Anjer a d'abord été envahi par les débris de roches, la boue et la lave, puis sont arrivées les eaux qui ont englouti les ruines, sans même en laisser aucune trace, et qui ont causé la mort de plus de 2,000 habitants et d'un grand nombre de fugitifs appartenant à d'autres localités.

Bantam fut entièrement couvert d'eau, et on croit que 1,200 à 1,500 personnes y ont trouvé la mort dans les flots. L'île de Serang a été complètement inondée, et pas un habitant n'a survécu. A Chéribon l'inondation a été moins considérable, mais la chute des rocs et des torrents de lave ont également fait dans cette ville de nombreuses victimes.

Buitenzorg, l'opulente ville de plaisance, souffrit aussi beaucoup, de même que Samarang, Sourakerta et Sourabaya.

Les « Mille Temples » de Brambaham ont été très endommagés; quelques-uns même ont été détruits.

Le grand dôme central du célèbre temple de Boro Bouddor disparut, entraîné par la chute des rochers.

La petite ville de Tamarang fut balayée par la lave ; plus de la moitié de la population, c'est-à-dire environ 1,800 habitants, la plupart Javanais, périrent.

A Speeswyk, les rocs avaient, en tombant, la température du fer rouge. C'est au point qu'ils mirent le feu aux maisons dans la partie la plus peuplée de la ville.

Le fleuve Jacatana, sur les rives duquel s'élève Batavia, a été si complètement envahi par la lave et les débris, que les eaux ont changé leur cours et sont allées se jeter, en se frayant une

nouvelle voie par une des rues de la ville, dans l'Émerades, dont
elles élevèrent prodigieusement le niveau [1].

Figelenking fut presque entièrement détruit et un grand
nombre de ses habitants perdirent la vie.

L'île d'Onius, qui est située à 5 milles de l'embouchure
du Targerang et à 20 milles à l'est de Batavia, après avoir
éprouvé une violente secousse, fut complètement inondée, et l'île
de Midah, à 10 milles de la côte de Java, a été en grande partie
engloutie. Les villes d'Anjer, de Tjeringen et de Telok-Betong
furent détruites, et tous les phares le long du détroit de la Sonde
avaient disparu. A Waronge, neuf cents habitants environ ont
péri; à Talatoa, sur la côte, trois cents cadavres furent retirés
de dessous les ruines : toutes ces villes avaient été détruites
simultanément par le feu des volcans et les tremblements de
terre et de mer.

Les admirables et antiques temples bouddhiques de l'île de
Java ayant été en partie détruits par la terrible commotion,
il n'est pas sans intérêt de constater qu'au point de vue artis-
tique, quelques-uns de ces temples peuvent rivaliser avec les plus
beaux monuments connus, et qu'ils l'emportent même, peut-être
de beaucoup, par la grandeur de leur aspect, sur les pyramides
d'Égypte.

La destruction partielle du grand temple de Boro Bouddor
est surtout déplorable. Cet édifice, que les indigènes de Java
appellent aussi Boer Bouddha et Boro Bodo, est situé à environ 58 kilomètres de Djockjakarta, sur le littoral de l'Océan

1. *Daily News*, septembre 1883.

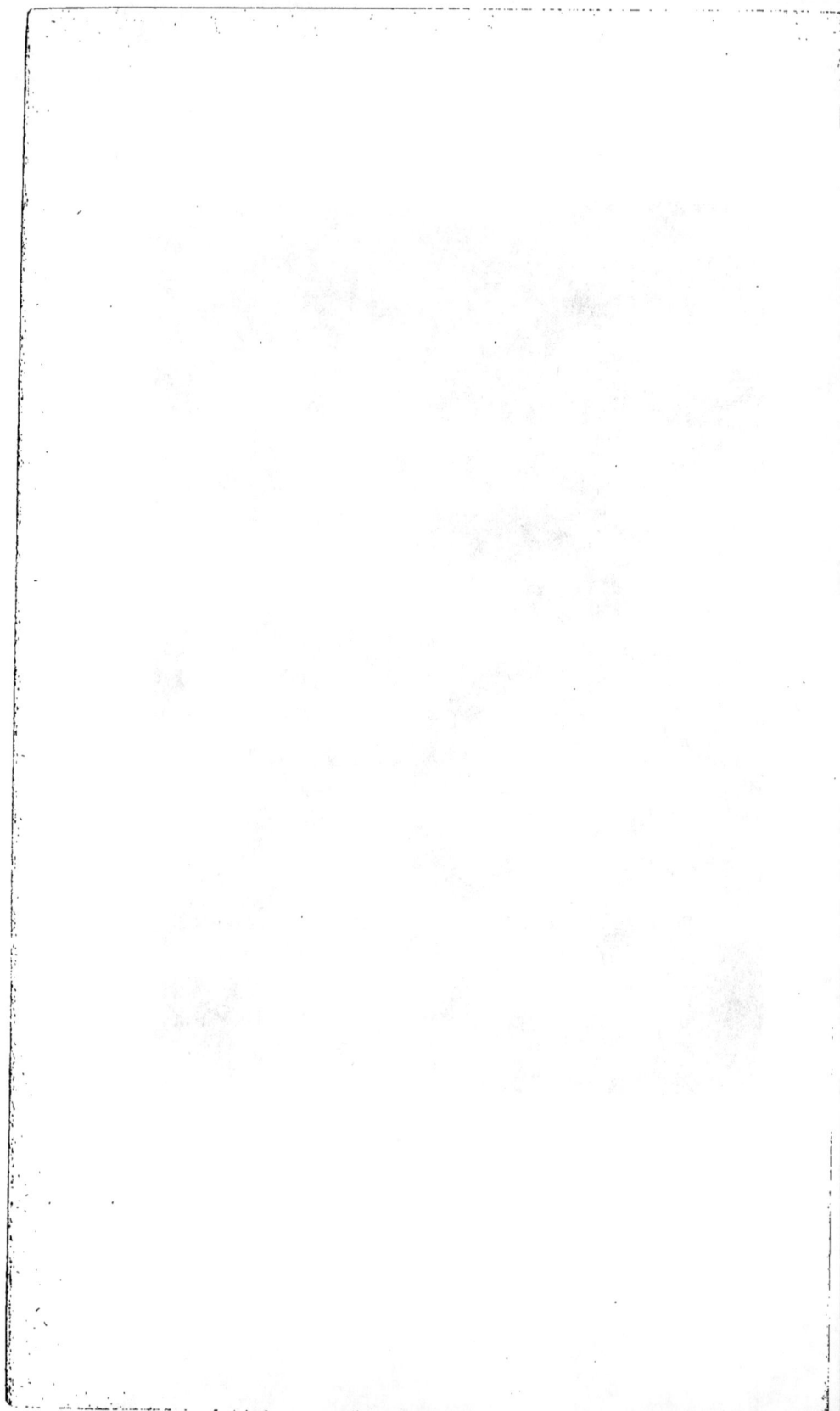

Indien, à l'extrémité de l'île opposée à Samarang. Boro Bodo était le plus grand des édifices élevés en Orient au culte bouddhique, et, à l'exception du temple de Nakou Wat, dans le Cambodge, il n'avait pas son pareil dans le monde. Cet admirable édifice, qui date du huitième siècle, s'élevait sur un mamelon au centre d'une grande vallée circulaire, dominée au loin par les crêtes d'une série de volcans. Il avait 45 mètres de hauteur, et il était couronné d'un dôme central qui s'arrondissait admirablement dans l'espace, et de soixante-dix autres dômes de dimensions beaucoup moindres, mais non moins pittoresques d'aspect. La plupart de ces dômes sont restés debout; et sous ces dômes règnent des terrasses superposées, sur lesquelles sont installées quatre cent cinquante chapelles taillées à jour dans le granit, dont chacune est ornée d'une statue de Bouddha dans la posture traditionnelle, c'est-à-dire, les jambes croisées. Les ailes de l'édifice sont couvertes de bas-reliefs retraçant l'histoire de Bouddha et de sa religion de la façon la plus complète qui se puisse imaginer; il n'est pas une pierre qui ne soit sculptée; ce qui fait plus de quatre mille grands sujets de bas-reliefs, bizarres il est vrai, mais nets et finement ciselés, riches de détails et d'ensemble. Quatre escaliers majestueux, de 150 mètres chacun, conduisaient à la chapelle du sommet, élégant sanctuaire, dont le dôme était une merveille.

Tel était un de ces beaux édifices religieux que l'épouvantable catastrophe a détruits.

Les « Mille Temples » ou *Chandi-Siwa* situés à Brambaham sur l'emplacement de l'ancienne capitale de Java, à 8 lieues environ du Boro Bodo, au sud-est, ont été, ainsi qu'on vient de le dire, maltraités aussi par la marée, le tremblement de terre et les avalanches de vase et de lave. Les « Mille Temples » forment un groupe d'églises fort remarquables, mais très exposées ; car elles sont situées à proximité de la montagne volcanique de Merapia qui a joué un rôle actif dans le désastre.

L'île de Merak, qui fut détruite par les tremblements de terre et de mer, est une place forte, située à 5 kilomètres du volcan de Krakatoa dans une région riche en carrières de pierre. Ces carrières ont été mises en exploitation, il y a six ou sept ans, le gouvernement ayant besoin de grandes quantités de pierres pour la construction de nouveaux quais et de nouveaux docks à Batavia, et elles ont fourni, depuis cette époque, environ 1,500,000 tonnes de roc. Des milliers d'ouvriers, la plupart indigènes, y travaillaient et habitaient avec les directeurs de l'exploitation, les ingénieurs et les employés de l'administration, sur des hauteurs situées à une altitude d'environ 45 mètres au-dessus du niveau de la mer. Tout cela fut emporté par la marée. De toute la population de Merak, il ne resta que deux indigènes et un Européen, employé comme teneur de livres. De la localité même, il ne reste plus trace ; et les dégâts matériels, en ce seul endroit, sont évalués à 3 millions de francs. Cette catastrophe fut d'autant plus douloureuse que les travaux d'exploitation devaient être suspendus le 1er septembre, c'est-à-dire que si le tremblement de terre s'était produit quatre ou cinq jours plus tard, il n'aurait pas fait à Merak le quart des victimes qu'il y fit ; car le plus grand nombre des ouvriers devaient partir, après la suspension des travaux, pour Batavia.

La nouvelle de la destruction de la ville de Telok-Betong, sur la côte de Sumatra, parvint à Batavia par un steamer de ce port qui était en pleine mer au moment de l'éruption. Il fit route sur Anjer pour donner l'alarme, mais il trouva cette ville détruite.

Le pont du vapeur était couvert d'une couche de poussières volcaniques de 50 centimètres d'épaisseur, et le capitaine de ce bâtiment affirme qu'il a navigué pendant un certain temps au milieu d'une masse de pierres ponceuses de 2 à 3 mètres d'épaisseur qui flottaient à la surface de la mer.

Du pont de ce navire, on avait assisté à l'effroyable catastrophe de Telok-Betong.

« Tout à coup, raconte un témoin, nous vîmes arriver une onde gigantesque, de hauteur prodigieuse, du côté de la mer, s'avançant avec une vitesse considérable. Aussitôt, et sans hésiter, notre navire fait vapeur et gouverne de façon à faire face au danger imminent; il a tout juste le temps de rencontrer l'onde par devant. Après un instant plein d'angoisse, nous sommes soulevés avec une vitesse vertigineuse; notre navire fait un bond formidable, et tout aussitôt, nous nous sentons comme plongés dans l'abîme. Mais la lame nous avait dépassés, et nous sommes sauvés. Semblable à une haute montagne, la vague monstrueuse précipita sa course vers la terre. Immédiatement après, paraissent trois autres lames de proportions colossales. Et, devant nos yeux, cet épouvantable soulèvement de la mer, balayant tout sur son passage, consomme en un instant la ruine de la ville : le phare tombe comme par enchantement, et soudainement les maisons sont arrachées de leurs fondements. Tout est fini! Là où vivait, il y a quelques instants, la ville de Telok-Betong, il n'y a plus maintenant que la pleine mer.

« Les mots manquent pour décrire l'épouvantable impression
que nous laissa le spectacle d'un pareil cataclysme. La sou-
daineté foudroyante du changement à vue ; les proportions gigantesques du drame ; la dévastation subite qui se produisit sous
nos yeux en un instant, tout cela fit que nous restâmes frappés
de stupeur, sans nous rendre d'abord un compte exact du
phénomène perturbateur qui s'accomplissait devant nous. On
eût dit une transformation subite, un changement à vue instan-
tané comme, dans les contes de fées, en opère la baguette
magique. Mais ce n'était pas une vaine fantasmagorie : c'était
une terrible réalité ; et des milliers d'existences humaines
venaient d'être fauchées dans l'instantanéité d'un clin d'œil.
Que de ruines effrayantes et incalculables ont été semées en un
moment ! Quelle force incroyable possède cette mer, dont le flot
renverse d'un seul coup une cité entière, que l'homme a eu tant
de mal et mis tant de temps à édifier !

« Nous-mêmes, spectateurs du bouleversement, nous étions menacés d'un péril sans exemple et avions devant nous une mort
terrible et fatale. Tout ce que l'imagination la plus féconde
pourra évoquer, tout ce que l'esprit le plus actif pourra se figurer,
restera loin, bien loin de la situation horrible, épouvantable, dans
laquelle nous nous trouvions. »

Anjer, qui au lendemain de la catastrophe n'était plus qu'un
monceau de ruines, était, la veille encore, un charmant petit port,
entouré d'un gouffre de verdure, d'où s'élevait un des plus beaux
arbres de l'archipel de la Sonde, un banian qu'on apercevait de
la haute mer, et dont les rameaux formaient un dôme de plus de
150 mètres de pourtour.

Le 27, à 6 heures du matin, lorsque les habitants d'Anjer sont encore au lit, une masse toute noire, énorme, arrive avec fracas, monte et inonde la ville. Puis elle se retire, entraînant dans la mer hommes, femmes et enfants. Tout est de nouveau calme et silencieux ; on ne voit que des débris de cadavres, de vaisseaux, de ponts et de branches. Le fort d'Anjer, avec toute sa nombreuse garnison hollandaise, a disparu, emporté par les flots. Mais ce n'est que le commencement. Une épaisse pluie de cendres envahit l'atmosphère. Les personnes qui sont sauvées, et qui sont presque toutes blessées, reprennent haleine. Une deuxième vague arrive à son tour. Haute de 35 mètres au moins, elle recouvre de nouveau la ville, et en se retirant elle entraîne tout ce qui avait survécu au premier choc. « Il n'y a plus d'Anjer au monde ! » s'écriait, le lendemain de la catastrophe, un marin qui, du pont de son navire, contemplait l'emplacement où fut la ville.

Un autre marin, un pilote, était au bord de la mer, quand il vit s'avancer vers lui la masse énorme d'eau noire qui, venant de la haute mer, semblait s'élever jusqu'au ciel. Elle s'avançait rapidement avec le grondement du tonnerre. « Un instant après, raconte le pilote, le seul survivant de la catastrophe, j'étais enlevé par le torrent et, recommandant mon âme à Dieu, je me croyais à ma dernière heure. Par un effort suprême, je m'étais maintenu à la surface des eaux, et aussi loin que portaient mes regards, je ne voyais plus que les flots de la mer. Enfin je fus jeté sur un arbre. Là où se trouvait tout à l'heure la ville d'Anjer, je ne voyais plus qu'une mer houleuse d'où émergèrent la cime des arbres et quelques tortues. Tout à coup les eaux descendent et retournent à la mer. Je les vois s'écouler sous mes yeux avec une rapidité prodigieuse, et bientôt je puis descendre sur le sol : j'étais sauvé.

« Je cours, éperdu, dans les rues d'Anjer; mais partout je ne rencontre que mort et désolation. La ville n'est plus qu'un amas de décombres; partout des cadavres. Épouvanté, je m'enfuis dans la direction de Sérang. »

On avait craint que le détroit de la Sonde ne fût devenu impraticable à la suite de l'épouvantable convulsion. Quand on songe que la vague soulevée par les oscillations du fond de la mer avait 40 mètres au moins de hauteur, on conçoit le bouleversement qu'elle a dû produire dans ce détroit; elle s'y dirigea dans tous les sens, balayant tout sur son passage, aussi bien du côté de Sumatra que sur la côte de l'île de Java.

L'île de Krakatoa, qui avait environ 10 lieues de longueur sur 7 de largeur, s'abîma presque tout entière dans la mer, pendant que son terrible volcan mugissait et vomissait des torrents de feu, que la terre tremblait et que des vagues monstrueuses déferlaient avec fureur.

A la place des îles détruites, d'autres îlots surgirent, modifiant complètement la forme du détroit de la Sonde, bouleversant la situation géographique de la côte, au point qu'après la catastrophe les cartes marines ne correspondaient plus à la réalité, et que les gouvernements européens durent télégraphier à tous les navires en route pour le détroit de la Sonde, afin de leur faire savoir qu'ils se rendaient vers une région dont la configuration avait été complètement modifiée en quelques jours.

Tout fut à refaire dans ce détroit, et presque toutes les puissances qui entretiennent des missions hydrographiques dans l'extrême Orient prêtèrent leurs concours aux officiers hollandais pour refaire au plus tôt l'hydrographie de la côte atteinte par la catastrophe.

Quoiqu'on ne sache pas au juste le nombre des victimes du cataclysme, on ne peut l'évaluer à moins de 50,000; il est même probable qu'il dépasse 60,000. Dans l'île de Java seule, plus de 15,000 personnes ont péri, et 10,000 à Tjeringen. Bien que la population du nord de Bantamn, si affreusement éprouvée, eût diminué dans les années précédentes, elle comptait encore 500,000 habitants au moment du désastre de 1883; aussi n'est-il pas surprenant qu'immédiatement après la catastrophe on ait porté le nombre des victimes à 80,000 et au delà.

L'épouvantable commotion souterraine dura trois jours et trois nuits; et l'on en ressentit les effets sur une immense surface du globe, à des milliers de lieues du théâtre de la catastrophe. La vague énorme qui, dans la matinée du 27, avait ravagé le littoral javanais et englouti la ville d'Anjer, ondula dans la mer des Indes et atteignit le même jour, vers deux heures, l'île Maurice et l'île de la Réunion, franchissant en moins de huit heures une distance de 1,300 lieues; puis, se propageant dans l'océan Atlantique, elle alla déferler jusqu'à sur les plages du nouveau monde et jusque sur les côtes de France, où elle produisit une grande et subite marée.

En même temps que l'ondulation marine suscitée dans le détroit de la Sonde agitait les océans, une onde atmosphérique surgissait au sein de la région ébranlée, onde immense qui, en peu d'heures, fit trois fois le tour du monde.

Les détonations souterraines ont été entendues jusque dans l'île de Ceylan, et plus loin encore, jusqu'en Australie, à plus

23

de 3,300 kilomètres de distance ; on affirme même que le grand bruit de l'orage souterrain, se propageant dans les abîmes et traversant le corps immense de la planète, s'est fait entendre distinctement à l'autre extrémité du globe, dans les îles Caïmans, groupe de trois petites îles de la mer des Antilles, aux antipodes de l'île de Java.

Pendant la catastrophe, le Soleil avait, à Ceylan, un aspect singulier : tantôt il avait complètement disparu, tantôt on y observait de grosses taches, à l'œil nu. Ailleurs, à Paramaribo, dans l'Amérique du Sud, le Soleil, bien que limpide, était d'un bleu indigo très clair, depuis le moment de son lever jusqu'à la fin de la journée ; et les indigènes en tirèrent toute sorte de fâcheux pronostics, quoique ce Soleil bleu, sans aucun rayonnement, présentât un aspect magnifique. En Europe, il y eut dans le ciel des lueurs crépusculaires d'une extrême beauté, dont les teintes irisées, opalines et chatoyantes, rappelaient les feux de l'aurore boréale [1].

1. Arnold Boscowitz, *Les Volcans*, page 301.

THÉORIES ET CONCLUSION

THÉORIES ET CONCLUSION

I

Quelle est la cause du grand phénomène souterrain qu'on vient de contempler? quelle est la force mystérieuse qui ébranle violemment cette Terre qu'une illusion innée nous fait croire immobile, et dont le moindre frémissement est une catastrophe?

On a cherché souvent à sonder le mystère ; et avant de terminer cet ouvrage, il convient, je crois, de dire quelles sont les théories auxquelles ces recherches ont donné naissance. La plupart de ces théories ayant déjà été signalées dans les pages qui précèdent, je me bornerai à les résumer, et à mettre en relief quelques récentes investigations.

On ne saurait aborder le sujet qu'en citant, en première ligne, la théorie à laquelle se rattache le grand nom de Humboldt. Elle se distingue par ses aperçus ingénieux ainsi que par sa tendance à généraliser les faits isolés. Dans cette théorie, les volcans et les tremblements de terre sont les effets du feu central.

Ce seraient les fluides élastiques, les gaz et les vapeurs qui, formés par la masse en fusion, et s'élevant brusquement vers les couches plus voisines de la surface, produiraient les secousses avant de s'épancher dans l'atmosphère par des fissures et des crevasses, ou par les bouches énormes des volcans.

Beaucoup de géologues, parmi lesquels figurent Henri et Charles Sainte-Claire Deville, ainsi que M. Daubrée, le savant directeur de l'École des mines, tout en reconnaissant l'existence du feu central, ajoutent que, par des fissures et par une lente filtration, les eaux des pluies ainsi que celles de la mer pénètrent dans les chaudes régions de la Terre, où elles se transforment en vapeur. Cette vapeur circulerait en tous sens dans les profondeurs et, en subissant tantôt des condensations, tantôt des dilatations soudaines, elle produirait des explosions, agiterait le sol, et susciterait ainsi le tremblement de terre.

Un éminent géologue anglais, Poulett-Scrope, qui a beaucoup étudié les phénomènes volcaniques, émet l'opinion que, parfois, les roches souterraines augmentent tout à coup de température en recevant un surcroît de chaleur du grand foyer intérieur. Ce soudain changement de température produirait dans les masses minérales des dilatations, des vibrations et des ondulations qui, à la surface, seraient ressenties comme des secousses de tremblement de terre.

Robert Mallet, un géologue anglais qui, lui aussi, a consacré à l'étude des tremblements de terre une longue série d'années, voit dans l'éruption des volcans sous-marins la cause des secousses les plus violentes. Il pense qu'une éruption de matière en fusion, ayant lieu sous la mer, doit ouvrir dans le fond rocheux d'énormes fissures, à travers lesquelles l'eau arrive à la surface de la lave incandescente ; à la suite de ce contact, une immense quantité de vapeur s'échappe avec explosion et disparaît dans l'eau froide et profonde de la mer en s'y condensant. Une secousse formidable serait dès lors imprimée au foyer volcanique, et cette commotion, se répandant dans toutes les directions, produirait le tremblement de terre à la surface. Nul doute qu'une éruption semblable puisse être la cause de violentes secousses dans les îles et dans les terres situées à proximité de l'océan ; mais, est-il vraisemblable que les grandes commotions au centre des continents, à des milliers de kilomètres de la mer, soient dus aussi à des éruptions sous-marines ?

Rogers, le géologue américain, pense, comme Humboldt, Arago, Élie de Beaumont, Léopold de Buch et tant d'autres savants, que les secousses de tremblement de terre sont produites par le feu central ; mais il ne croit pas avec eux qu'elles soient dues à l'action des gaz surchauffés par ce feu intérieur. D'après lui, ces phénomènes seraient suscités directement par une pulsation de la matière embrasée, pulsation qui se propagerait comme une grande vague de translation. Dans la pensée du géologue américain, l'intérieur de la Terre est composé entiè-

rement d'une matière en fusion; et l'enveloppe qui recouvre cet
immense incendie étant, selon lui, très mince, la vague de feu,
en ondulant sous elle, la fait osciller comme une vague marine
fait osciller le radeau qu'elle soulève. Ce serait, par conséquent,
le contre-coup d'une soudaine agitation du feu central qu'on
éprouverait comme tremblement de terre à la surface de la
mince écorce.

Cette théorie est aussi ingénieuse qu'elle est simple. Mais, ne
voit-on pas qu'une pareille oscillation devrait se faire ressentir
simultanément dans toutes les parties de la mince enveloppe, et
produire à la surface un bouleversement universel?

Pourquoi est-on porté à croire que le noyau de la Terre est un
immense incendie? Parce qu'on suppose qu'à l'origine, la masse
de notre planète faisait partie d'une matière cosmique comparable à un gaz brûlant. D'après cette hypothèse suggérée par
Emmanuel Kant, le philosophe, puis reprise par Herschell et
enfin magnifiquement développée par Laplace, le grand géo-
mètre, l'espace dans lequel se meuvent aujourd'hui le Soleil et
les planètes était, au commencement des choses, occupé par une
immense nébuleuse enflammée, dont se seraient détachés le
Soleil, et ensuite la Terre ainsi que les autres planètes. La Terre,
d'abord à l'état de gaz embrasé, se serait refroidie peu à peu,
et aurait fini par former la croûte solide sur laquelle l'homme
s'agite, travaille et rêve; tandis que l'incendie continue de
brûler sous ses pieds. Comparée au volume de la Terre, cette
enveloppe ne serait qu'une mince pellicule, formée autour du
globe de feu et continuant à se refroidir graduellement.

Cette vue semble d'autant plus juste, qu'à partir de la surface terrestre, la chaleur s'accroît à mesure qu'on pénètre plus profondément sous terre. Dans les régions explorées par les mineurs, dans les tunnels creusés dans les flancs des montagnes, dans les profondes cavités naturelles, la chaleur est toujours plus grande que dans les couches superficielles. Quand on descend dans un puits de mine, on traverse des zones d'une température de plus en plus élevée; et des cavités creusées jusqu'au delà de 2,000 mètres ont permis de constater que la chaleur continue de s'élever progressivement jusque dans ces profondeurs. Bien que l'accroissement de température varie suivant la nature des terres et des roches, on peut admettre que la chaleur souterraine augmente, en moyenne, d'un degré centigrade par 30 mètres de profondeur. De ces observations, faites partout avec soin, on a conclu qu'à 50 kilomètres au-dessous de la surface du sol, la chaleur serait assez forte pour fondre le fer et le granit, et à 100 kilomètres les substances les plus réfractaires. A cette profondeur se trouverait, par conséquent, la surface du globe de feu dont la température, augmentant sans cesse vers le centre, serait environ de 200,000 degrés au point central; chaleur qui dépasse tout ce que peut concevoir l'imagination.

Les observations sont bonnes; mais la conclusion qu'on en a fait jaillir est discutable. Quelle est, en effet, la profondeur des plus grandes excavations; celle des puits artésiens d'Allemagne, des mines d'argent du Mexique et de Nevada? Leur plus grande profondeur n'atteint pas un kilomètre; elle est, par conséquent, insignifiante, comparée à la distance qui sépare le centre du globe terrestre d'un point quelconque de la surface, distance qui est de 6,371,000 mètres. On ne devrait pas, ce semble, conclure d'une manière absolue de ce qui s'observe dans une fraction aussi restreinte de la région souterraine, à ce qui a lieu dans toute son étendue.

Un grand nombre de physiciens et d'astronomes, en Angleterre, en France et ailleurs, frappés par les objections que présentait à leur esprit la théorie du feu central, ont émis des doutes sur la fluidité ignée des régions centrales de la Terre. Emmanuel Liais, le vigilant astronome de l'Observatoire de Rio Janeiro, s'est appliqué, il y a une vingtaine d'années, à prouver qu'en vertu des phénomènes astronomiques, le noyau de la Terre doit être solide. Ampère inclinait vers cette opinion ; et sir Humphry Davy, le grand chimiste anglais, l'illustre ami de Humboldt, de Cuvier, d'Arago, pensait, lui aussi, que la masse centrale de la Terre est opaque et solide. Ayant constaté le fait curieux que certains métaux, découverts par lui, tels que le potassium et le sodium, s'enflamment par suite du seul contact de l'eau et de l'air, il supposait qu'à une époque indéterminée, lors de la dernière révolution du globe, ces métaux qui n'étaient pas encore oxydés et qui recouvraient en immenses quantités la surface déjà refroidie, auraient pris feu spontanément et communiqué l'incendie autour d'eux. La silice, la chaux, la magnésie, l'alumine qu'on retrouve aujourd'hui partout en abondance, seraient les oxydes de ces métaux.

Aux yeux du grand chimiste, le noyau de la Terre s'offrait comme une masse métallique non oxydée. Les fluides des couches supérieures, en pénétrant dans les profondeurs, n'oxydent que la surface de ce noyau solide ; mais cette action chimique, cette oxydation continue, développe une chaleur intense qui, se propageant vers l'extérieur du globe et vers son intérieur, met les roches en fusion, entretient le feu des volcans et produit les tremblements de terre. Comme, à partir du point de contact, la chaleur suscitée par l'action des liquides sur le noyau métallique décroît vers la surface terrestre aussi bien que vers la région centrale, on pourrait supposer au centre du globe une très basse température. Du reste, d'après Humphry Davy, ou plutôt d'après ses disciples, la sphère ignée ayant commencé à se refroidir non pas à la surface, mais dans les régions centrales les plus denses, le noyau doit, par conséquent, en être froid et solide.

En Angleterre et aux États-Unis, beaucoup de physiciens contemporains partagent cette opinion; et un des plus distingués, Sir William Thomson, de la Société royale de Londres, le célèbre électricien, a établi, par des calculs et des recherches d'une haute valeur, que la densité de la Terre est supérieure à celle du fer [1]. D'autres géomètres se sont bornés à démontrer que si le noyau terrestre est à l'état de liquidité ignée, l'écorce qui l'entoure est infiniment plus épaisse qu'on ne croit généralement; et un géologue allemand, Sartorius de Waltershausen, l'infatigable explorateur des volcans d'Europe, conclut, après des recherches fort ingénieuses, que le noyau terrestre est solide, mais que des lacs ou des mers de feu se trouvent disséminés au sein du globe, à une centaine de kilomètres environ de la surface.

D'après cette hypothèse, qui compte de nombreux partisans, la chaleur produite par de perpétuelles actions et réactions chi-

---

1. William Thomson, *Philosophical Magazine*; *Density of the Earth*; *Cambridge and Dublin Mathematical Journal*.

miques, en déterminant çà et là dans les profondeurs la fusion de couches minérales déjà refroidies, formerait d'innombrables réservoirs de lave incandescente, laquelle se trouverait enchâssée dans des parois solides, comme le miel est enchâssé dans les alvéoles d'une ruche. Ce serait dans ces lacs que plongerait la cheminée des volcans ; et ce serait le feu de ces réservoirs qui produirait la plupart des ébranlements terrestres.

De nos jours, des géomètres distingués, envisageant le problème à un autre point de vue, admettent la haute température interne du globe ; mais ils pensent que malgré cette grande chaleur, la pression à laquelle sont soumises les masses centrales doit en empêcher la liquéfaction. Ils ajoutent, cependant, qu'autour du noyau solide, là où la pression est moindre, s'étend une mer peu profonde de minéraux liquéfiés, dont les mouvements susciteraient les phénomènes volcaniques et les oscillations du sol.

Les eaux brûlantes des geysers d'Islande et du Parc national des États-Unis, les flots de feu qui débordent des bouches immenses des volcans, les flammes qui jaillissent du sol lorsqu'il tremble soudainement, tous ces grands phénomènes sont autant de preuves irrécusables qu'il y a dans les profondeurs une source de chaleur, des gaz embrasés et des roches fondues qui ébranlent de temps en temps le sol, d'où ils sortent quelquefois par jets et par torrents enflammés. Mais, si l'intérieur de la Terre était, tout entier, un vaste incendie, il semble que la moindre agitation anormale de ce globe de feu d'un milliard 32 millions 684,000 myriamètres cubes devrait non pas seulement ébranler ou déchirer çà et là les couches superficielles, mais faire voler en éclats toute la mince écorce.

Peut-être, devrait-on se figurer la région inférieure de la
Terre, celle située à une centaine de kilomètres au-dessous de la
surface, comme une mer immense de roches fondues, d'une profondeur inégale, et reposant sur le noyau solide de la planète ;
noyau dont les hauts reliefs et les aspérités — énormes colonnes
cyclopéennnes — émergent du sein de la mer ardente comme des
îles ou des continents, et soutiennent la grande voûte supérieure
qui, exposée aux diverses influences du Soleil et du ciel, s'inonde
d'eaux fécondantes, se pénètre de lumière vivifiante, se recouvre
de verdure, et se peuple d'êtres éphémères.

Après tout, l'homme, quel qu'il soit et quelque savant qu'il se
proclame, est ignorant des choses de l'abîme ; et il se peut que
le grand feu central, entrevu par tant d'esprits supérieurs,
brûle réellement au sein de la Terre. Je ferai remarquer également que s'il existe, et que les lois physiques de la surface
règnent aussi dans les profondeurs, ce grand globe liquide, ce
soleil caché doit avoir un mouvement de rotation. Il doit tourner
dans le même sens que l'enveloppe solide qui le recouvre, mais
avec une vitesse différente ; il doit tourner librement dans son
écorce, dont le sépare une atmosphère de vapeurs et de gaz ;
atmosphère brûlante, agitée, orageuse, incessamment traversée
par des courants d'électricité et de magnétisme.

La théorie du feu central est une grande conception ; elle
explique une série de faits importants ; par son ampleur elle frappe
l'esprit ; et l'idée qu'elle donne de la vie planétaire fait naître en
nous un sentiment d'admiration mêlé d'étonnement et de respect.

Un grand nombre de physiciens et de géologues contemporains professent l'opinion que les tremblements de terre sont dus

au rétrécissement graduel de l'écorce terrestre qui continue de
se refroidir ; et aussi aux mouvements plus lents de bascule de
cette écorce. Ces mouvements qui, autrefois plus violents, ont
produit l'exhaussement des continents et la formation des chaînes
de montagnes, se continueraient encore de nos jours ; mais ils
rencontreraient, parfois, dans l'adhérence des roches, des résis-
tances qui finissent par céder brusquement. De là les secousses,
les soubresauts, les terribles ébranlements qui bouleversent de
très grands espaces.

Darwin, Boussingault, Virlet, Otto Volger et quelques autres
savants, considèrent comme la cause principale des tremblements
de terre l'affaissement ou la rupture de cavernes souterraines
par suite de la pression des masses qu'elles supportent. Boussingault et Darwin, qui ont si bien étudié l'Amérique du Sud, ayant
constaté que dans cette région hérissée de montagnes de feu, la
plupart des grandes secousses se produisent sans éruptions volcaniques, ils ont émis l'opinion que dans l'intérieur du massif des
Cordillères, il y a des cavités profondes, dont les parois éclatent
sous le poids qui les surcharge. Ces éboulements souterrains dé-
termineraient les secousses auxquelles semble être éternellement
soumise toute cette vaste région, où le voyageur est constamment
sollicité à rechercher les causes des grands phénomènes souterrains, dont il voit partout autour de lui les prodigieux effets.
Au reste, dans ces contrées, le fracas produit par les secousses
est tellement semblable à celui qui se fait entendre lors de l'é-
boulement d'une galerie de mine, que les mineurs du pays n'ont
qu'une même dénomination pour les deux phénomènes : ils les
appellent des *bramidos*.

Dans sa magistrale étude sur les tremblements de terre de la Suisse[1], Otto Volger établit que les secousses produites par les rochers souterrains qui s'écroulent subitement ont une grande analogie avec celles que détermine la chute des hauts glaciers. Il fait observer que, dans ce dernier cas, le spectacle qui s'offre à nos yeux distrait notre attention de la commotion plus ou moins forte que nous ressentons. Mais la chute des blocs de rochers ayant lieu au-dessous de la surface du sol, tout l'intérêt se porte sur les effets extérieurs qu'il produit, les seuls qu'il nous soit permis d'observer ; et le phénomène devient, sous le nom de tremblement de terre, un important sujet d'étude. Or, les diverses parties de l'écorce solide du globe sont sillonnées de larges crevasses où s'écroulent, dans des circonstances favorables, les masses rocheuses dont la chute pourra, bien souvent, produire un mouvement dans les couches souterraines. Volger pense, et on ne saurait le contredire, qu'une semblable commotion, à quelque profondeur qu'elle ait lieu, doit se propager à la surface du sol.

Cette hypothèse, on le voit, s'attache à expliquer les tremblements de terre par le défaut de cohésion des masses rocheuses. L'eau des sources, par son action érosive, finit, en effet, par séparer, à de grandes profondeurs, les couches friables ou faciles à dissoudre, et par former des cavités qui peuvent acquérir des proportions considérables. Or, pour peu qu'une montagne minée à sa base par des sources vienne à s'affaisser de quelques centimètres seulement, elle produira nécessairement de violentes secousses à

1. Otto Volger, *Erdbeben in der Schweiz.*

la surface[1]. C'est ainsi qu'en 1840, une haute colline du Jura
s'étant affaissée lors d'un violent tremblement de terre, les habitants attribuèrent cet ébranlement du sol à une source qui, disparue une vingtaine d'années auparavant, avait, pendant ce
temps, miné la base de la montagne.

Les frémissements, les secousses et les soubresauts de la surface terrestre ont parfois rappelé aux physiciens les secousses et
les ébranlements produits par l'électricité dans les corps orga-
nisés ; et cette analogie s'est présentée à leur esprit d'autant plus
vivement que les tremblements de terre sont très souvent, sinon
toujours, accompagnés de grands phénomènes électriques. Aussi,
bon nombre de savants regardent-ils l'électricité comme la cause
des grands ébranlements.

Steffens, par exemple, dans un ouvrage qui abonde en vues
ingénieuses et en faits bien observés[1], affirme que les sources
chaudes, les tremblements de terre et les éruptions volcaniques
n'ont lieu que là où il y a des couches de charbon de terre ;
parce qu'elles seules peuvent fournir à la combustion, et entre-
tenir dans le grand appareil électro-moteur de la Terre une forte
tension électrique.

Humboldt, en signalant cette opinion d'un géologue qu'il tenait
en haute estime, fait remarquer cependant que la nature et la
disposition des couches dans l'intérieur de la Terre, paraissent
peu favorables à l'hypothèse d'une grande pile électrique causant des secousses à la surface du globe et donnant, par l'effet
chimique de l'appareil électro-moteur, à toutes les eaux ther-

1. Voyez le chapitre intitulé : *Groupement des tremblements de terre.*
2. Steffens, *Essais géologiques.*

males cette constance si extraordinaire de mélange et de pesanteur que l'on y observe.

Un éminent géologue, le comte de Bylandt Palstercamp, pense que l'électricité est la source des grands phénomènes souterrains. Aussi, distingue-t-il essentiellement le feu de la combustion souterraine du feu électrique. Celui-ci est supérieur à l'autre; il en est la cause; c'est un feu subtil qui pénètre la Terre et suscite les phénomènes volcaniques, ainsi que les ébranlements du sol[1].

Le docteur Hœfer, dont les recherches aussi variées qu'ingénieuses, ont parfois éclairé d'un jour inattendu des points obscurs de la science, voit également dans l'électricité la cause des tremblements de terre. Ayant constaté, lui aussi, que les convulsions souterraines sont toujours accompagnées de phénomènes électriques, il en conclut que ces violentes commotions sont comme autant d'orages se manifestant dans l'intérieur de la Terre. Partant de ce principe, il divise les orages en trois classes : les orages atmosphériques, les orages souterrains, qui naissent et se terminent dans les profondeurs, et enfin, les orages mixtes; pendant ces derniers, l'électricité souterraine, en se déchargeant dans l'atmosphère, causerait les tremblements de terre.

L'apparition d'aurores boréales et de phénomènes magnétiques pendant les commotions souterraines a fait penser à plusieurs savants que le magnétisme terrestre était le principe moteur de ces phénomènes. Dans une excellente étude communiquée à l'Académie de Vienne, Ami Boué s'est rallié à cette opinion; mais tout en considérant le magnétisme terrestre comme la cause

---

1. *Théorie des Volcans*, par le comte A. de Bylandt de Palstercamp.

24

principale des grandes secousses, il admet cependant d'autres
causes secondaires, telles que la subite dilatation de gaz et une
soudaine variation de température dans l'intérieur du globe.

André Poëy pense que l'agitation de l'écorce terrestre est due
à l'action de tourbillons atmosphériques, de tempêtes et de cyclones qui en tourmentent la surface [1] ; et il cite, comme exemple,
la secousse qui ébranla en 1844 l'île de Cuba, pendant qu'un ouragan y causait de grands ravages, notamment à la Havane. Cet
observateur aurait pu étayer son opinion de faits très nombreux ;
il aurait pu citer les violentes secousses survenues dans plusieurs
autres îles antilliennes, ainsi que dans l'Inde, pendant les cyclones ;
et il aurait pu ajouter que dans l'Amérique centrale et ailleurs,
les tremblements de terre sont fréquemment précédés de violents coups de vent. Bien que M. André Poëy n'ait pas mis en
relief ces faits, il ne croit pas moins, avec quelques autres savants,
que le mouvement rotatoire de la colonne d'air se propage dans
le sol, et il en conclut que des secousses plus ou moins fortes
agitent la surface terrestre sur le parcours des tourbillons atmosphériques.

D'autres naturalistes regardent les brusques pressions et dépressions atmosphériques, c'est-à-dire les soudaines variations
barométriques, comme les causes essentielles des tremblements
de terre. Emile Kluge, un des géologues contemporains qui ont le
mieux étudié les phénomènes souterrains, se borne à signaler la
pression barométrique comme une cause de légères secousses du
sol, tandis que pour expliquer les grandes oscillations, il revient

1. André Poëy, *Comptes rendus de l'Académie des Sciences.*

à la théorie du feu souterrain, telle que l'avait développée sir Humphry Davy.

Par contre, un ingénieur français, **M.** Francis Laur, s'est efforcé tout récemment de prouver que les éruptions volcaniques, aussi bien que les plus terribles secousses de tremblement de terre, sont dues à de brusques pressions atmosphériques. Selon lui, l'oscillation de l'air se propage jusque dans les abîmes, et y produit, au sein des gaz et des vapeurs, une pression progressive et formidable qui finit par ébranler les continents [1].

Enfin, d'autres observateurs, embrassant dans une vue d'ensemble les faits qui indiquent une liaison entre le monde aérien et le monde souterrain, ont vu la cause des tremblements de terre, non pas dans l'intérieur du globe, mais dans l'ensemble des phénomènes climatériques que suscite le changement des saisons : dans les brusques oscillations du poids et de la température de l'air, oscillations qui se communiquent aux fluides élastiques de l'abîme, et les agitent violemment; dans les grandes marées des équinoxes dont les flots, pénétrant dans les cavités souterraines, les ébranlent; dans les pluies ainsi que dans la fonte des neiges et des glaces, dont les eaux, s'infiltrant lentement à travers les couches profondes, causent des éboulements dans l'intérieur de la Terre, éboulements qui produisent, à la surface le tremblement de terre avec son terrible fracas [2].

Dans ces derniers temps, on a été frappé, surtout, de la relation étroite qui existe entre le monde souterrain et certains grands

1. Mémoire communiqué à l'Académie des Sciences, janvier 1885.
1. Voir le chapitre : *Les Saisons et les Tremblements de terre*, et le chapitre : *Les Forces souterraines et l'Atmosphère*.

phénomènes du monde céleste. Emile Kluge, Otto Volger, Ami
Boué, Robert Mallet et plusieurs autres savants, ont signalé le
constant rapport qu'il y a entre la fréquence des tremblements de
terre et le nombre ou la fréquence des taches solaires. D'autres
observateurs se sont attachés à montrer l'influence qu'exercent
les attractions planétaires sur les forces souterraines. Alexis
Perrey et plusieurs autres savants, tout en reconnaissant qu'il est
malaisé d'assigner une cause unique aux tremblements de terre,
ont pensé que la Lune, lorsqu'elle est dans son plein, produit au
sein de la Terre, dans les masses embrasées et liquides, une
grande agitation qui, par moments, fait vibrer et trembler la
surface terrestre[1].

II

Mais, demandera-t-on, quelle est de toutes ces théories celle
qui est la vraie? A cette question, je ne saurais répondre que
d'une manière évasive, en disant que, prise isolément, aucune
n'est vraie d'une manière absolue. J'ajouterais volontiers que si
les tremblements de terre ont une cause unique, on ne la connaît
point. Et cependant je ne voudrais pas terminer en laissant per-
plexe l'esprit du lecteur. Je dirai donc qu'à mes yeux les tremblements de terre n'ont pas tous une commune origine, et que,
par conséquent, la théorie qui les explique par des causes mul-
tiples me semble conforme aux faits observés. Et si, maintenant, on

---

1. Voyez le chapitre : *Les Tremblements de terre et les astres.*

me pressait davantage; si l'on me demandait comment, après avoir médité le vaste problème, je m'explique ces phénomènes terribles et mystérieux, voici comment je répondrais : Les secousses de tremblement de terre, dont le cercle d'action est restreint, sont dues, le plus souvent, à des causes diverses, parmi lesquelles je range en première ligne la contraction graduelle de l'écorce terrestre, le tassement des montagnes et les éboulements souterrains. Mais je ne crois pas, avec Boussingault, Darwin et Volger, que cette contraction ou ces éboulements, quelque considérables qu'ils soient, suffisent pour expliquer les immenses commotions qui ébranlent puissamment et simultanément une grande partie du globe. Celles-ci sont produites par une cause générale, par le même agent, la même force qui suscite l'éruption volcanique : cette force, c'est la chaleur.

Universelle et pénétrante, redoutable et bienfaisante, source de vie et de mort, la chaleur est, peut-être, le plus agissant des principes essentiels de la nature. Cet agent formidable réside dans les profondeurs de la Terre; pour s'en assurer, il suffit de descendre dans une mine, ou de regarder le plus proche volcan. Toutefois, qu'on le remarque bien, je ne parle pas du feu central, parce que j'ignore s'il existe. A vrai dire, on ne sait même pas si la chaleur est plus grande au centre du globe que dans certaine autre région souterraine. Ce que l'on peut affirmer, c'est que des effluves de chaleur circulent dans l'intérieur de la planète; mais on ignore comment cette chaleur se distribue dans le corps gigantesque de la Terre.

Il est certain que ces effluves de calorique entretiennent un immense incendie dans les profondeurs du globe, puisqu'on en

voit sortir des flammes, des torrents de matière fondue et des
nuages de fumée. Dans ces profondeurs, où règne une inconcevable chaleur, les eaux du ciel qui filtrent à travers les roches, et
les eaux de l'océan qui pénètrent par des gouffres insondables, se
transforment instantanément en vapeur. Autour de l'immense
fournaise, où brûle un feu éternel, toute la vapeur surchauffée et
tous les gaz de l'abîme subissent une incalculable tension. Ils se
dilatent puissamment, ils font onduler, ils poussent, ils soulèvent
les flots de matière fondue, en même temps qu'ils pressent violemment la masse supérieure de roches solides. Parfois, cette masse,
cédant à l'énorme pression, se brise, s'ouvre et livre passage au
feu et aux fluides élastiques : c'est la crise volcanique avec ses laves
enflammées, ses cendres brûlantes, ses nuages de vapeur et sa
colonne de fumée. Parfois aussi, les roches solides résistent à la
pression souterraine ; et alors, suivant les mouvements du flot
gazeux et du flot de feu qui les heurtent et les pressent, elles se
soulèvent et s'abaissent par rapides soubresauts ; elles vibrent et
ondulent, depuis leurs assises profondes jusqu'à la surface, depuis l'endroit des plus violentes secousses jusqu'à de distantes régions : c'est le grand tremblement de terre, celui qui s'étend au
loin en semant partout la terreur et la mort.

Si les choses se passent dans l'abîme comme elles se passent à
la surface, tout ce perpétuel mouvement, tout ce grand travail que
suscite et entretient la chaleur innée de la Terre, doit donner naissance à des flots d'électricité et de magnétisme ; car ici, à la surface,
on voit surgir des effluves électriques partout où la chaleur est
active, c'est-à-dire partout où elle produit le mouvement. Chaleur,
lumière, magnétisme, électricité, on les voit, ces puissances à la

fois mystérieuses et manifestes, se transformer sans cesse et partout en se substituant les unes aux autres, comme si elles étaient vouées à une perpétuelle métamorphose.

Au sein de la Terre, dans la région embrasée, le feu électrique doit sillonner tous ces torrents de fluides élastiques et de vapeurs surchauffées, qui, sans trêve ni répit, tantôt se dilatent impétueusement, et tantôt se condensent non moins violemment. Il est donc probable que des orages formidables règnent dans l'enfer qui brûle sous nos pieds, et que la foudre éclate dans l'abîme comme dans le ciel. Aussi, je pense que, souvent, le tremblement de terre, avec ses secousses rapides et saccadées, n'est que le contre-coup de l'orage électrique qui gronde dans l'intérieur de la planète.

Mais je crois aussi que les corps célestes stimulent les énergies souterraines. Les influences astrales qui descendent du ciel sur la Terre, la pénètrent jusque dans ses profondeurs. Il semble que la Lune, surtout, par sa puissance attractive, produit au sein des matières embrasées de l'abîme une agitation comparable à la marée qu'elle fait naître au sein de l'océan ; et il se peut que la grande marée souterraine imprime, parfois, des chocs violents à la surface du sol.

Le globe terrestre n'est pas fait tout d'argile ; il n'est point voué à une immuable rigidité, comme serait un globe ouvré de main d'homme. Les énergies que la Terre recèle sont d'une inconcevable puissance, et la source de vie qui circule en elle est intarissable. Pendant qu'elle vole autour du Soleil qui l'entraîne avec lui dans l'espace insondable ; pendant qu'elle poursuit son éternel voyage dans l'immensité des cieux, elle vibre, frissonne et tremble ; elle enfante des êtres par essaims innombrables ; elle emporte les destinées des peuples éclos sur son sein ; elle sculpte et orne sa vaste surface ; elle se transforme perpétuellement ; elle s'embellit, se perfectionne et se rajeunit de siècle en siècle. Mais si elle est féconde, si elle vit, si elle agit puissamment, c'est qu'elle n'est point isolée dans son activité ; c'est qu'elle se trouve engagée dans un incessant échange de forces et d'influences avec les astres qui habitent, comme elle, l'espace éthéré.

Et lorsque, par une impulsion spontanée, ou sous l'influence irrésistible des astres voisins, la Terre frissonne et tremble subitement, alors tout s'émeut en elle. Une voix étrange éclate dans son sein ; un long gémissement retentit dans les profondeurs ; le sol se déchire ; une haleine enflammée sort de l'abîme ; les montagnes fument, balancent leurs hauts sommets dans le ciel et s'écroulent ; les fleuves se précipitent hors de leurs lits ébranlés ; l'océan roule ses vagues énormes sur les continents ; la maison de l'homme, qu'elle soit bâtie sur le roc près des sommets, ou dans la plaine sur le sable mouvant, disparaît dans le gouffre qui s'ouvre tout à coup et se referme sur elle ; les villages avec leurs cultures, et les villes avec leurs trésors s'effondrent ; les humains surpris au milieu de leurs rêves, de leurs plaisirs et de leurs misères, périssent par myriades sous les débris de leurs cabanes ou les marbres de leurs palais.

Subitement, le drame a commencé ; en quelques secondes il s'est déroulé ; et quelques secondes ont suffi pour couvrir de ruines la contrée, et joncher de morts le sol, où l'on retrouve, couchés côte à côte, le juste qui portait sa croix pesante, et le superbe qui vidait sa coupe d'or. C'est là un spectacle à nul autre

comparable. Grand, lugubre. foudroyant, il émeut, il épouvante l'âme humaine.

Mais ce n'est pas seulement par le spectacle terrifiant auquel
il fait assister, que le tremblement de terre produit en nous une
profonde et ineffaçable impression; il nous surprend, il nous
émeut et nous trouble aussi parce que, brusquement, il nous laisse
entrevoir la Terre sous un aspect nouveau et saisissant. On la
croyait rigide, inerte, passive; et voici le terrible phénomène qui
la montre comme un organisme vibrant et palpitant, comme un
astre agissant et formidable, dont le moindre frissonnement, en se
prolongeant, suffirait pour anéantir toute la ruche humaine qui
bourdonne à sa surface. Et cette universelle catastrophe,
le sens intime nous dit qu'elle surviendrait fatalement et sur
l'heure, si une loi suprême ne tenait en équilibre, si une sagesse
souveraine ne modérait les énergies dont on vient d'éprouver la
redoutable puissance. Éperdu au milieu des victimes que le fléau
a frappées et des ruines qu'il a semées, on sent qu'on est à la
merci de cette Terre dont on se croyait le maître, parce que,
patiente et de longue durée, elle permet aux générations qui
passent de déchirer ses entrailles, de toucher à ses cimes neigeuses, ou d'errer, au gré de leur caprice, dans ses déserts brû-
lants, dans ses plaines fertiles et sur ses mers houleuses. On a
tout à coup le sentiment que la crise effrayante à laquelle on
assiste est une manifestation directe de la vie planétaire. Et en
effet, quand on a senti le sol vibrer, tressaillir et palpiter, on a
en quelque sorte senti battre le cœur même de la planète; car
les fluides inconnus et les feux subtils de l'abîme qui, en cet endroit, soulèvent et abaissent tumultueusement le sein de la Terre,

activent, au même instant, toutes les énergies du vaste organisme. Aussi, lorsque se produit cette grande pulsation, voit-on,
souvent, le monde aérien s'ébranler : l'atmosphère ondule,
l'éclair serpente dans le ciel ; la trombe tournoie sur l'océan ; le
cyclone promène ses énormes tourbillons ; et l'orage magnétique
précipite ses courants mystérieux autour de la Terre, qu'il couronne de lueurs diaphanes et d'aurores magnifiques.

Et lorsque l'agitation souterraine se calme, lorsque les orages
qu'elle a soulevés s'apaisent, lorsque le sol est tout semé de
ruines et que le nombre des victimes est complet, alors surgit
une série de faits nouveaux, d'un ordre différent. C'est la phase
suprême de la crise, c'est le dénouement du drame étrange et
grandiose. Le sol frémit encore, des secousses isolées l'ébranlent
encore de temps en temps, les gémissements des mourants retentissent encore çà et là sur le théâtre de la catastrophe ; et déjà,
l'on y voit accourir les populations voisines qu'entraîne un irrésistible élan.

Le fléau qui, par son effroyable puissance, a fait brusquement
sentir aux humains qu'ils sont éphémères et fragiles comme
leurs œuvres, les a, non moins soudainement, ramenés au sentiment de leur grandeur spirituelle. Un lien de solidarité se forme
spontanément entre eux, et ils oublient, un instant, leurs haines
et leurs querelles pour s'unir dans une commune pensée et un
commun effort. Au delà de la région ébranlée, aussi loin que
s'est répandue la nouvelle du désastre, les cœurs s'émeuvent ;
une généreuse ardeur pénètre les esprits ; l'amour fraternel
se rallume en eux ; la charité déborde au sein des nations ; et
de toutes parts, les offrandes, les dons, les secours affluent vers

le lieu du grand sinistre, où l'on voit se multiplier les actes de dévouement, et s'épancher les inépuisables trésors du cœur humain. Comme à Lisbonne, à l'époque de la catastrophe, comme dans l'île d'Ischia, lors de la violente secousse, on y voit les grands et les humbles, le roi et l'artisan, le prêtre et l'homme du monde, les femmes et les enfants s'élancer au secours des victimes : ils déblayent les terrains; ils pansent les blessés; ils consolent les mourants; ils pleurent, ils ensevelissent les morts; ils abritent les survivants; et ils préparent pour eux les assises d'une cité nouvelle.

On voit ainsi naître, grandir et s'achever au milieu des décombres une œuvre de vie et de fraternité, œuvre glorieuse, destinée à survivre aux ruines mêmes qui l'ont suscitée.

La vue d'une si grande chose soulage notre douleur; notre poitrine se dilate, et notre pensée se détache peu à peu des scènes navrantes qui, tout à l'heure, l'oppressaient et la tenaient captive. Elle se recueille; elle médite l'enseignement contenu dans le drame qui vient de se dérouler; elle voit le plus grand des fléaux produire un bien suprême, en portant les esprits aux plus purs dévouements; apaisée, réconciliée, elle prend son essor; elle s'élève, et elle contemple la chaîne radieuse qui unit étroitement et met en harmonie fraternelle tous les éléments, toutes les énergies, toutes les créatures de la Terre, notre mère commune : depuis les forces souterraines qui ébranlent le sol, jusqu'aux feux qui déchirent la nue; depuis le grain de sable que la vague entraîne, jusqu'au flocon de neige qui tombe sur les hauts sommets; depuis l'herbe qui verdoie et le moucheron qui bourdonne, jusqu'à l'homme qui, penché sur l'abîme, sonde le mystère de la vie et de la mort.

Tels sont les faits que suscite le fléau souterrain, telles sont
les réflexions qu'il suggère à l'homme qui, sans avoir été frappé
dans ses plus chères affections, a néanmoins vu de près la scène
d'épouvante et de deuil. Mais que devient celui qui, placé au
centre du tragique événement, a été lui-même atteint au cœur?

Pendant quelques secondes, lorsque la Terre gémissait, que le
sol tremblait, et que la ville s'effondrait, une plainte déchirante a
dominé la voix souterraine et le grand bruit de la cité chance-
lante : cette plainte, il l'a entendue ; c'était le cri suprême de
ses amis, de sa femme, de ses enfants. Puis, tout est redevenu
silencieux ; le vide s'est fait dans son âme ; et la mort qui mois-
sonnait autour de lui l'a touché en passant. Désormais, la sève
de vie cessera d'affluer vers son cœur, et, frappé de stupeur, il
se penchera sur les tombes et les morts, comme une tige effleu-
rée par la faux se penche sur les épis couchés dans le champ
moissonné.

Et que fera cet infortuné, lorsque, secouant sa torpeur, il se
redressera et sentira l'aiguillon fixé dans son cœur? Hélas, il fera
comme firent tant d'hommes et de femmes à Lisbonne, à Messine, à Mendoza, lors des secousses qui détruisirent ces villes : il
errera au milieu des décombres ; il fera retentir l'espace de ses
sanglots ; et il ne cessera d'appeler à lui, par des paroles caressantes et par leurs noms les plus doux, ceux qu'il aimait et qui
ne sont plus. Dans son désespoir, il aura, peut-être, des terreurs
horribles et subites, comme celles qui en 1812, après la grande
secousse, frappèrent de démence les habitants de la ville de
Caracas : il se roulera dans la poussière de son foyer brisé, il
invoquera la mort, et sa raison s'égarera. En proie à de cruelles

hallucinations, il s'accusera de forfaits qu'il n'a jamais commis, il tiendra ses yeux fixés sur des fantômes que lui seul aperçoit, et de sa bouche écumante sortiront des blasphèmes monstrueux.

Il se pourra aussi que, par un effort suprême, il se maîtrise et entende la voix austère du devoir. Alors, grand dans sa douleur, il fera comme a fait, au lendemain de la catastrophe, ce magistrat d'Ischia, qui venait de voir périr sous les décombres de sa maison tous les êtres qu'elle abritait. Fou de douleur, il allait à travers les ruines de la ville, dont il était le maire, se heurtant à chaque pas contre le corps inanimé d'un ami, et demandant à grands cris la mort pour lui-même. A ce moment, il apprend que le roi d'Italie vient secourir les victimes. Aussitôt, il refoule ses larmes, il se redresse, et remplissant pour la dernière fois les devoirs de sa charge, il va au-devant du souverain, le conduit dans la ville en ruine, lui indique, en passant, les débris de son propre foyer, lui montre les morts étendus çà et là dans la poussière, et lui recommande les survivants qui sont tous sans abri et sans pain. Puis, soudainement, il éclate en sanglots, et, en proie au désespoir, il prie le roi de le congédier.

Voué à de longues tristesses, il vit depuis ce jour, solitaire et silencieux. Parfois, il vient visiter l'emplacement où fut sa maison ; parfois aussi, dès l'aube, lorsque la cloche de l'ermite du mont Épomée annonce aux habitants d'Ischia le lever du soleil, il gravit la pente fleurie de la montagne, et va s'asseoir, non loin du sommet, devant la cabane de l'ermite. Là, immobile, les bras croisés sur sa poitrine, il laisse ses regards errer longtemps sur les ruines et les tombes de la vallée.

Comment apaiser la douleur de celui qui, déjà sur le déclin, a

vu sombrer ainsi, dans une commune et subite catastrophe, tout
ce qu'on aime en ce monde : sa ville natale, ses amis, son foyer,
ses plus proches parents et jusqu'à son fils unique, soleil de ses
vieux jours ? Les peines, les joies, les passions qui agitent le
monde et qui naguère faisaient vibrer son âme, lui sont, tout à
coup, devenues étrangères ; il n'a plus d'ambition ; la fortune a
cessé de le tenter ; et la gloire ne l'émeut plus.

N'est-il donc rien qui puisse soulager sa peine, distraire sa
pensée, et le dégager des étreintes du désespoir ?

S'il retrouve un ami, un seul ami, les chaudes paroles de celui-
ci pourront pénétrer dans son cœur, et le réconforter ; l'étude, le
labeur, le travail obstiné, trompera quelquefois son chagrin ; mais
seule, l'espérance apaisera sa peine, calmera le tumulte de son
âme, et le préservera des angoisses de la folie. Elle vient, l'immor-
telle espérance, elle vient à lui doucement ; elle se glisse dans
son cœur ; elle enchante ses nuits par de claires visions ; elle le
charme par de suaves promesses ; elle lui parle d'un monde glorieux où vivent et l'attendent ceux qu'il croyait morts ; et avant
de lui fermer les yeux, elle lui montre au-dessus des ruines, au
delà des tombeaux, l'aurore d'un jour éternel.

FIN.

TABLE DES MATIÈRES

LES TREMBLEMENTS DE TERRE DE LA CALABRE.

LA CATASTROPHE D'ISCHIA.

LES TREMBLEMENTS DE TERRE DE L'ANDALOUSIE.

GROUPEMENT DES TREMBLEMENTS DE TERRE.

LE TREMBLEMENT DE TERRE DU VALAIS.

FIN DE LA TABLE DES MATIÈRES.

TABLE DES GRAVURES

FIN DE LA TABLE DES GRAVURES.

4252-85. Corbeil. — Imprimerie Crété.

OUVRAGE COURONNÉ PAR L'ACADÉMIE FRANÇAISE

RÉVOLUTIONS DU GLOBE

LES

TREMBLEMENTS DE TERRE

PAR

ARNOLD BOSCOWITZ

F. ROY. Éditeur

185, Rue Saint-Antoine

PARIS

PETITE BIBLIOTHÈQUE DE LUXE DES ROMANS CÉLÈBRES
(Extrait du Catalogue)

Cette collection réunit les romans les plus connus depuis la formation définitive de la langue française jusqu'à l'époque du romantisme. Chacun de ces volumes est précédé d'une préface d'un auteur contemporain, qui l'a analysé historiquement et littérairement. Les variantes des éditions précédentes sont signalées avec soin et étudiées comparativement. Un portrait de l'auteur et un fac-similé de son écriture le font revivre, de même que des compositions à l'eau-forte, gravées par les meilleurs artistes, animent le texte. Enfin, une bibliographie complète donne l'histoire du livre.

Chaque volume in-8º, avec encadrements rouges, sur papier vergé chamois. . . . . **10 fr.**
Demi-reliure d'amateur. . . . . **15 fr.**

COLLECTION TERMINÉE ET COMPLÈTE EN DIX VOLUMES

I. — BERNARDIN DE SAINT-PIERRE : **Paul et Virginie.** 1 vol. Préface de J. Claretie. Eaux-fortes de Fr. Régamey.

II. — BENJAMIN CONSTANT : **Adolphe.** 1 vol. Préface de A. Pons. Eaux-fortes de Fr. Régamey.

III. — Mme DE LA FAYETTE : **La Princesse de Clèves.** 1 vol. Préface de H. Taine. Eaux-fortes de Masson.

IV. — CAZOTTE : **Le Diable amoureux.** 1 vol. Préface de A. Pons. Eaux-fortes de F. Buhot.

V. — Mme DE KRUDENER : **Valérie.** 1 vol. Préface de Parisot. Eaux-fortes de M. Leloir.

VI. — L'abbé PRÉVOST : **Manon Lescaut.** 1 vol. Préface de De Lescure. Eaux-fortes de Lalauze.

VII. — FURETIÈRE : **Le Roman bourgeois.** 1 vol. Préface d'Émile Colombey. Eaux-fortes de Dubouchet.

VIII. — CHATEAUBRIAND : **Atala, René, Dernier Abencerage.** 1 vol. Préface de Mario Proth. Eaux-fortes de Los Rios.

IX. — DIDEROT : **Le Neveu de Rameau.** 1 volume. Préface de G. Isambert. Eaux-fortes de Saint-Elme Gautier.

X. — Mme DE TENCIN : **Le comte de Comminge. Le Siège de Calais.** Préface de De Lescure. Eaux-fortes de Dubouchet.

Il nous reste encore quelques collections complètes en **10 volumes** brochés, état de neuf très frais, soigneusement enveloppés. Au lieu de **100** fr., net **35 fr**

PETITS POÈTES DU XVIIIᴱ SIÈCLE
PUBLIÉS AVEC NOTICES BIO-BIBLIOGRAPHIQUES
Sous la direction de OCTAVE UZANNE

EXTRAIT DU CATALOGUE

Les amateurs trouveront dans cette nouvelle série l'anthologie poétique de la plus grande partie du siècle dernier. Des notes et des éclaircissements facilitent la lecture des textes. L'illustration comprend un portrait à l'eau-forte, un fac-similé d'autographe, des en-têtes et culs-de-lampe à l'eau-forte et sur bois du plus gracieux effet.

Chaque volume, in-8º écu, sur papier de Hollande. . . . . **10 fr.**
Demi-reliure d'amateur. . . . . **15 fr.**
50 exemplaires sur whatman blanc numérotés, avec 2 suites des gravures. . . . . **25 fr.** | 50 exemplaires sur papier de chine numérotés, avec 2 suites des gravures. . . . . **25 fr.**

LA COLLECTION TERMINÉE ET COMPLÈTE EN 12 VOLUMES COMPREND :

I. — **Poésies de Joseph Vadé.** Préface de M. G. Lecocq.

II. — **Poésies de Piron.** Préface de M. H. Bonhomme.

III. — **Poésies du chevalier Bertin.** Préface de M. E. Asse.

IV. — **Poésies de Desforges-Maillard.** Préface de M. H. Bonhomme.

V. — **Poésies de Lattaignant.** Préface de M. E. Jullien.

VI. — **Poésies de Gilbert.** Préface de M. P. Perret.

VII. — **Poésies de Bernis.** Préface de M. H. Tourneux.

VIII. — **Poésies de Gresset.** Préface de M. Derôme.

IX. — **Poésies de Gentil-Bernard.** Préface de M. Drujon.

X. — **Poésies de Malfilâtre.** Préface de M. Derôme.

XI. — **Poésies du chevalier Bonnard.** Préface de M. M. Dairvault.

XII. — **Poésies de Boufflers.** Préface de M. Octave Uzanne.

Collection complète en **12 volumes** brochés, couverture originale et en bon état.
Au lieu de **120** fr., net **30 fr.**
Quelques exemplaires numérotés sur chine et whatman, au lieu de 300 fr., net, 60 fr.

CHANSONNIER HISTORIQUE DU XVIIIᴱ SIÈCLE
(Recueil Clairambault-Maurepas)
PUBLIÉ PAR **Émile RAUNIÉ**, archiviste-paléographe. (*Couronné par l'Académie française.*)
EXTRAIT DU CATALOGUE

1re période. — **La Régence**, 1715-1723; 4 volumes. — 2e période. — **Louis XV**, 1723-1774; 4 volumes.
3e période. — **Le Règne de Louis XVI**, 1774-1789; 2 volumes.
Chaque volume in-18, sur hollande, avec 5 portraits à l'eau-forte. . . . . **10 fr.**
50 exemplaires numérotés sur chine. . . . . . . **25 fr.** | 50 exemplaires numérotés sur whatman. . . **25 fr.**
Les 50 portraits forment une curieuse galerie historique du xviiie siècle.

« Cette histoire en chansons, écrite d'année en année et presque au jour le jour, pendant tout un siècle, est, du commencement à la fin, d'un intérêt réel et charmant, pleine de curieux détails, de témoignages précieux et de renseignements utiles. A chacun de ses volumes, M. Raunié a joint une introduction historique dans laquelle il résume, avec une grande clarté, l'ensemble des événements qui ont inspiré les chansonniers, et dont leurs chansons fidèles, gaies, sérieuses ou satiriques reproduisent la physionomie et consacrent le souvenir. »
(*Extrait du compte rendu de la séance de l'Académie française du 20 novembre 1884.*)

Nous vendons cette collection complète en DIX VOLUMES brochés, couverture originale et en bon état.
Au lieu de **100** fr., net **25 fr.**
Quelques exemplaires numérotés sur chine et whatman, au lieu de 250 fr., net, 50 fr.

Sceaux. — Imprimerie Charaire et fils.

OUVRAGES DE XAVIER DE MONTÉPIN

		franco.
Le Mari de Marguerite	complet. 9 »	10 50
Le Bigame	» 6 »	7 »
Les Tragédies de Paris	» 8 »	9 50
La Vicomtesse Germaine	»	
Suite des *Tragédies de Paris*	6 »	7 »
Le Secret de la Comtesse	» 6 »	7 »
La Bâtarde	» 5 50	6 »
Le Médecin des folles	» 11 »	12 »
Sa Majesté l'Argent	» 10 »	11 »
Son Altesse l'Amour	» 12 »	13 »
Les Maris de Valentine	» 8 »	9 »
Les Filles de bronze	» 12 »	13. »
Le Fiacre N° 13	» 13 »	14 »
La Fille de Marguerite	» 12 »	13 »
La Porteuse de pain	» 15 »	16 »
La Belle Angèle	» 12 »	13 »
Simone et Marie	» 14 »	15 »

OUVRAGES D'ÉTIENNE ÉNAULT

L'Enfant trouvé	complet. 6 »	7 »
Le Vagabond	» 3 »	3 50
L'Homme de minuit	» 3 »	3 50
Les Jeunes Filles de Paris	» 9 »	10 »
Les Drames d'une conscience	» 3 »	3 50

OUVRAGES D'ÉMILE RICHEBOURG

La Dame voilée	complet. 4 »	4 50
L'Enfant du faubourg	» 6 »	7 »
La Fille maudite	» 8 »	9 »
Les Deux Berceaux	» 6 »	6 50
Deux Mères	» 7 50	8 »
Le Fils	» 8 »	9 »
Andréa la charmeuse	» 7 »	8 »
L'Idiote	» 9 »	10 »

SIRVEN ET LEVERDIER

La Fille de Nana	complet. 9 »	10 »

ADOLPHE BELOT

Fleur-de-Crime	complet. 5 50	6 50
Reine de beauté	» 7 »	8 »
Hélène et Mathilde	» 1 50	2 »

OUVRAGE DE PIERRE ZACCONE

Les Pieuvres de Paris	complet. 6 50	7 »

OUVRAGE DE A. MORTIER

Le Monstre amoureux	complet. 3 »	3 50

OUVRAGE DE A. LAPOINTE

L'Abandonnée	complet. 3 50	4 »

OUVRAGE D'EUGÈNE SCRIBE

Piquillo Alliaga	complet. 10 »	11 50

OUVRAGES D'ÉLIE BERTHET

Les Catacombes de Paris	complet. 5 »	5 50
La Jeunesse de Cartouche. 2ᵉ partie	3 »	3 50
Les Crimes du sorcier	» 3 »	3 50

GABRIEL FERRY

Le Coureur des bois	complet. 10 »	11 »

RICHARD CORTAMBERT

Un Drame au fond de la mer. complet.	2 50	3 »

G. DE LA LANDELLE
ROMANS MARITIMES

Une Haine à bord	complet. 3 50	4 »
La Gorgone	» 8 »	9 »

MICHEL MASSON

Les Contes de l'atelier	complet. 7 »	8 »

CH. MÉROUVEL

Le Roi Crésus	8 50	9 50

OUVRAGES DE GUSTAVE AIMARD

		franco.
Le Cœur loyal	complet. 1 60	1 80
Les Rôdeurs de frontières	» 1 60	1 80
Les Francs-tireurs	» 1 90	2 20
Le Scalpeur blanc	» 1 60	2 »
L'Éclaireur	» 2 10	2 30
Balle-Franche	» 1 90	2 20
Les Outlaws du Missouri	» 1 95	2 20
Le Batteur de sentiers. Sacramenta	» 1 30	1 50
Les Gambusinos	» 1 60	1 80

OUVRAGES DE PAUL SAUNIÈRE

Flamberge	complet. 6 »	7 »
La Belle Argentière	» 6 »	7 »
La Meunière de Moulin-Gaïant	» 7 »	8 »
Le Roi Misère	» 4 50	5 50

OUVRAGES DE PAUL FÉVAL

Le Bossu	complet. 6 »	7 »
Le Fils du diable	» 10 »	11 50

H. GOURDON DE GENOUILLAC

Histoire nationale de la Bastille. comp. » 75 … 1 »

PAUL MAX

Les Drapeaux français avec gravures coloriées. Complet » 75
franco. … 1 »

OUVRAGE DE CLÉMENCE ROBERT

Les Quatre Sergents de la Rochelle. 1 vol. orné du médaillon des quatre sergents, d'après David d'Angers. … 3 fr. 50

Les Mille et une Nuits, *Contes arabes*, traduits ou français par GALLAND. 2 beaux vol. illustrés. Complets, 10 fr.; *franco*, 11 fr.

Les Mémoires de Canler, ancien chef de la police de sûreté. Complet en 2 volumes. … 6 fr.; *franco*, 7 fr.

Romans comiques pour rire et dépoiler la rate

PAR A. HUMBERT
Auteur de *la Lanterne de Boquillon*

Les Noces de Coquibus	2 »	2 50
Le Carnaval d'un pharmacien	1 50	2 »
Vie et aventures d'Onésime Boquillon. 2 volumes	4 »	5 »

OUVRAGES HISTORIQUES
Éditions splendidement illustrées.

Paris à travers les siècles, histoire de Paris et des Parisiens depuis la fondation de Lutèce jusqu'à nos jours, par H. GOURDON DE GENOUILLAC, avec une préface de M. HENRI MARTIN. Chaque volume contient 120 gravures dans le texte, 60 belles gravures hors texte et 16 costumes coloriés avec soin. Chaque volume broché. … 12 fr.; *franco*, 13 fr. En série. … 75 centimes; *franco*, 80 c.

La France et les Français à travers les siècles, par AUGUSTIN CHALLAMEL. (Ouvrage couronné par l'Académie française.) En vente les quatre volumes illustrés de 130 gravures dans le texte, 65 gravures tirées à part et de 24 costumes coloriés. Broché. … 15 fr.; *franco*, 16 fr. — Chaque série. … 75 centimes; *franco*, 80 c. En vente les quatre volumes brochés, chacun, 15 fr.; *franco*, 16 fr.

Les Costumes civils et militaires des Français à toutes les époques, belle édition de luxe coloriée avec soin, représentant les personnages célèbres de tous les siècles. Chaque série. … 60 centimes; *franco*, 65 c. Sont parues 24 séries.

Histoire populaire des ballons et ascensions célèbres, avec préface de NADAR, dessins de TISSANDIER. Un beau volume illustré, broché. … 6 fr.

OUVRAGES ET ROMANS HISTORIQUES

Histoire des Bagnes depuis leur création jusqu'à nos jours, par Pierre ZACCONE. Un magnifique volume. … 12 50

Histoire de la Bastille depuis sa fondation, 1374, jusqu'à sa destruction, 1789, par MM. ARNOULD, AMBOISE et A. MAQUET. Prix du volume broché. … 9 »

Le Donjon de Vincennes (suite de la Bastille). Un beau volume. … 4 »

Histoire des Conspirateurs anciens et modernes, par Pierre ZACCONE et Constant GUEROULT. 1 volume broché. … 6 »

Les Grands Drames de l'Inde. Procès des Thugs étrangleurs, par René de PONT-JEST. Prix. … 7 »

Réimpression *in-extenso* du **Journal officiel de la Commune**, des numéros du dimanche 19 mars au mercredi 24 mai 1871, dernier numéro paru. Ouvrage complet. … 8 »

Mémoires de Ninon de Lenclos, par Eugène de MIRECOURT.

La Belle Gabrielle, par Auguste MAQUET. Le vol. broché. 7 »
La Maison du baigneur (suite de la Belle Gabrielle), par Auguste MAQUET. Le volume broché. … 4 »
Les Confessions de Marion Delorme, par Eugène de MIRECOURT. Prix, broché. … 10 50
Mémoires de Ninon de Lenclos, par Eugène de MIRECOURT. Prix du volume broché. … 9 50
L'Article 47, par Adolphe BELOT. Prix du volume broché. 1 60
La Femme de feu, par Adolphe BELOT. Prix. … 2 »
Le Parricide, par Adolphe BELOT et Jules DAUTIN. Prix. 3 50
Les Contes de Boccace. 1 beau volume broché. … 10 »
Vies des Dames galantes, par le seigneur de BRANTOME. Prix du volume broché. … 3 »
Histoire des Libertins et Libertines, Amoureux et Amoureuses de tous les temps et de tous les pays, par Henri de KOCK. Prix du volume broché. … »
Les Femmes infidèles, par Henri de KOCK. Fort volume de 100 livraisons, orné de 100 magnifiques gravures. Prix. … 10 »

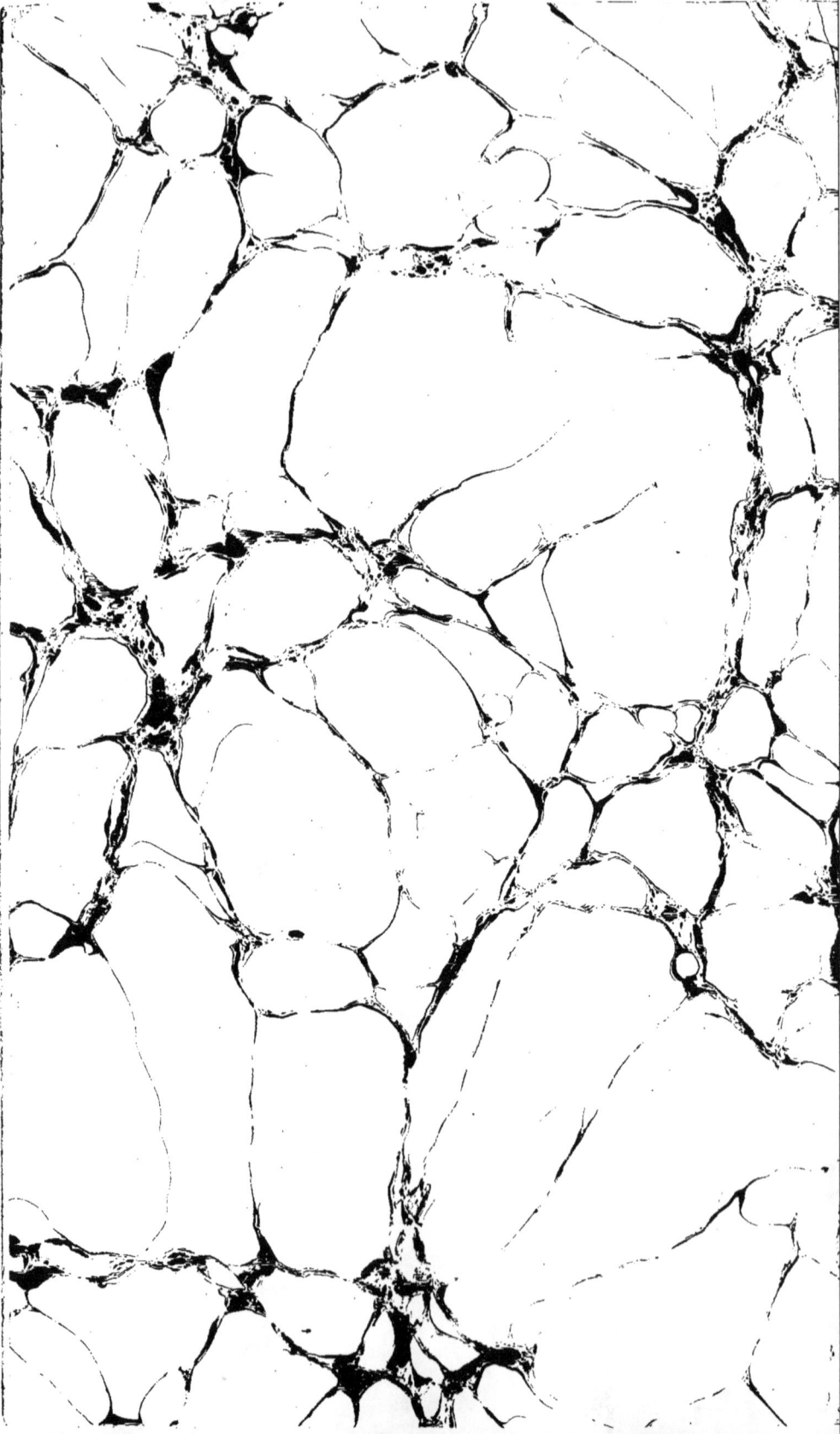

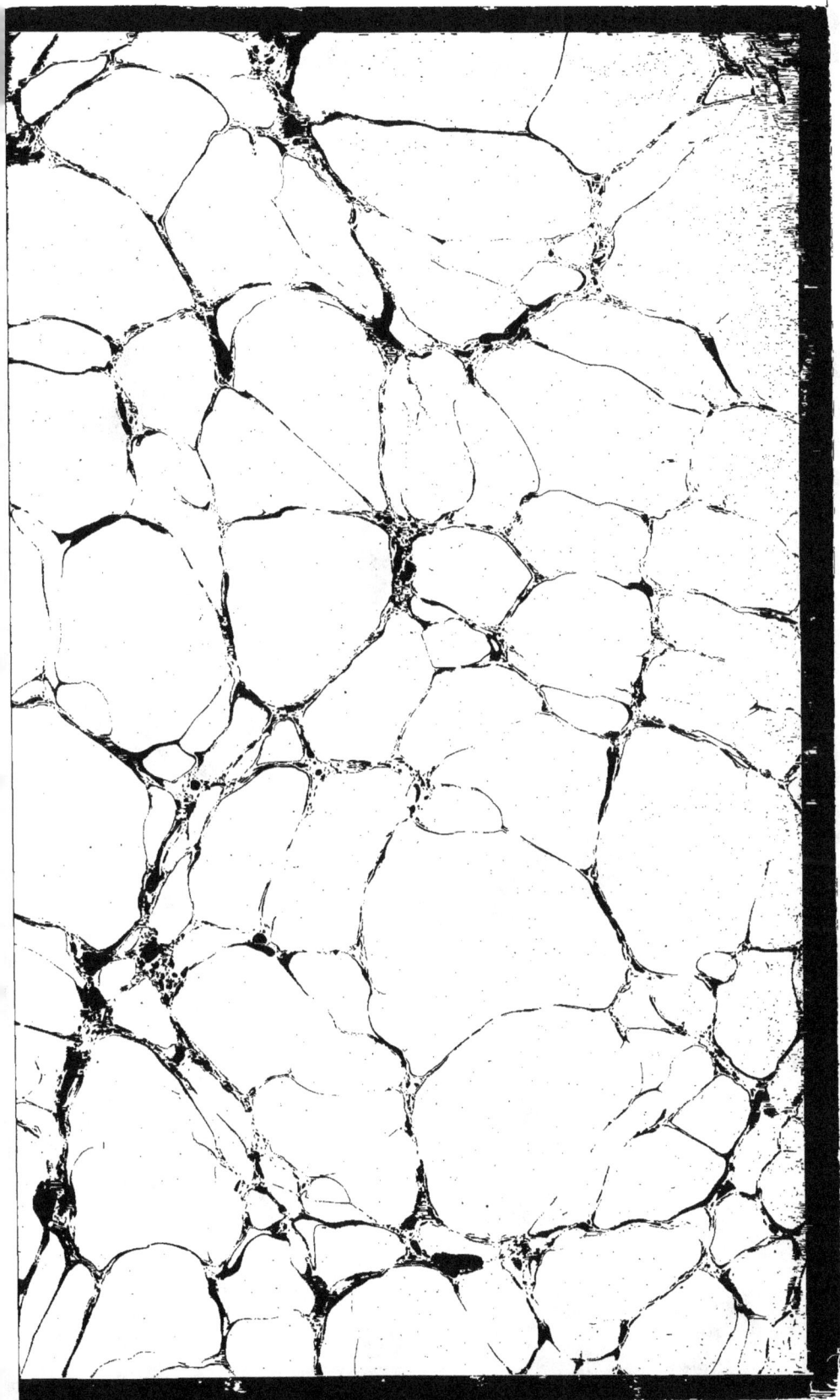

www.ingramcontent.com/pod-product-compliance
Lightning Source LLC
Chambersburg PA
CBHW060523220326
41599CB00022B/3406